普通高等学校"十四五"规划土木工程专业精品教材

建 筑 结 构

Building Structure

（第三版）

丛书审定委员会

王思敬　彭少民　石永久　白国良

李　杰　姜忻良　吴瑞麟　张智慧

本书主审　张晋元

本书主编　周晓洁

本书副主编　杨新磊　魏俊亚

本书编写委员会

周晓洁　杨新磊　魏俊亚　阳　芳

何　颖　王旭月　王培鹏　程星磊

卜娜蕊　璩继立

华中科技大学出版社

中国·武汉

内 容 提 要

本书依据《建筑结构荷载规范》(GB 50009—2012)、《混凝土结构设计标准(2024 年版)》(GB/T 50010—2010)、《钢结构设计标准》(GB 50017—2017)、《木结构设计标准》(GB 50005—2017)、《砌体结构设计规范》(GB 50003—2011)、《建筑工程抗震设防分类标准》(GB 50223—2008)、《建筑抗震设计标准(2024 年版)》(GB/T 50011—2010)、《工程结构通用规范》(GB 55001—2021)、《建筑与市政工程抗震通用规范》(GB 55002—2021)、《高层建筑混凝土结构技术规程》(JGJ 3—2010)等现行国家规范编写而成。全书共 9 章,分为绪论、荷载与结构设计方法、混凝土结构、钢结构、木结构、砌体结构、地基与基础、抗震及减隔震概念设计、装配式建筑。拓展阅读部分包括钢-混凝土组合结构、高层建筑结构、大跨度结构、工程案例分析等。

本书不仅可作为高等学校建筑学、工程管理、工程造价等土建类非土木工程专业的教材或教学参考书,也可供工程建设技术人员、管理人员参考使用。

图书在版编目(CIP)数据

建筑结构 / 周晓洁主编. -- 3 版. -- 武汉 : 华中科技大学出版社,2024. 6. -- ISBN 978-7-5772-0700-1

Ⅰ. TU3

中国国家版本馆 CIP 数据核字第 2024DZ3383 号

建筑结构(第三版)   周晓洁   主编
Jianzhu Jiegou(Di-san Ban)

策划编辑:金   紫
责任编辑:陈   忠
封面设计:原色设计
责任监印:朱   玢
出版发行:华中科技大学出版社(中国·武汉)   电话:(027)81321913
         武汉市东湖新技术开发区华工科技园   邮编:430223
录   排:华中科技大学惠友文印中心
印   刷:武汉科源印刷设计有限公司
开   本:850mm×1065mm 1/16
印   张:17.5
字   数:426 千字
版   次:2024 年 6 月第 3 版第 1 次印刷
定   价:59.80 元

普通高等学校"十四五"规划土木工程专业精品教材

总　序

教育可理解为教书与育人。所谓教书,不外乎是教给学生科学知识、技术方法和运作技能等,教学生以安身之本。所谓育人,则要教给学生做人道理,提升学生的人文素质和科学精神,教学生以立命之本。我们教育工作者应该从中华民族振兴的历史使命出发,来从事教书与育人工作。作为教育本源之一的教材,必然要承载教书和育人的双重责任,体现两者的高度结合。

中国经济建设高速持续发展,国家对各类建筑人才的需求日增,对高校土建类高素质人才的培养提出了新的要求,从而对土建类教材建设也提出了新的要求。这套教材正是为了适应当今时代对高层次建设人才培养的需求而编写的。

一部好的教材应该把人文素质和科学精神的培养放在重要位置。教材中不仅要从内容上体现人文素质教育和科学精神教育,而且还要从科学严谨性、法规权威性、工程技术创新性来启发和促进学生科学世界观的形成。简而言之,这套教材有以下特点。

其一,从指导思想来讲,这套教材注意到"六个面向",即面向社会需求、面向建筑实践、面向人才市场、面向教学改革、面向学生现状、面向新兴技术。

其二,教材编写体系有所创新。结合具有土建类学科特色的教学理论、教学方法和教学模式,这套教材进行了许多新的教学方式的探索,如引入案例式教学、研讨式教学等。

其三,这套教材适应现在教学改革发展的要求,提倡"宽口径、少学时"的人才培养模式。在教学体系、教材编写内容和数量等方面也做了相应改变,而且教学起点也可随着学生水平做相应调整。同时,在这套教材编写中,特别重视人才的能力培养和基本技能培养,适应土建专业特别强调实践性的要求。

我们希望这套教材能有助于培养适应社会发展需要的、素质全面的新型工程建设人才。我们也相信这套教材能达到这个目标,从形式到内容都成为精品,为教师和学生,以及专业人士所喜爱。

中国工程院院士　王思敬

2006 年 6 月于北京

第三版前言

　　近十年来,在创新、协调、绿色、开放、共享的新发展理念引领下,我国建筑业生产规模不断扩大,行业结构和区域布局不断优化,吸纳就业作用显著,支柱产业地位不断巩固,对经济社会发展、城乡建设和民生改善发挥了重要作用,我国正由"建造大国"向"建造强国"持续迈进。

　　本书秉承"回归工程"的修订思路,密切结合建筑结构的新发展理念,阐述了建筑结构的基本概念和基本设计原则,混凝土结构、钢结构、木结构、砌体结构及构件的设计方法,以及建筑抗震、减震概念设计,地基与基础,装配式建筑的基本知识,同时通过拓展阅读扩充了钢-混凝土组合结构、高层建筑结构、大跨度结构、工程案例分析等内容。本书涉及知识面较广,偏重工程概念和基本原则的灵活运用。通过学习本书,学生可以对各种类型的建筑结构有基本且全面的了解。本书既可作为高等学校土建类非土木工程专业,如建筑学、工程管理、工程造价、工程地质等的教材或教学参考书,也可供工程建设技术人员、管理人员参考使用。

　　本书共 9 章,其中前言、每章导言及第 6 章由天津城建大学周晓洁编写;第 1、2、3、5 章由天津城建大学魏俊亚、河北建筑工程学院卜娜蕊编写;第 4 章由天津城建大学阳芳编写;第 7 章由天津城建大学杨新磊、上海理工大学璩继立编写;第 8 章由天津城建大学何颖编写;第 9 章由天津城建大学王旭月编写;天津城建大学王培鹏和程星磊整理了本书附录及部分拓展阅读。全书由周晓洁主编并统稿,天津大学张晋元教授审阅了全部书稿。

　　编写本书时,编者参考了一些公开发表的文献,在此对相关作者深表感谢。

　　因编者水平有限,书中难免存在错误和不妥之处,敬请读者和同行批评指正。

编　者
2024 年 3 月

第二版前言

建筑结构课程是建筑学、工程管理、给水排水工程等专业的必修课程，该课程涉及建筑结构设计的相关内容，知识面较广。

本书主要阐述了建筑结构的基本概念和基本设计原则，混凝土结构、砌体结构、钢结构及构件的基本设计方法，钢-混凝土组合结构的基本知识，抗震减震概念，高层建筑结构设计原则等内容。通过学习本书内容，学生可以掌握建筑结构的概念及设计方法，为专业课的学习打好基础。本书既可作为高等学校建筑学、工程管理、给水排水工程等专业的教材或教学参考书，也可供工程建设技术人员、管理人员参考使用。

本书共 11 章。其中，前言和第 1、2、6 章由天津城建大学周晓洁编写，第 3 章由天津大学李宁、河北建筑工程学院卜娜蕊、天津城建大学王玉良和毕永清编写，第 4 章及附录部分由天津城建大学崔金涛编写，第 5 章由天津城建大学阳芳、上海理工大学璩继立编写，第 7、11 章由阳芳编写，第 8 章由毕永清编写，第 9 章由王玉良、璩继立编写，第 10 章由天津城建大学乌兰编写。全书由周晓洁主编并统稿，天津大学戴自强教授审阅了全部书稿。

在编写本书时，我们参考了一些公开发表的文献，在此谨向作者表示感谢。

由于编者水平有限，书中难免存在错误和不妥之处，敬请广大读者和同行批评指正。

编　者

2014 年 6 月

前　言

　　建筑结构课程是土木工程类非结构专业的主要专业基础课,是建筑学、建筑工程管理、建筑给水与排水工程、采暖通风工程等专业的必修课程。

　　建筑结构是一门知识涉及面较广的课程,本书主要阐述钢筋混凝土结构及构件的基本理论设计方法、混合结构设计原理、木结构设计基本知识、抗震减震的概念、高层建筑结构的设计概念及钢结构的设计内容等,使学生通过学习,掌握结构的概念、设计方法,为专业课学习打好基础。

　　天津大学戴自强教授审阅了全部书稿。本书的第1、4、7章由周芝兰编写,第2、6章由周晓洁编写,第3章由刘克玲、卜娜蕊、乌兰和周晓洁编写,第5、10章由璩继立编写,第8、9章及附录部分由乌兰编写,第11章由贾少平编写。

　　在编写本书时,我们参考了一些公开发表的文献,在此谨向其作者表示感谢。

　　由于作者水平有限,书中不免存在错误和不妥之处,敬请读者指正。

编　者

2007 年 10 月

目　　录

第1章　绪论 ··· 1
　1.1　建筑结构的分类与应用 ··· 1
　1.2　建筑结构的发展简史 ·· 3
　1.3　建筑结构的构件 ·· 7
　1.4　结构设计的任务及步骤 ··· 9
　1.5　建筑结构设计的基本原则 ·· 11
　【本章要点】 ·· 14
　【拓展阅读】 ·· 14
　【思考和练习】 ··· 14
第2章　荷载与结构设计方法 ··· 15
　2.1　作用及其代表值 ·· 15
　2.2　作用效应 S 和结构抗力 R ··· 17
　2.3　以概率理论为基础的极限状态设计方法 ·· 17
　【本章要点】 ·· 23
　【拓展阅读】 ·· 24
　【思考和练习】 ··· 24
第3章　混凝土结构 ·· 25
　3.1　概述 ·· 25
　3.2　钢筋与混凝土的物理力学性能 ·· 26
　3.3　钢筋混凝土基本构件 ·· 32
　3.4　预应力混凝土 ··· 80
　3.5　混凝土梁板结构 ·· 89
　【本章要点】 ·· 99
　【拓展阅读】 ··· 100
　【思考和练习】 ·· 100
第4章　钢结构 ·· 103
　4.1　概述 ··· 103
　4.2　钢结构的构件 ·· 109
　4.3　钢结构的连接 ·· 127
　【本章要点】 ··· 134
　【拓展阅读】 ··· 135
　【思考和练习】 ·· 135
第5章　木结构 ·· 137
　5.1　木结构的特点与应用 ··· 137
　5.2　常见木结构体系 ··· 143
　【本章要点】 ··· 148
　【拓展阅读】 ··· 149

【思考和练习】 ·· 149

第6章　砌体结构 ··· 150

6.1　概述 ·· 150

6.2　砌体材料及其力学性能 ··· 151

6.3　砌体结构房屋的静力计算 ·· 159

6.4　砌体结构构件设计 ··· 163

6.5　防止或减轻墙体开裂的构造措施 ·· 172

【本章要点】 ·· 174

【拓展阅读】 ·· 175

【思考和练习】 ·· 175

第7章　地基与基础 ··· 176

7.1　地基与基础的概念 ··· 176

7.2　地基和基础在建筑工程中的地位 ·· 177

7.3　地基与基础的设计要求 ··· 178

7.4　基础类型 ·· 180

7.5　地基承载力的概念 ··· 186

【本章要点】 ·· 187

【拓展阅读】 ·· 187

【思考和练习】 ·· 187

第8章　抗震及减隔震概念设计 ··· 188

8.1　地震的基本概念 ··· 188

8.2　抗震概念设计 ··· 195

8.3　隔震技术 ·· 199

【本章要点】 ·· 203

【拓展阅读】 ·· 204

【思考和练习】 ·· 204

第9章　装配式建筑 ··· 205

9.1　概述 ·· 205

9.2　装配式建筑标准化设计 ··· 210

9.3　装配式建筑结构体系 ·· 221

【本章要点】 ·· 239

【拓展阅读】 ·· 240

【思考和练习】 ·· 240

参考文献 ··· 241

附录 ··· 243

第1章 绪 论

本章主要介绍建筑结构的分类与应用、建筑结构的发展简史等内容。

建筑结构是建筑物的基本承重骨架,可按所用材料和结构体系进行分类。中国建筑文化源远流长,不同地域的建筑风格各有差异,但在建筑结构和建筑材料等方面却有着共同的特点。十八大以来,一系列中国地标建筑拔地而起,再次成为享誉全球的"中国名片"。

1.1 建筑结构的分类与应用

建筑师认为,建筑是建筑物和构筑物的总称;而结构工程师认为,建筑是由承重骨架形成的实体,只有正确表达结构逻辑的建筑才有强大的说服力与表现力。工程上将梁、板、墙(或柱)、基础等基本构件组成的建筑物的承重骨架体系称为建筑结构。在建筑领域,不同的材料以不同形式构成了各种承重骨架,即构成各种不同的结构体系。

1. 按材料的不同分类

1) 混凝土结构

以混凝土为主制成的结构称为混凝土结构,包括素混凝土结构、钢筋混凝土结构和预应力混凝土结构等。其中,钢筋混凝土结构是建筑结构中应用最为广泛的结构形式,它具有强度高、整体性好、耐久性和耐火性好、刚度大、抗震性能好、可塑性好等优点,缺点是自重较大、抗裂性较差、施工复杂、隔热和隔声性能较差等。

2) 砌体结构

由块材和砂浆砌筑而成的墙、柱作为建筑物或构筑物主要受力构件的结构称为砌体结构。这种结构的优点是便于就地取材、成本较低;耐火性、耐久性、化学和大气稳定性良好;保温、隔热性能较好;施工简单,且便于连续施工。这种结构的缺点是构件强度低、抗震性能较差、砌筑工作量大,且施工质量不易保证。因此,砌体结构常应用于低层、多层民用建筑。

3) 钢结构

钢结构是以钢材(钢板和型钢等)为主制作的结构,具有广阔的发展前景和应用范围。这种结构的优点是强度高、自重轻、抗震性能好、施工工业化程度高等,缺点是耐腐蚀性和耐火性差、成本高。钢结构大量应用于工业建筑及高层建筑结构中。

4) 木结构

以木材或主要以木材作为承重构件的结构称为木结构。木材生长周期长,同时砍伐木材会破坏环境,造成水土流失,因此,现代建筑中木结构的应用不多。然而在当前全球倡导绿色低碳发展的大背景下,木结构正以其独特的优势越来越受到青睐,在住宅、园林景观、敬老院等建筑中具有广阔的发展前景。

5) 组合结构

由两种或两种以上的材料制作的结构称为组合结构。组合结构主要包括钢-混凝土组合结构和组合砌体结构。

用型钢或钢板焊(或冷压)成钢截面,再在四周或内部浇筑混凝土,使混凝土与型钢共同受力,形成钢-混凝土组合结构。这种结构具有节约钢材、提高混凝土利用系数、降低造价、抗震性能好、施工方便等优点,目前在高层及超高层建筑结构中得到迅速发展。以由砖砌体和钢筋混凝土面层或钢筋砂浆面层组成的组合砖砌体构件作为主要受力构件的结构称为组合砌体结构。与砌体结构相比,组合砌体结构的强度、抗震性能没有得到明显改善,且施工复杂,因此工程上应用并不普遍。

2. 按承重结构类型的不同分类

1) 多层、高层建筑结构

(1) 砌体结构

由砌体构件和钢筋混凝土构件共同承受外部荷载的结构称为砌体结构。通常,房屋的楼(屋)盖由钢筋混凝土梁、板组成,砌体墙为竖向承重构件,同时也是承受水平作用的抗侧力构件。由于砌体材料强度较低,且墙体容易开裂、整体性较差,所以砌体结构房屋主要用于层数不多的民用建筑,如住宅、宿舍、办公楼、旅馆等。

(2) 框架结构

由梁、柱刚接组成的承受竖向和水平作用的结构体系称为框架结构。框架结构的优点是建筑平面布置灵活,立面也可灵活变化;比砌体结构强度高,具有较好的延性和整体性,抗震性能较好。但框架结构属柔性结构,侧向刚度较小,在水平风荷载和水平地震作用下的侧移大,因此,其最大适用高度有限制,适用于多层办公楼、医院、学校、旅馆等。

(3) 框架-剪力墙结构

为提高框架结构的侧向刚度,可在其纵横方向适当位置的柱与柱之间布置侧向刚度很大的钢筋混凝土剪力墙。框架和剪力墙有机地结合在一起,组成一种共同抵抗竖向和水平作用的结构体系,称为框架-剪力墙结构体系。这种结构属中等刚度结构,最大适用高度较高,同时因为只在部分位置上布置剪力墙,所以保持了框架结构具有较大空间和立面易于变化的优点,在多高层公共建筑中得到广泛应用。

(4) 剪力墙结构

剪力墙结构是将建筑物的内外墙作为承重骨架的一种结构体系,钢筋混凝土剪力墙承受竖向和水平作用。剪力墙结构侧向刚度很大,属于刚性结构,最大适用高度在框架-剪力墙结构的基础上又有所提高。但剪力墙结构建筑平面布置极不灵活,因此适用于住宅、旅馆等小开间的高层建筑。

(5) 筒体结构

筒体结构是由单个或多个竖向筒体为主组成的承受竖向和水平作用的空间结构体系,分为由剪力墙围成的薄壁筒和由密柱框架或壁式框架围成的框筒等。筒体结构的侧向刚度和承载能力在所有结构体系中是最大的,房屋适用高度也最大,同时能提供较大的使用空间,建筑平面布置灵活,因此广泛应用于高层和超高层建筑。根据筒体的不同组成方式,筒体结构可分为单筒结构、筒中筒结构和成束筒结构等类型。

各种结构体系的详细讲解及最大适用高度详见第 8 章【拓展阅读 8-4】。

2）单层大跨结构

单层大跨结构可以采用大梁、桁架、空间框架等平直构件来建造,但当跨度超过 30 m 时,采用拱、薄壳和悬索等形式的曲线形构件构成的结构体系往往比较经济。

（1）排架结构

排架结构由柱和屋架（或屋面梁）组成,柱与屋架（或屋面梁）铰接,与基础固接,可以是单跨结构,也可以是多跨结构,广泛应用于单层工业厂房。

（2）刚架结构

刚架结构由柱和屋面梁组成,且柱与屋面梁刚接,可以是单跨结构,也可以是多跨结构。其中单跨刚架结构分为无铰刚架、两铰刚架和三铰刚架三种类型,也是单层工业厂房建筑的常用类型。

（3）拱结构

拱结构用拱来承受整个建筑的竖向和水平作用,结构设计中要做好拱脚推力的结构处理。

（4）薄壳结构

壳体,用最少的材料构成最坚固的结构,是自然、合理、经济、有效、进步的结构形式。将薄壳结构用于建筑屋盖结构,覆盖面积大,无需中柱,室内空间开阔宽敞,能满足各项功能要求。

（5）悬索结构

套用悬索吊桥的原理,将屋盖直接做在悬索上,取消竖向吊索,悬索即成为屋盖的主要承重结构,也就成为悬索结构,结构设计中要做好悬索支座拉力的结构处理。

其他如网架结构、网壳结构、膜结构、折板结构等,也是单层大跨结构常用的结构体系,详见【拓展阅读 4-3】。

1.2　建筑结构的发展简史

1.2.1　砌体结构和木结构

我国应用最早的建筑结构是砌体结构和木结构,其中石砌体和砖砌体在我国源远流长,木结构更是源于上古、兴于秦汉、盛于唐宋、巅峰于明清,构成我国独特的建筑文化。大量的考古发掘资料表明,我国在新石器时代末期（约 6000—4500 年前）就已有木构架和木骨泥墙建筑,夏代有夯土筑城遗址,商代已形成木架夯土建筑和庭院,西周已发展到完整的四合院建筑（见图 1-1）。至西周时期（公元前 1134—前 771 年）已有烧制的瓦,在战国时期（公元前 403—前 221 年）有了烧制的砖,到东晋（公元 317—420 年）砖的使用已十分普遍。砖的出现使人们开始广泛的大量修建房屋、城防建筑等。

例如,公元前 2 世纪修建的万里长城（见图 1-2）是雄伟的石砌体结构,是我国古代劳动人民勇敢、智慧和血汗的结晶,是伟大中华民族的象征。举世闻名的赵州桥（见图 1-3）始建于隋代大业六年（公元 610 年）,由匠师李春设计建造。赵州桥净跨为 37.37 m,拱的矢高为 7.23 m,桥宽 9 m,是世界上现存跨度最大、保存最完整的单孔坦弧敞肩石拱桥,其建造工艺独特,在世界桥梁史上首创"敞肩拱"结构形式,具有较高的科学研究价值。同时,雕作刀法苍劲有力,艺术风格新颖豪放,显示了隋代浑厚、严整、俊逸的石雕风貌,具有较高的艺术价值。该桥已被美国土木

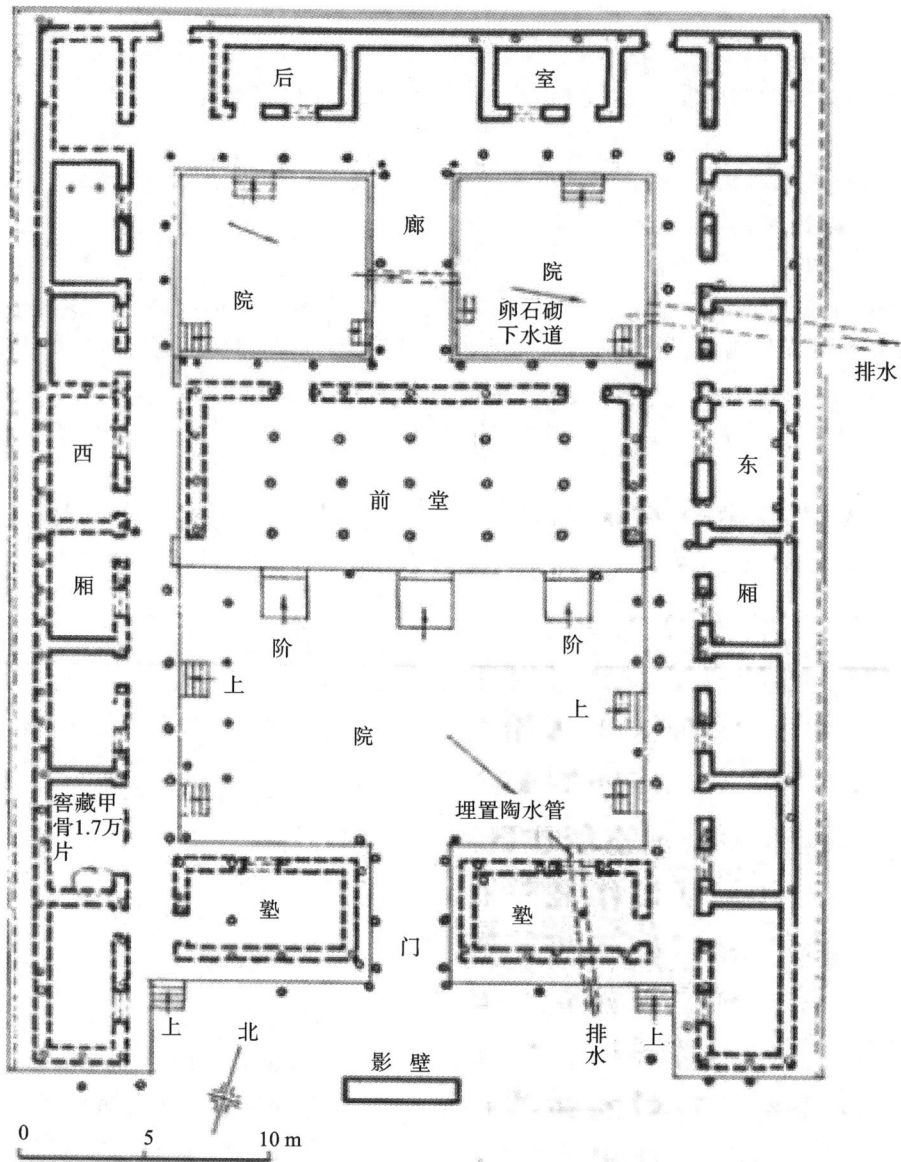

图 1-1 陕西岐山凤雏村西周建筑遗址平面示意图

工程学会选入世界第 12 个土木工程里程碑。据考证,像这样的敞肩拱桥,欧洲到 19 世纪中期才出现,比我国晚了 1200 多年。赵州桥迄今已逾 1400 余年,虽经历洪水和大地震的袭击,但仍屹立于中华大地。西安的大雁塔(见图 1-4)和小雁塔(见图 1-5)是闻名世界的优秀建筑作品。大雁塔建于唐高宗永徽三年(652 年),距今 1300 多年。大雁塔塔身及塔顶总高 59.6 m,包括基座总高 63.25 m,底层周长约 100 m(边长为 25.05 m),是现存最早、规模最大的唐代四方楼阁式砖塔,是凝聚了中国古代劳动人民智慧结晶的标志性建筑。

山西应县的释迦塔(见图 1-6)建于辽清宁二年(宋至和三年,公元 1056 年),距今约 1000

图 1-2 万里长城

图 1-3 赵州桥

图 1-4 大雁塔

图 1-5 小雁塔

图 1-6 应县释迦塔

年。塔建造在 4 m 高的台基上,塔高 67.31 m,底层直径 30.27 m,呈平面八角形,相当于一幢 20 多层的现代高楼,是世界上现存最古老、最高大的木塔。全塔耗材红松木料 3000 m³,2600 多吨。该塔为纯木结构,无钉无铆。其结构非常科学合理,卯榫结合,刚柔相济,有利于耗能减震,保证了古塔千年不倒。

20 世纪 80 年代以来,轻质、高强的块材新品种大量涌现,从过去单一的烧结普通砖发展到烧结多孔砖、空心砖、混凝土空心砌块、轻骨料混凝土或加气混凝土砌块,以及用工业废渣制成的粉煤灰砌块、水泥煤渣混凝土砌块等。同时新型结构体系也有较大发展,从过去单一的墙砌体承重结构发展为大型底层框架结构、内浇外砌、挂板等结构形式。

21 世纪初以来,随着国民经济的发展和生活水平的提高,人们对环保、健康、绿色、舒适的居住环境的要求越来越高,木结构在国内悄然复苏。从初始阶段的轻型木结构到后来的胶合木结构,现代木结构在住宅、公共建筑、园林景观和旅游建筑等领域得到广泛的应用,代表性的建筑包括 2013 年建成的苏州胥虹桥(见图 1-7)和 2018 年建成的江苏省第十届园博会主展馆(见图 1-8)。

图 1-7 苏州胥虹桥

图 1-8 江苏省第十届园博会主展馆

1.2.2 钢结构

我国是世界上采用钢结构较早的国家之一。公元 60 年前后(汉明帝时代)使用铁索建桥(比欧洲早 70 多年);湖北宜昌玉泉寺的 13 层铁塔建于宋代,已有 900 多年的历史。

17 世纪工业革命后,随着资本主义国家工业化的发展,建筑、铁路和水利工程的兴建推动了建筑结构的发展。17 世纪 70 年代开始使用生铁,19 世纪初开始用熟铁建造桥梁和房屋,这是钢结构出现的前奏。自 19 世纪中叶开始,冶金业中冶炼并轧制成强度高、延性好、质地均匀的建筑钢材,随后又生产出高强钢丝、钢索等,钢结构获得了蓬勃的发展。新的结构形式如桁架、框架、网架和悬索结构不断推出,建筑结构的跨度从砖(石)结构和木结构的几米、几十米发展到钢结构的百米、几百米,直到千米。建筑高度也不断增加,达到几百米。如 2020 年 12 月建成通车的中国云南金安金沙江大桥,主桥长度 1681 m、跨度 1386 m,是全球最大跨径的峡谷悬索桥;2023 年 3 月封顶的广州市广商中心,总建筑高度 375.5 m,地上 61 层,地下 5 层,是中国最高的纯钢结构超高层建筑。

1.2.3 混凝土结构

相对于砖石结构、木结构和钢结构而言,混凝土结构是一种新兴结构,它的应用不过一百多年的历史。混凝土结构的发展大致可划分为四个阶段。

(1) 发明和实践阶段(硅酸盐水泥发明至 20 世纪初)

1824 年,英国烧瓦工人 J. Aspdin 调配石灰岩和黏土,首先烧制成了人工的硅酸盐水泥,并取得专利,成为水泥工业的开端。1849 年,法国人 J. L. Lambot 用水泥砂浆涂在钢丝网的两面做成小船,并于第二年在巴黎博览会上展出,这是最早的钢筋混凝土制品。1861 年,法国花匠 J. Monier 用钢丝作为配筋制作了花盆并申请了专利,后又申请了钢筋混凝土板、管道、拱桥等专利,被认为是钢筋混凝土结构的发明者。1867 年,J. Monier 取得了用格子状配筋制作桥面板的专利,推动钢筋混凝土工艺迅速发展。

1871—1875 年,纽约建造了世界上第一所钢筋混凝土房屋;1877 年美国的 T. Hyatt 调查了梁的力学性质,1887 年德国的 Konen 提出了用混凝土承担压力和用钢筋承担拉力的设计方案,德国的 J. Baushinger 确认了混凝土中的钢筋不受锈蚀等问题,于是钢筋混凝土结构又有了新的发展。1892 年法国的 F. Hennebique 阐述了箍筋对抗剪的有效作用,并于 1898 年提出了

T 形梁的方案;1900 年间接配筋的构件取得专利;1906 年法国颁布了第一个部级规范;1910 年薄壳结构出现。

(2) 改进阶段(20 世纪初至第二次世界大战前后)

1886 年美国工程师 P. H. Jackson 和德国的 C. E. W. Dochring 先后把预应力技术应用到混凝土结构,但由于钢筋的应力松弛、混凝土的收缩及徐变很快就将所施加的低预拉应力损失掉。直到 1928 年法国工程师 E. Freyssinet(弗雷西奈)首次将高强度钢丝应用于预应力混凝土才取得成功,并在 20 世纪 40 年代后得到广泛应用与发展。

我国在 20 世纪 50 年代开始试验研究预应力混凝土结构。最初试用于预应力混凝土轨枕,之后于 1956 年在陇海线成功建成一座 28×23.8 m 跨新沂河的预应力混凝土铁路梁桥;1957 年京周公路(北京—周口店)上也修建了一座跨径为 20 m 的装配式后张预应力混凝土简支梁桥。此后预应力混凝土结构在我国桥梁建设中的应用发展迅速,应用范围也扩大到高层建筑、海洋工程等新的领域。

(3) 迅速发展阶段(第二次世界大战后至今)

随着高强钢筋、高强高性能混凝土(强度达到 100 N/mm^2)以及高性能外加剂和混合材料的研制使用,新型混凝土材料如钢纤维混凝土和聚合物混凝土的研究和应用有了很大发展。轻质混凝土、加气混凝土、陶粒混凝土以及利用工业废渣的"绿色混凝土",不但改善了混凝土的性能,而且对节能和保护环境具有重要的意义;防射线、耐磨、耐腐蚀、防渗透、保温等特殊需要的混凝土以及智能型混凝土及其结构也正在研究中。

同时,新型结构体系不断丰富并在高层建筑中应用,计算机的普及和多功能化、CAD 等软件系统的开发使混凝土结构设计更高效、更科学。近年来,我国在混凝土基本理论与设计方法、结构可靠度与荷载分析、工业化建筑体系、结构抗震与有限元分析方法等方面取得了很多新的成果,现行《混凝土结构设计规范(2015 年版)》(GB 50010—2010)把我国混凝土结构设计方法提高到了国际水平,在工程设计中发挥着指导作用。

1.3　建筑结构的构件

建筑结构是由基本构件组成的,它们按一定方式和方法有序地组成一个具有一定使用功能的完整空间。

建筑结构的构件可分为两大类型:一是平面形或直线形构件,包括梁、板、柱、墙等(见图 1-9);二是直线形或曲线、曲面形杆件,包括杆、拱、壳等(见图 1-10)。

1. 平面形或直线形构件

(1) 梁

梁通常横放在支座上,承受与构件纵轴方向垂直的荷载。它的截面尺寸小于其跨度,在受力后发生弯曲。一般情况下,梁在承受弯矩作用的同时,还要承受剪切作用,有时还要承受扭转作用,但主要承受弯矩作用,属于受弯构件。根据几何形状不同,可将梁分为水平直梁、斜梁(楼梯梁)、曲梁、空间曲梁(螺旋形)等;根据约束条件及受力不同,可将梁分为简支梁、悬臂梁、连续梁等;根据选用的材料不同,又可将梁分为钢筋混凝土梁、钢梁、实木梁等。

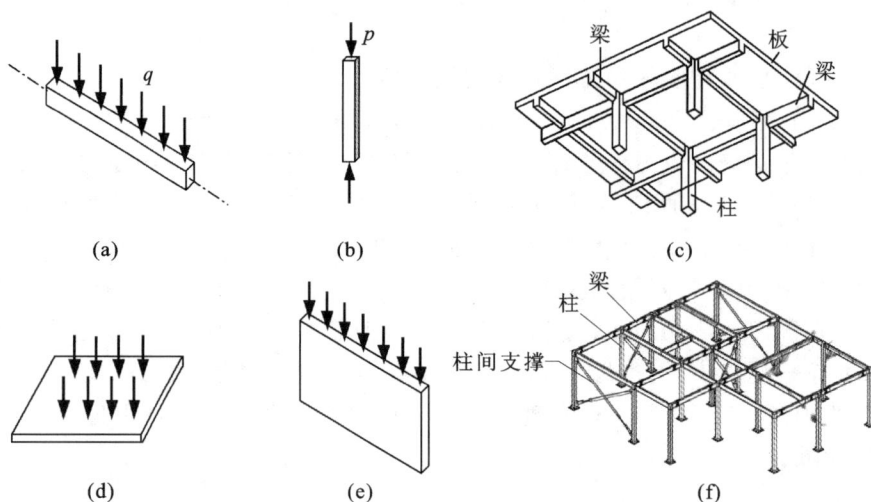

图 1-9 基本构件与结构体系
(a)梁;(b)柱;(c)楼盖体系;(d)板;(e)墙;(f)框架-支撑结构

(2)板

板是可以覆盖一个较大的平面但自身厚度较小的水平构件(如楼板、屋面板),有时也斜向设置(如楼梯板)。板承受垂直于板平面方向上的荷载,以承受弯矩、剪力、扭矩为主。但在进行结构计算时,剪力和扭矩往往可以忽略。因此,与梁一样,板也属于受弯构件。

(3)柱

柱通常是直立的,承受着与构件纵轴方向平行的荷载,它的截面尺寸小于其高度。在荷载作用下,柱主要是受压和受弯,有时也受拉,因此柱主要是压弯构件。

(4)墙

墙主要承受平行于墙面方向的荷载,在本身的重力和竖向荷载作用下,主要承受压力,有时也承受弯矩和剪力(当墙构件承受风、地震、土压力、水压力等水平荷载作用时)。与柱一样,墙属于压弯构件。不直接承受荷载,仅作为隔断或分隔建筑空间的隔墙为非承重墙,反之为承重墙;而以承受风荷载或水平地震作用为主的墙为剪力墙。

(5)支撑

支撑是高层建筑中主要承担水平荷载的斜向构件,荷载作用下以承受轴向压力或轴向拉力为主。如框架-支撑结构中,柱间支撑的布置有效提高了结构承载力和侧向刚度。

2. 直线形或曲线、曲面形杆件

(1)杆

杆是截面尺寸远小于其长度的构件,在荷载作用下主要承受轴向压力或拉力。杆可以组成平面桁架或空间网架。平面桁架中,各杆件相交的节点一般均视为铰接,因此各杆件(弦杆、竖杆、斜杆)均受轴向力,这是材尽其用的有效途径。同时,平面桁架可实现多向抗衡(如双向或三向)并传递外部荷载的空间结构,从而形成具有极大空间刚度的空间网架。

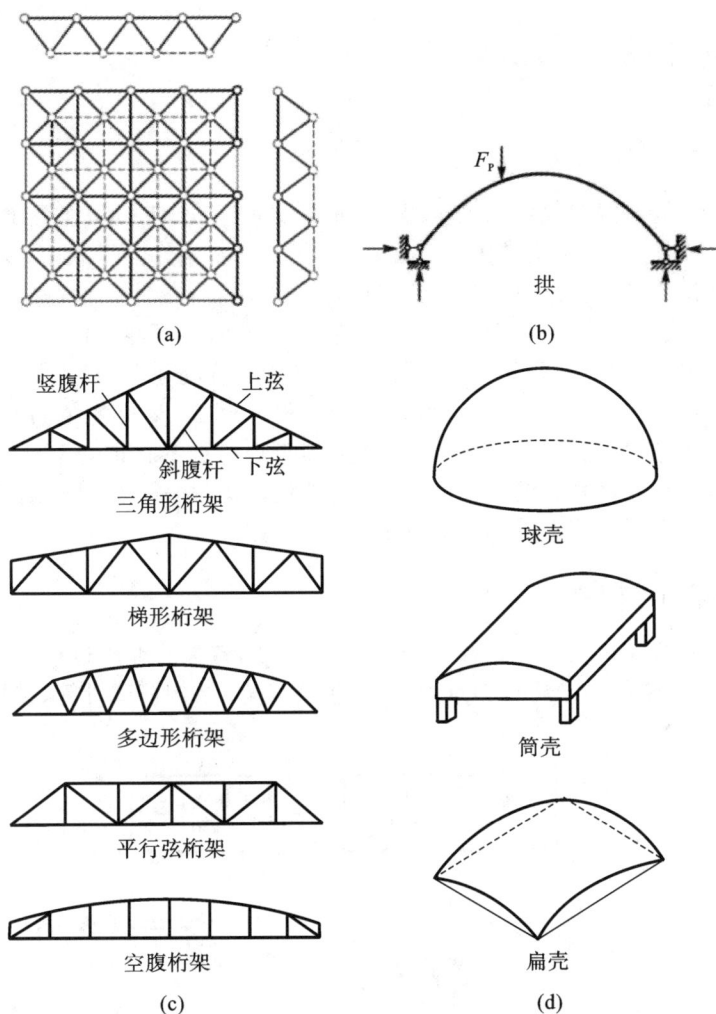

图 1-10 直线形或曲线、曲面形杆件

(a)空间网架;(b)拱;(c)平面桁架;(d)壳

（2）拱

拱由曲线形构件（拱圈）或折线形构件及其支座组成。当拱轴线选择合理时,荷载作用下拱截面内只产生轴力,无弯矩和剪力（或弯矩和剪力很小）,因此能取得最经济的效果,比同跨度的梁更节省材料。

（3）壳

壳由曲面形板与边缘构件（梁、拱或桁架）组成,壳体厚度与壳体其他尺寸（如曲率半径、跨度等）相比极其微小。与拱不同,壳不是单向受荷传力的平面构件,而是双向受荷传力的空间结构（构件）,其最大功能是以双向直接应力（薄膜应力,即作用在曲面内且与曲面相切的应力）抗衡并传递荷载。总之,壳犹如蛋壳,能以较小的厚度形成承载能力很高的结构,是自然、合理、经济、有效、先进的结构（构件）形式。

1.4 结构设计的任务及步骤

1.4.1 结构设计的任务

结构设计的任务是根据建筑物的安全等级、抗震设防标准、使用功能要求或生产需要所确定的使用荷载,对基本构件和结构整体进行设计,以保证基本构件的承载力、变形和裂缝满足设计要求,同时保证结构整体的安全性、稳定性、变形性能等符合设计要求;保证在遇到突发事件时,结构能保持必要的整体性;保证合理用材,方便施工,同时尽可能降低建筑造价。总之,结构设计的核心是解决两个问题:一是结构可靠性问题,二是经济问题。

结构设计中,增大结构安全余量的代价是增加造价。例如,为提高结构安全可靠度而采取加大构件的截面尺寸、增加配筋量或提高材料强度等级等措施的同时,建筑工程的造价必定提高,导致经济效益降低。科学的结构设计方法是在结构的可靠性与经济性之间选取最佳平衡,即以经济合理的方法设计和建造满足可靠度要求的结构。

1.4.2 结构设计步骤

以混凝土结构为例,图 1-11 从左向右描述了一个建筑结构的形成过程,它的逆过程则是建筑结构的设计过程,主要包括结构类型选取、结构模型建立、结构荷载计算、结构内力计算、基本构件设计以及施工图绘制。

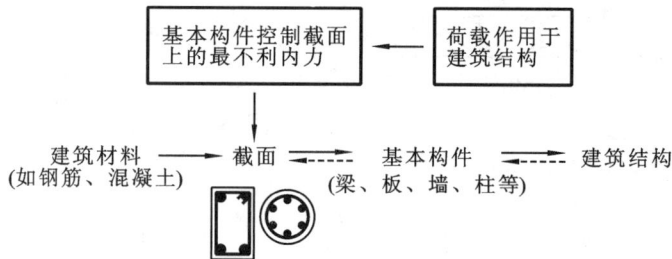

图 1-11 建筑结构的形成和设计过程

1. 结构类型选取

首先根据建筑方案确定结构类型,如钢筋混凝土框架结构。设计人员应充分了解各种结构类型的结构组成、适用范围、传力路径等。

2. 结构模型建立

实际结构非常复杂且不便于计算,结构设计时常将实际结构进行简化,形成有利于计算的结构模型。

3. 结构荷载计算

结构模型建立完成之后,即可计算该模型上所承受的荷载。

4. 结构内力计算

荷载作用于结构模型上,即可进行结构内力计算,绘制结构内力图,并可得到结构构件控制截面上的最不利内力。如对钢筋混凝土框架结构进行内力计算,可得到框架梁、柱控制截面上的最不利内力。

5. 基本构件设计

依据控制截面上的最不利内力,可对基本构件进行截面设计,包括确定构件的截面形式、截面尺寸、材料强度等级和材料用量等,保证基本构件的承载力、刚度、延性等要求。

6. 施工图绘制

基本构件的截面尺寸和配筋确定后,需要将设计结果用施工图的形式表达出来,即绘制结构施工图。施工图的绘制必须规范,这样施工人员才能识别,并照图施工。

综上可知,混凝土结构设计的核心工作之一是以力学分析为依据的基本构件的截面设计,这也是本门课程的重点内容之一。

1.5 建筑结构设计的基本原则

房屋建筑设计涉及建筑、结构、建筑设备(如给排水、采暖通风、建筑电气、燃气)等多个专业,每个专业都有各自的职能。建筑工程师与建筑规划师协调,进行房屋体形和周围环境的设计,对房屋的平面及空间进行合理布局,解决好采光、通风、照明、隔音、隔热等建筑技术问题,同时对建筑进行艺术处理,装饰室内外空间,为人们的生活和活动创造良好的环境。结构工程师确定房屋结构所承受的荷载,合理选择建筑材料,正确确定结构体系,解决承载力、变形、稳定、抗倾覆等技术问题以及结构的连接构造和施工方法。设备工程师确定水源、给排水的标准、系统和装置,确定热源、供热、制冷和空调的标准,确定电源、照明、弱电、动力用电的标准。所以说,建筑是建筑师、结构工程师、设备工程师共同配合的产物。

如果说建筑的功能是确定使用空间的存在形式,即在物质上、精神上满足具体使用要求,则结构的功能是确定使用空间的存在可能。早在公元前 18 世纪,古巴比伦王汉谟拉比制定的法典中就规定:“建造者为任何人建造一幢房屋,若因未准确施工而使所建造的房屋倒塌,建造者自己应出资重建;若房主因而致死,则建造者应处死刑;若压死的是房主之子,则建造者之子抵命。”由此可见,人们在早期的房屋建造中就已经懂得结构安全性的重要了。

因此,结构设计应遵循的原则是:依据建筑结构的安全等级,保证结构体系和结构基本构件能在预定的时间内和规定的条件下,完成预定的功能。一般来讲,预定的时间指房屋建筑的结构设计工作年限,预定的功能指结构的功能。

1.5.1 结构的安全等级

建筑物的重要程度由其用途决定。在进行建筑结构设计时,应根据建筑结构破坏可能产生的后果(危及人的生命、造成经济损失、产生社会影响等)的严重性,采用不同的安全等级。根据《工程结构通用规范》和《建筑结构可靠性设计统一标准》,建筑结构安全等级的划分应符合表 1-1 的要求。

表 1-1 建筑结构的安全等级

安 全 等 级	破 坏 后 果
一级	很严重:对人的生命、经济、社会或环境影响很大
二级	严重:对人的生命、经济、社会或环境影响较大
三级	不严重:对人的生命、经济、社会或环境影响较小

例如,大型公共建筑等重要结构的安全等级为一级,普通住宅和办公楼等一般结构的安全等级为二级,小型或临时性储存建筑等次要结构的安全等级为三级。对于特殊的建筑物,其安全等级可根据具体情况另行确定。对于有抗震等级或其他特殊要求的建筑结构,安全等级还应符合相应规范的规定。

1.5.2 房屋建筑的结构设计工作年限

房屋结构设计时,应根据工程的使用功能、建造和使用维护成本以及环境影响等因素规定设计工作年限。根据《工程结构通用规范》,房屋建筑的结构设计工作年限不应低于表 1-2 的规定。设计工作年限主要指设计预定的结构或结构构件在正常维护条件下的服役期限,并不意味着结构超过该期限后就不能使用了。

表 1-2 房屋建筑的结构设计工作年限

类 别	设计工作年限/年
临时性建筑结构	5
普通房屋和构筑物	50
特别重要的建筑结构	100

其中,设计工作年限不低于 100 年的"特别重要的建筑结构"指因具有纪念意义或特殊功能需要长期服役的重要建筑结构,其含义不同于确定安全等级时的"重要结构"。安全等级定为一级的重要结构,如果根据其建造目的和使用功能,不需要长期服役,则其设计工作年限也不强制要求取 100 年。

1.5.3 结构的功能要求

1. 安全性

安全性是指建筑结构应能承受在正常设计、施工和使用过程中可能出现的各种作用(如荷载、地震、外加变形、温度、收缩等)以及在偶然事件(如撞击、爆炸等)发生时或发生后,结构仍能保持必要的整体稳定性,不致发生倒塌。

2. 适用性

适用性是指建筑结构在正常使用过程中,结构构件应具有良好的工作性能,不会产生影响使用的变形、裂缝或振动等现象。

3. 耐久性

耐久性是指建筑结构在正常使用、正常维护的条件下,结构构件具有足够的耐久性能,并能保持建筑的各项功能直至达到设计工作年限,如不发生材料的严重锈蚀、腐蚀、风化等现象或构件的保护层过薄、出现过宽裂缝等现象。

以下是几个结构功能不能被保证的工程事故实例。

【例 1-1】 1997 年 7 月 12 日上午 9:30,位于浙江省某县城南经济开发区的一栋住宅楼在数秒钟内突然发生整体倒塌,而且一塌到底,当时在楼内的 39 人全部被埋,其中 36 人死亡,3 人受伤。此楼建筑面积为 2476 m²,5 层半砌体结构,底部为层高 2.15 m 的储藏室,檐口高度为 16.95 m,一梯两户,共 3 个单元 30 套住房,常居住人口 105 人。该楼于 1994 年 5 月 10 日开工,1994 年 12 月 30 日竣工,1995 年 6 月验收,1995 年 6 月 28 日出售,正常使用 2 年。

原因:调查中未发现影响结构的装修现象,无人为破坏情况。倒塌的主要原因如下。①基础施工过程中存在严重工程隐患,基础材料及施工质量十分低劣,不符合基本设计要求。在清理倒塌现场时,发现不少基础砖墙的砖和砂浆已成粉末状。②设计要求基础内侧进行土方回填,夯实至±0.000。但施工时却采用架空板,基础内侧又未粉刷,致使基础长期受积水直接浸泡,强度降低。由于没有回填土方,基础墙体的稳定性和抗冲击性减弱。③施工质量管理失控,建设单位质量管理失控,监理不到位。此例属于非正常施工事故。

【例 1-2】　1995 年 6 月 29 日,韩国汉城(即现在的首尔)市中心地上 5 层、地下 4 层的三丰百货大楼从凌晨开始,第 4 层至第 5 层楼板开裂甚至个别处下沉 150 mm,但商场一直在营业。到下午 6 点多,仅在 30 秒时间内,大楼整体倒塌,造成 96 人当场死亡,202 人失踪,951 人受伤。

原因:开发方随意改变使用功能,在施工完成后,将第 5 层原滚轴溜冰场改为餐馆。因韩国人就餐习惯就地而坐,第 5 层改为地板采暖,并在厨房增加了一些厨房设备,同时在屋顶增设了 30 t 的冷却塔。荷载比原设计增加了 3 倍。施工过程中,管理混乱,有些柱截面尺寸比原设计要求小,甚至无梁楼盖柱的有些柱帽都未做。特别是在使用的 5 年中,商场多次改建,荷载的增加、主承重构件在施工及装修过程中截面尺寸减小、关键部位的构造处理不当等,使整个破坏过程相当于"手指穿草纸"。此例属于非正常施工加非正常使用事故。

【例 1-3】　2001 年 9 月 11 日,建于 1973 年、耗资 7 亿美元、高 417 m、地上 110 层地下 6 层的钢框筒结构——美国世贸中心双塔大厦,遭到恐怖分子劫持飞机的撞击,致使南塔楼受到 0.9 级冲击力的撞击,在 1 小时 2 分钟后倒塌;而北塔楼受到 1.0 级冲击力的撞击,在 1 小时 43 分钟后倒塌(见图 1-12)。撞击时,巨大冲击力连同随后引起的爆炸能量使大厦晃动了 1 m 多,但并没有立即造成严重倒塌,倒塌最终是飞机的航空燃油造成的。当飞机撞击大厦后,立即引起大火,航空油顺着关键部位的缝隙流淌、渗透到防火保护层内,接触到钢材的表面。燃起的大火(最终温度估计在815 ℃以上)使钢材的强度急剧下降,并产生较大的塑性变形,最后丧失承载力

图 1-12　美国世贸中心双塔大厦遭袭情景

而倒塌。撞击北塔楼的飞机所携带的油量少,撞击点接近顶部。而南塔楼的飞机所携带的油量大,撞击点位置较低,上层的压力大,因此南楼倒塌在前。由于结构体系选型及构造处理具有良好的吸收撞击冲量和爆炸能量作用,钢框筒本身又具有良好的韧性,因而获得了近两个小时的疏散时间,使得楼内的一部分工作人员得以逃生,挽救了一些人的生命。此次袭击造成经济损失达 300 亿美元,453 人死亡,5422 人失踪,给美国的金融业、航空业和保险业带来巨大的损失。此例属于偶然事件引发事故。

【例 1-4】　1983 年 9 月某日晚,上海某研究所食堂突然整体倒塌,其屋顶为双层圆形悬索屋盖,直径为 17.5 m,支承在砖墙加扶壁柱砌体墙上。屋顶的内环梁由型钢组成,直径为 3 m,

高 4.5 m。外环梁为钢筋混凝土环梁,截面为 720 mm×600 mm,内外环间由 90 根直径为 7.5 mm 的钢绞索连接,上铺钢筋混凝土扇形板,板内填豆石混凝土,上铺两毡三油防水层。

原因:该工程于 1960 年竣工,自 1965 年以来未对屋顶进行检查,仅对屋顶局部渗漏处做了修补,致使裂缝处钢绞线被严重锈蚀,造成断面减小、承载力不足,引起塌落。经事故现场调查,发现 90 根钢绞索全部沿环梁周边折断。此例属于丧失结构耐久性事故。

实际上,各专业间的有机结合能够避免工程事故的发生,并在偶然事件发生时减少损失。建于 1931 年的世界标志性高层建筑之一的帝国大厦高 381 m,共 102 层,其采用的是钢框架结构,所有钢构件连接均采用铆钉和螺栓,耗材约 5.7 万吨。大厦中央电梯区纵横方向均设置了斜向钢支撑,并且在钢结构外部外包炉渣混凝土,加强了整个建筑的侧向刚度,强大的侧向刚度使帝国大厦避免了 14 年后的一场劫难。1945 年 7 月 28 日 9 时 40 分,一架美国轰炸机因大雾撞进帝国大厦 78~79 层间,撞出一个约 42 m² 的大洞,所幸飞机所携带的燃油少且灭火及时,大楼安然耸立,保持世界最高建筑地位达 40 年之久。

【本章要点】

①由梁、板、墙(或柱)、基础等基本构件组成的建筑物的承重骨架体系,称为建筑结构。

②结构由基本构件组成。

③建筑结构按所用材料可分为混凝土结构、砌体结构、钢结构、木结构和组合结构;按承重结构的类型可分为砖混结构、框架结构、框架-剪力墙结构、剪力墙结构、筒体结构、排架结构、刚架结构、薄壳结构、拱结构、悬索结构等。

④建筑结构的构件可分为两大类型:一是平面形或直线形构件,包括梁、板、柱、墙等;二是直线形或曲线、曲面形杆件,包括杆、拱、壳等。

⑤结构设计过程主要包括结构类型选取、结构模型建立、结构荷载计算、结构内力计算、基本构件设计以及施工图绘制。

⑥结构设计的原则是依据建筑结构的安全等级,保证结构体系和结构基本构件能在预定的时间内和规定的条件下,完成预定的功能。

⑦结构的三大功能要求:安全性、适用性和耐久性。

【拓展阅读】

拓展阅读 1-1 建筑坍塌典型事故案例

【思考和练习】

1-1 什么是建筑结构? 简述建筑结构的分类及其适用范围。

1-2 简述结构与构件的关系。

1-3 建筑结构的功能要求有哪些?

1-4 房屋建筑的结构设计工作年限是如何划分的? 超过这个年限是否意味着该建筑物是危楼?

1-5 建筑结构安全等级如何划分?

第 2 章　荷载与结构设计方法

本章主要介绍结构上的作用、作用效应和结构抗力，以及现行结构设计方法。

建筑结构设计和计算的目的是保证建筑结构的安全可靠。我国采用的建筑结构设计方法经历了三个阶段，即以弹性理论为基础的应力层面的"许可应力方法"，考虑材料塑性的内力层面的"破损阶段设计法"，基于构件或结构层面且着眼于建筑结构全寿命周期（即兼顾建筑结构安全性、适用性和耐久性）的"极限状态设计方法"，设计方法逐步科学和先进。

我国现行规范采用以概率理论为基础的极限状态设计方法，以可靠指标度量结构构件的可靠性，采用分项系数的设计表达式进行设计。

2.1　作用及其代表值

建筑结构在工作期间需要承受各种作用。结构上的作用包括施加在结构上的集中力或分布力，以及引起结构外加变形或约束变形的原因（外加变形指结构在地震、不均匀沉降等因素作用下，边界条件发生变化而产生的位移和变形；约束变形指结构在温度变化、湿度变化及混凝土收缩等因素作用下，由于存在外部约束而产生的内部变形）。前者称为直接作用，也称为荷载；后者称为间接作用。下面重点讨论荷载。

2.1.1　荷载的分类

荷载是工程中常见的作用，《建筑结构荷载规范》（以下简称《荷载规范》）将结构上的荷载按作用时间的长短和性质分为以下三类。

（1）永久荷载

永久荷载又称恒荷载，在结构工作期间，其值不随时间而变化，或其变化与平均值相比可以忽略不计。永久荷载包括结构构件、围护构件、面层及装饰、固定设备、长期储物等的自重，土（水）压力，预应力等。其中固定设备主要包括电梯及自动扶梯，采暖、空调及给排水设备，电气设备，管道、电缆及其支架等。

（2）可变荷载

可变荷载又称活荷载，在结构工作期间，其值随时间而变化，且其变化与平均值相比不可以忽略不计的荷载。可变荷载包括楼面活荷载、屋面活荷载和积灰荷载、吊车荷载、风荷载、雪荷载等。

（3）偶然荷载

偶然荷载是指在结构设计工作年限内不一定出现，而一旦出现，其量值很大且持续时间很短的荷载。偶然荷载包括爆炸力、撞击力等。

2.1.2 荷载代表值

结构设计时,对荷载应赋予一个规定的量值,称为荷载代表值。荷载可根据不同的设计要求,规定不同的代表值,以使之能更确切地反映它在设计中的特点。《荷载规范》给出了四种荷载代表值,即标准值、组合值、频遇值和准永久值。其中,永久荷载应采用标准值作为代表值,可变荷载应根据设计要求采用标准值、组合值、频遇值或准永久值作为代表值。荷载标准值是荷载的基本代表值,而其他代表值都可在标准值的基础上乘以相应的系数后得出。

结构设计中,采用何种荷载代表值将直接影响荷载的取值和大小,关系结构设计的安全。

1. 荷载标准值

荷载标准值是指在结构使用期间可能出现的最大荷载值。由于荷载本身的随机性,结构使用期间的最大荷载也是随机变量,原则上可用它的统计分布来描述。

永久荷载变异性不大,而且多为正态分布,一般以其统计分布的均值作为荷载标准值。因此,永久荷载标准值可按结构构件的尺寸、材料或结构构件单位体积的自重(或单位面积的自重)平均值确定。

可变荷载变异性大,确定其标准值时会涉及荷载最大值的时域问题,《荷载规范》统一采用设计基准期 50 年作为规定荷载最大值的时域,即可变荷载标准值指在结构设计基准期(50 年)内可能出现的最大值,由最大荷载概率分布的某个分位值来确定,规范未对分位值的取值做统一规定,即不同荷载类型取值可能不同,可根据资料及工程经验分析判断。

2. 荷载组合值

当有两种或两种以上的可变荷载同时作用在结构上时,由于所有可变荷载同时达到其单独出现时可能达到的最大值的概率极小,因此,除主导荷载(即产生最大效应的荷载)可以其标准值为代表值外,其他伴随荷载均应采用组合值为荷载代表值。可变荷载组合值通过组合值系数对荷载标准值的折减来表示。

$$Q_c = \varphi_c Q_k \tag{2.1}$$

式中:Q_c——可变荷载组合值;

$\quad\quad Q_k$——可变荷载标准值;

$\quad\quad \varphi_c$——可变荷载组合值系数;民用建筑楼面和屋面均布活荷载组合值系数分别见附表 1 和附表 2;雪荷载组合值系数可取 0.7;风荷载组合值系数可取 0.6。

3. 荷载频遇值

对可变荷载,在设计基准期内,其超越的总时间限制为规定的较小比率,或超越频率限制为规定频率的荷载值,称为荷载频遇值,可通过频遇值系数对荷载标准值的折减来表示。

$$Q_f = \varphi_f Q_k \tag{2.2}$$

式中:Q_f——可变荷载频遇值;

$\quad\quad Q_k$——可变荷载标准值;

$\quad\quad \varphi_f$——可变荷载频遇值系数;民用建筑楼面和屋面均布活荷载频遇值系数见附表 1 和附表 2;雪荷载频遇值系数可取 0.6;风荷载频遇值系数可取 0.4。

4. 荷载准永久值

对可变荷载,在设计基准期内,其超越的总时间约为设计基准期一半的荷载值,称为荷载准永久值,可通过准永久值系数对荷载标准值的折减来表示。

$$Q_q = \varphi_q Q_k \tag{2.3}$$

式中:Q_q——可变荷载准永久值;

$\quad\quad Q_k$——可变荷载标准值;

$\quad\quad \varphi_q$——可变荷载准永久值系数;民用建筑楼面和屋面均布活荷载准永久值系数见附表 1
和附表 2,风荷载准永久值系数为 0.0。

例如,在进行结构构件变形和裂缝验算时,要考虑荷载长期作用对构件刚度和裂缝的影响。
因永久荷载长期作用在结构上,故应取其荷载标准值参与验算,而可变荷载只取在设计基准期
内经常作用在结构上的那部分荷载,即可变荷载准永久值参与验算。

2.2 作用效应 S 和结构抗力 R

2.2.1 作用效应 S

作用效应 S 是指各种作用在结构上产生的内力(如弯矩 M、轴力 N、剪力 V、扭矩 T)和变形
(如挠度 f、裂缝宽度 w 等)。由荷载引起的作用效应,又称为荷载效应。

由于荷载本身的变异性以及内力计算假定和实际受力情况间的差异等因素,作用(荷载)效
应存在不确定性。

2.2.2 结构抗力 R

结构抗力 R 是指结构或结构构件承受内力和变形的能力,如结构构件的受弯承载力 M_u、
受剪承载力 V_u 等。结构抗力是结构内部固有的,其大小主要由构件的截面尺寸、材料强度及材
料用量、计算模式等决定。

由于各种因素的影响,构件的截面几何参数具有不确定性,而材料性能(如材质、强度等)受
制作工艺以及制作与使用环境的影响也具有变异性,因此结构抗力 R 存在不确定性。

以上概念表明,当结构构件任意截面均处于 $S \leqslant R$ 状态时,结构是安全可靠的。但由于 S、
R 都是随机变量,因而结构是否安全可靠也是随机事件,需要用概率理论来分析。

也就是说,绝对处于 $S \leqslant R$ 状态下的建筑,即绝对安全的建筑是不存在的,关于建筑安全可
靠性更为科学的说法应是,该建筑处于 $S \leqslant R$ 状态下的概率是多大,或该建筑安全可靠的概率
有多大。

2.3 以概率理论为基础的极限状态设计方法

2.3.1 结构的极限状态

1. 极限状态的概念

整个结构或结构的一部分超过某一特定状态就不能满足设计规定的某一功能要求,此特定

状态为该功能的极限状态。结构能够满足功能要求而良好地工作,则称结构"可靠"或"有效",反之则结构为"不可靠"或"失效"。区分结构"可靠"与"失效"的临界工作状态称为"极限状态"。

2. 极限状态的分类

极限状态分为三类:承载能力极限状态、正常使用极限状态和耐久性极限状态。

(1) 承载能力极限状态

承载能力极限状态对应于结构或构件达到最大承载力,或者产生了不适于继续承载的过大变形,从而丧失了安全性功能的一种特定状态。当结构或结构构件出现下列状态之一时,应认为超过了承载能力极限状态:

①结构构件或连接部位因超过材料强度而破坏(包括疲劳破坏),或因过度变形而不适于继续承载;

②整个结构或结构的一部分作为刚体失去平衡(如倾覆、滑移等);

③结构转变为机动体系;

④结构或结构构件丧失稳定;

⑤结构因局部破坏而发生连续倒塌;

⑥地基丧失承载力而破坏。

结构或结构构件一旦超过承载能力极限状态,将造成结构全部或部分破坏或倒塌,导致人员伤亡和严重经济损失,因此所有结构或构件都必须进行承载能力极限状态的计算,并保证具有足够的可靠度。

(2) 正常使用极限状态

正常使用极限状态对应于结构或构件达到正常使用的某项规定限值,从而丧失了适用性功能的一种特定状态。当结构或结构构件出现下列状态之一时,应认为超过了正常使用极限状态:

①影响外观、使用舒适性或结构使用功能的变形;

②造成人员不舒适或结构使用功能受限的振动;

③影响外观、耐久性或结构使用功能的局部损坏。

与承载能力极限状态相比,结构或结构构件超过正常使用极限状态一般不致造成人员伤亡,经济损失也小些,所以结构设计时只需对结构或构件的变形、抗裂度或裂缝宽度、地基变形、房屋侧移等进行验算,使之不超过规范规定的限值,或通过简单但行之有效的构造措施来加以解决。

(3) 耐久性极限状态

耐久性极限状态对应于结构或结构构件在环境影响下出现的劣化达到耐久性能的某项规定限值或标志,从而丧失了耐久性功能的一种特定状态。当结构或结构构件出现下列状态之一时,应认定为超过了耐久性极限状态:

①影响承载能力和正常使用的材料性能劣化,如构件的金属连接件出现锈蚀;

②影响耐久性能的裂缝、变形、缺口、外观、材料削弱等,如构件表面出现锈蚀裂缝、冻融损伤、高速气流造成的空蚀损伤等;

③影响耐久性能的其他特定状态。

与以上两种极限状态不同,目前耐久性极限状态尚无定量计算或验算的规定,主要通过采取预防性措施或维护保障措施等来保证,如减小侵蚀作用的局部环境改善措施、延缓构件出现损伤的表面防护措施、延缓材料性能劣化速度的保护措施,以及杀虫、灭菌、抹灰和涂层、通风和防潮、定期检查等维护保障措施。

3. 极限状态方程

结构和构件的工作状态,可以由该结构构件所承受的作用效应 S 和结构抗力 R 两者的关系来描述,即

$$Z = R - S = g(R, S) \tag{2.4}$$

式(2.4)称为功能函数,可以用来表示结构的如下三种工作状态:

①当 $Z > 0$ 时,结构处于可靠状态;

②当 $Z < 0$ 时,结构处于失效状态;

③当 $Z = 0$ 时,结构处于极限状态。

$Z = g(R, S) = 0$ 称为极限状态方程,它是结构失效的标准,即当方程成立时,结构正处于极限状态这一分界状态。

2.3.2　结构的可靠性与可靠度

结构的安全性、适用性和耐久性总称为结构可靠性。如前所述,由于结构是否安全可靠的事件为随机事件,因此应当用可靠度来衡量结构是否安全可靠。可靠度指结构在规定的时间内(一般取 50 年)、在规定的条件下(指正常设计、施工和使用)完成预定功能的概率。因此可靠度是可靠性的概率度量。当结构完成其预定功能的概率(即可靠度)大到一定程度,或不能完成其预定功能的概率(亦称失效概率)小到某一公认的、人们可以接受的程度,就认为该结构是安全可靠的。

假定 S 与 R 均为随机变量,均服从正态分布,其平均值分别为 μ_S 和 μ_R,标准差分别为 σ_S 和 σ_R。

因 $Z = R - S$,则 Z 也是正态分布的随机变量,其概率密度分布曲线如图 2-1 所示。由图可知,$Z = R - S < 0$ 的事件(即结构失效)出现的概率即失效概率,为图中阴影部分的面积(称为尾部面积),其值为

$$P_f = P(Z < 0) \tag{2.5}$$

结构的有效概率(可靠度)为

$$P_s = P(Z > 0) = 1 - P_f \tag{2.6}$$

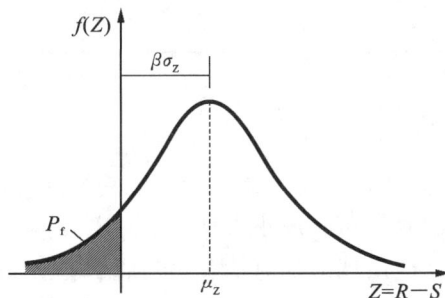

图 2-1　随机变量 Z 的概率密度分布曲线

2.3.3 结构的可靠指标 β 和目标可靠指标 $[\beta]$

失效概率 P_f 的计算比较麻烦,通常引入结构的可靠指标 β 简化计算。如图 2-1 所示,令

$$\mu_Z = \beta \sigma_Z \tag{2.7}$$

$$\beta = \frac{\mu_Z}{\sigma_Z} = \frac{\mu_R - \mu_S}{\sqrt{\sigma_R^2 + \sigma_S^2}} \tag{2.8}$$

可见, β 值与 P_f 成反比,即 β 越大,则失效概率越小,结构越可靠,因此 β 和失效概率 P_f 一样可作为衡量结构可靠度的一个指标,称为结构的可靠指标。对于标准正态分布, β 与失效概率 P_f 之间存在一一对应关系,可由概率理论得出,见表 2-1。

表 2-1　β 与 P_f 的数值关系

β	1.0	1.5	2.0	2.5
P_f	1.59×10^{-1}	6.68×10^{-2}	2.28×10^{-2}	6.21×10^{-3}
β	3.0	3.5	4.0	4.5
P_f	1.35×10^{-3}	2.33×10^{-4}	3.17×10^{-5}	3.40×10^{-6}

目标可靠指标是结构构件设计时预先给定的可靠指标,用 $[\beta]$ 表示。进行结构设计时,应保证 $\beta \geqslant [\beta]$,目的是使结构在按承载能力极限状态设计时,其完成预定功能的概率不低于某一允许的水平。

由结构构件的实际破坏情况可知,破坏形态有延性破坏和脆性破坏。因结构构件发生延性破坏前有预兆,可及时采取补救措施,故目标可靠指标可定得稍低些。反之,结构发生脆性破坏时无明显预兆,破坏突然发生,比较危险,故目标可靠指标应定得高些。另外,目标可靠指标还与建筑物的重要性有关。

根据结构的安全等级和破坏类型,《建筑结构可靠性设计统一标准》中规定了按承载能力极限状态设计时的目标可靠指标 $[\beta]$ 值(见表 2-2)。

表 2-2　承载能力极限状态设计目标可靠指标 $[\beta]$ 值

破 坏 类 型	安 全 等 级		
	一级	二级	三级
延性破坏	3.7	3.2	2.7
脆性破坏	4.2	3.7	3.2

2.3.4 实用设计表达式

首先,建筑结构设计应依据《建筑结构可靠性设计统一标准》区分下列设计状况:

①持久设计状况,适用于结构使用时的正常情况;

②短暂设计状况,适用于结构出现的临时情况,包括结构施工和维修时的情况等;

③偶然设计状况,适用于结构出现的异常情况,包括结构遭受火灾、爆炸、撞击时的情况等;

④地震设计状况,适用于结构遭受地震时的情况。

1. 承载能力极限状态设计表达式

对于承载能力极限状态,应考虑荷载效应的基本组合(对于持久设计状况或短暂设计状况),必要时应考虑荷载效应的偶然组合(对于偶然设计状况)和地震组合(对于地震设计状况)。承载能力极限状态计算采用下列表达式,即

$$\gamma_0 S_d \leqslant R_d \tag{2.9}$$

$$R_d = R(f_c, f_s, \alpha_k, \cdots) \tag{2.10}$$

式中:γ_0——结构重要性系数,对安全等级为一级、二级、三级的结构构件,可分别取 1.1、1.0、0.9;

S_d——承载能力极限状态的荷载效应组合设计值,如弯矩设计值 M、剪力设计值 V、轴向力设计值 N 等;

R_d——结构构件的承载能力设计值,如受弯承载力 M_u、受剪承载力 V_u、受压(拉)承载力 N_u 等;

$R_d(f_c, f_s, \alpha_k, \cdots)$——结构构件的抗力函数;

f_c——混凝土的强度设计值;

f_s——钢筋的强度设计值;

α_k——构件几何参数的标准值。

对于基本组合,荷载效应设计值 S_d 应按式(2.11)确定。

$$S_d = \sum_{i=1}^{m} \gamma_{Gi} S_{G_{ik}} + \gamma_{Q1} \gamma_{L1} S_{Q_{1k}} + \sum_{j=2}^{n} \gamma_{Qj} \psi_{cj} \gamma_{Lj} S_{Q_{jk}} \tag{2.11}$$

式中:$S_{G_{ik}}$——第 i 个永久荷载标准值的效应;

$S_{Q_{1k}}$——第 1 个可变荷载标准值的效应;

$S_{Q_{jk}}$——第 j 个可变作用标准值的效应;

γ_{Gi}——第 i 个永久荷载的分项系数,应按表 2-3 采用;

γ_{Q1}、γ_{Qj}——第 1 个和第 j 个可变荷载的分项系数,应按表 2-3 采用;

γ_{L1}、γ_{Lj}——第 1 个和第 j 个考虑结构设计工作年限的荷载调整系数,应按表 2-4 采用;

ψ_{cj}——第 j 个可变荷载的组合值系数,应按附表 1、附表 2 采用。

表 2-3　建筑结构的作用分项系数

分项系数	作用效应对承载力不利时	作用效应对承载力有利时
永久荷载的分项系数 γ_G	1.3	$\leqslant 1.0$
可变荷载的分项系数 γ_Q	1.5	0

表 2-4　建筑结构考虑结构设计工作年限的荷载调整系数 γ_L

结构的设计工作年限/年	γ_L
5	0.9
50	1.0
100	1.1

注:对设计工作年限为 25 年的结构构件,γ_L 应按各种材料结构设计标准的规定采用。

2. 正常使用极限状态设计表达式

对于正常使用极限状态，应根据不同的设计目的，分别按荷载效应的标准组合（对于不可逆正常使用极限状态设计）、频遇组合（对于可逆正常使用极限状态设计）和准永久组合（对于长期效应是决定性因素的正常使用极限状态设计）进行设计，使变形、裂缝等荷载效应的设计值符合

$$S_d \leqslant C \tag{2.12}$$

式中：S_d——荷载组合的效应设计值，如变形、裂缝宽度等；

C——设计对变形、裂缝等规定的相应限值，应按有关结构设计规范的规定采用。

荷载效应的设计值 S_d 应根据不同的设计目的，分别按下式确定。

（1）标准组合

$$S_d = \sum_{i=1}^{m} S_{G_{ik}} + S_{Q_{1k}} + \sum_{j=2}^{n} \psi_{cj} S_{Q_{jk}} \tag{2.13}$$

（2）频遇组合

$$S_d = \sum_{i=1}^{m} S_{G_{ik}} + \psi_{f1} S_{Q_{1k}} + \sum_{j=2}^{n} \psi_{qj} S_{Q_{jk}} \tag{2.14}$$

（3）准永久组合

$$S_d = \sum_{i=1}^{m} S_{G_{ik}} + \sum_{j=1}^{n} \psi_{qj} S_{Q_{jk}} \tag{2.15}$$

式中：ψ_{fj}——第 j 个可变荷载的频遇值系数；

ψ_{qj}——第 j 个可变荷载的准永久值系数。

【例 2-1】 框架柱柱顶截面在各种荷载作用下的弯矩标准值 M_k、组合值系数 ψ_c、频遇值系数 ψ_f 和准永久值系数 ψ_q 如下表所示。

类　别	$M_k/(kN \cdot m)$	ψ_c	ψ_f	ψ_q
永久荷载	2.0	—	—	—
楼面活荷载	1.6	0.7	0.6	0.5
风荷载	0.4	0.6	0.4	0

求承载能力极限状态与正常使用极限状态下的截面弯矩设计值。

【解】

①承载能力极限状态。

$$S_d = \sum_{i=1}^{m} \gamma_{Gi} S_{G_{ik}} + \gamma_{Q1} \gamma_{L1} S_{Q_{1k}} + \sum_{j=2}^{n} \gamma_{Qj} \psi_{cj} \gamma_{Lj} S_{Q_{jk}}$$

$$M = \gamma_G S_{G_k} + \gamma_{Q1} \gamma_{L1} S_{Q_{1k}} + \sum_{j=2}^{n} \gamma_{Qj} \psi_{cj} \gamma_{Lj} S_{Q_{jk}}$$

$$M = 1.3 \times 2.0 \ kN \cdot m + 1.5 \times 1.0 \times 1.6 \ kN \cdot m$$
$$+ 1.5 \times 0.6 \times 1.0 \times 0.4 \ kN \cdot m = 5.36 \ kN \cdot m$$

所以承载能力极限状态下的截面弯矩设计值为 5.36 kN · m。

②正常使用极限状态。

按荷载的标准组合

$$S_d = \sum_{i=1}^{m} S_{G_{ik}} + S_{Q_{1k}} + \sum_{j=2}^{n} \psi_{cj} S_{Q_{jk}}$$

$M = 2.0\ \text{kN} \cdot \text{m} + 1.6\ \text{kN} \cdot \text{m} + 0.6 \times 0.4\ \text{kN} \cdot \text{m} = 3.84\ \text{kN} \cdot \text{m}$

按荷载的频遇组合

$$S_d = \sum_{i=1}^{m} S_{G_{ik}} + \psi_{f1} S_{Q_{1k}} + \sum_{j=2}^{n} \psi_{qj} S_{Q_{jk}}$$

$M = 2.0\ \text{kN} \cdot \text{m} + 0.6 \times 1.6\ \text{kN} \cdot \text{m} + 0 \times 0.4\ \text{kN} \cdot \text{m} = 2.96\ \text{kN} \cdot \text{m}$

按荷载的准永久组合

$$S_d = \sum_{i=1}^{m} S_{G_{ik}} + \sum_{j=1}^{n} \psi_{qj} S_{Q_{jk}}$$

$M = 2.0\ \text{kN} \cdot \text{m} + 0.5 \times 1.6\ \text{kN} \cdot \text{m} + 0.0 \times 0.4\ \text{kN} \cdot \text{m} = 2.8\ \text{kN} \cdot \text{m}$

【例 2-2】　某结构的设计工作年限为 100 年的钢筋混凝土矩形截面简支梁,截面尺寸 $b \times h = 200\ \text{mm} \times 450\ \text{mm}$,计算跨度 $l_0 = 5.2\ \text{m}$,承受均布线荷载,其中活荷载标准值 $q = 8.5\ \text{kN/m}$,恒荷载标准值 $g = 15\ \text{kN/m}$(不包括自重),混凝土的容重为 $25\ \text{kN/m}^3$,求按承载能力极限状态计算的跨中截面弯矩设计值。

【解】

①均布活荷载产生的弯矩标准值为:

$$M_{Qk} = \frac{1}{8} q_k l_0^2 = \frac{1}{8} \times 8.5 \times 5.2^2\ \text{kN} \cdot \text{m} = 28.7\ \text{kN} \cdot \text{m}$$

②梁的自重标准值为:

$$g_k = 0.2 \times 0.45 \times 25\ \text{kN} \cdot \text{m} = 2.25\ \text{kN} \cdot \text{m}$$

③恒荷载标准值产生的弯矩标准值为:

$$M_{Gk} = \frac{1}{8} g_k l_0^2 = \frac{1}{8} \times (2.25 + 15) \times 5.2^2\ \text{kN} \cdot \text{m} = 58.3\ \text{kN} \cdot \text{m}$$

④按承载能力极限状态时的跨中弯矩截面最大弯矩设计值为:

$$S_d = \sum_{i=1}^{m} \gamma_{Gi} S_{G_{ik}} + \gamma_{Q1} \gamma_{L1} S_{Q_{1k}} + \sum_{j=2}^{n} \gamma_{Qj} \psi_{cj} \gamma_{Lj} S_{Q_{jk}}$$

$M = \gamma_G M_{Gk} + \gamma_{Q1} \gamma_{L1} M_{Q_{1k}} = (1.3 \times 58.3 + 1.1 \times 1.5 \times 28.7)\ \text{kN} \cdot \text{m} = 123.1\ \text{kN} \cdot \text{m}$

【本章要点】

①结构或构件产生内力和变形的原因称为作用。作用分为直接作用和间接作用,直接作用即荷载。荷载按作用时间的长短和性质分为永久荷载、可变荷载和偶然荷载三类。

②作用效应 S 指各种作用在结构或构件上产生的内力和变形。结构抗力 R 指结构或构件承受内力和变形的能力。

③结构在即将不能满足某项功能要求时的特定状态,称为该功能的极限状态,包括承载能力极限状态、正常使用极限状态、耐久性极限状态。

④可靠度指结构在规定的时间内、在规定的条件下完成预定功能的概率。结构可靠度是其

可靠性的概率度量,用可靠指标 β 表达。

⑤目前建筑结构设计采用以概率理论为基础,以分项系数表达的极限状态设计方法。分项系数依据可靠指标 β 和统计数据确定,当缺乏统计数据时,也可按工程经验确定。

【拓展阅读】

拓展阅读 2-1　概率论简介

【思考和练习】

2-1　结构上的作用与荷载是否相同?为什么?恒载和活载有什么区别?请分别举例说明。

2-2　什么是结构的极限状态?极限状态有几种?雨篷梁的抗倾覆验算、受弯构件的抗剪计算、钢筋混凝土梁的裂缝验算各属于哪类极限状态的计算?

2-3　什么是作用效应 S?什么是结构抗力 R? $R>S$、$R=S$、$R<S$ 各表示什么意义?

2-4　什么是结构的可靠性与可靠度?

2-5　目标可靠指标 $[\beta]$ 的确定与哪两个因素有关?

2-6　什么是恒载标准值?什么是恒载设计值?两者的关系如何?

2-7　某钢筋混凝土矩形截面简支梁,截面尺寸 $b \times h = 200\ mm \times 500\ mm$,计算跨度 $l_0 = 6.6\ m$,承受均布线荷载,其中活荷载标准值 $q = 8\ kN/m$,恒荷载标准值 $g = 9.5\ kN/m$(不包括自重)。求按承载能力极限状态设计的跨中截面弯矩设计值。

2-8　某办公楼楼面采用预应力混凝土七孔板,板计算跨度为 3.18 m,板宽为 0.9 m,七孔板自重为 2.04 kN/m²,后浇混凝土层厚为 40 mm(容重为 25 kN/m³),板底抹灰层厚为 20 mm(容重为 20 kN/m³),活荷载取 1.5 kN/m²,活荷载组合系数为 0.7,准永久值系数为 0.4。试计算按承载能力极限状态和正常使用极限状态设计时的截面弯矩设计值。

第3章　混凝土结构

混凝土结构是以混凝土为主制成的结构,包括素混凝土结构、钢筋混凝土结构和预应力混凝土结构等。本章主要介绍钢筋混凝土基本构件的设计计算方法、钢筋混凝土梁板结构的设计计算方法,以及预应力混凝土的概念。

因可塑性好、整体性好、耐久性和耐火性好等优点,混凝土结构在我国建筑工程中被广泛使用。而普通钢筋混凝土抗裂性差,限制了其在防渗防漏要求严格的容器、管道结构中的应用,直到法国土木工程师弗雷西奈发明了预应力混凝土,这一问题才得到解决。预应力混凝土是"利用自然规律解决工程问题"的典型案例,是具有开拓与创新精神的先辈们为后人留下的宝贵财富。

3.1　概述

3.1.1　混凝土结构的概念

混凝土结构是以混凝土为主制成的结构,包括素混凝土结构、钢筋混凝土结构和预应力混凝土结构等。无筋或不配置受力钢筋的混凝土结构称为素混凝土结构;配置受力的普通钢筋、钢筋网或钢筋骨架的混凝土结构称为钢筋混凝土结构;配置受力的预应力筋,并通过张拉或其他方法建立预加应力的混凝土结构称为预应力混凝土结构。其中,钢筋混凝土结构应用最为广泛,其优缺点已在第1章简单表述。混凝土结构广泛应用于工业与民用建筑、桥梁、隧道、矿井以及水利、海港等工程中。本章重点讲述钢筋混凝土结构及基本构件,以及预应力混凝土。

3.1.2　配筋的作用

混凝土的抗压性能较强而抗拉性能较弱,钢筋的抗拉能力则很强。因此,在混凝土中配置适量的受力钢筋,并使得混凝土主要承受压力、钢筋主要承受拉力,就能起到充分利用材料、提高结构承载能力和变形能力的作用。

如图 3-1(a)所示,素混凝土梁在外加集中力和梁自重的作用下,梁截面的上部受压、下部受拉。由于混凝土的抗拉性能很差,只要梁跨中附近截面的受拉边缘混凝土一开裂,梁就会突然断裂,破坏前梁的变形很小,没有预兆,属于脆性破坏类型,是工程中应避免的。梁破坏时,截面受压区的压应力还不大,混凝土抗压强度比较高的优势没有被充分利用。

为了改变这种情况,在截面受拉区的外侧配置适量的受力钢筋构成钢筋混凝土梁,如图 3-1(b)所示。钢筋主要承受梁中和轴以下受拉区的拉力,混凝土主要承受中和轴以上受压区的压力。由于钢筋的抗拉能力和混凝土的抗压能力都很大,即使受拉区的混凝土开裂后梁还能继续

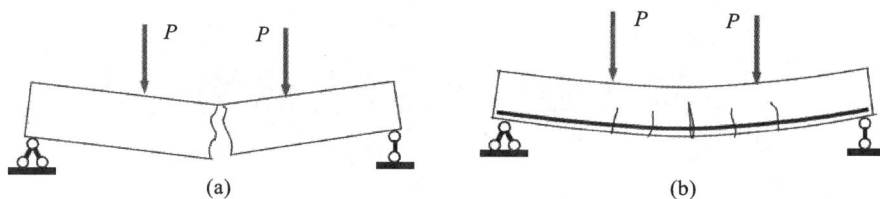

图 3-1 简支梁受力示意图
(a)素混凝土梁;(b)钢筋混凝土梁

承受相当大的荷载,并在受拉区钢筋达到屈服以后,荷载还可略有增加,直到受压区边缘混凝土被压碎,梁才破坏。梁破坏前,变形较大,有明显预兆,属于延性破坏类型,是工程中所希望和要求的。

可见,在素混凝土梁内合理配置受力钢筋构成钢筋混凝土梁以后,不仅改变了梁的破坏类型,而且梁的承载能力和变形能力都有很大提高,钢筋与混凝土两种材料的强度也得到了较充分的利用。

3.2 钢筋与混凝土的物理力学性能

3.2.1 钢筋

1. 钢筋的分类

(1)柔性钢筋和劲性钢筋

建筑结构所采用的钢筋可分为柔性钢筋和劲性钢筋两类。

①柔性钢筋。

柔性钢筋即线形的普通钢筋,其外形有光面和带肋两类。带肋钢筋又分为螺旋纹钢筋、人字纹钢筋和月牙纹钢筋三种,统称为变形钢筋。钢筋的外形如图 3-2 所示。月牙纹钢筋的横肋呈月牙形,且其横肋高度向肋的两端逐渐降低至零,与纵肋不相交,可以缓解肋纹相交处的应力集中,因此在我国得到普遍应用。

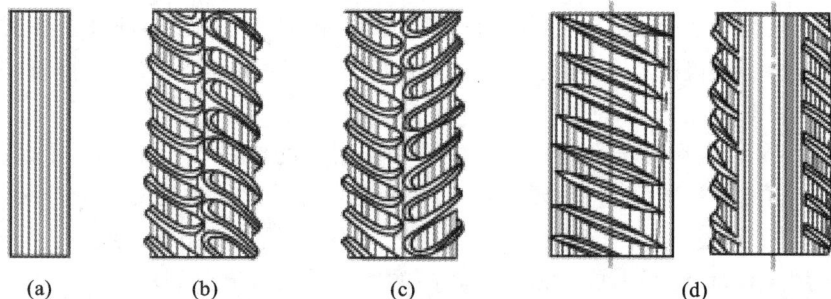

图 3-2 钢筋的形式
(a)光面钢筋;(b)螺旋纹钢筋;(c)人字纹钢筋;(d)月牙纹钢筋

②劲性钢筋。

劲性钢筋指配置在混凝土中的各种型钢或者用钢板焊成的钢骨和钢架。劲性钢筋本身刚度很大,施工时模板及混凝土的重力可以由劲性钢筋本身来承担,因此能加速并简化支模工作。配置了劲性钢筋的混凝土结构具有较大的承载能力和变形能力,常用于高层或超高层建筑中。

(2)普通钢筋和预应力筋

①普通钢筋。

《混凝土结构设计标准(2024 年版)》(以下简称《混凝土标准》)规定,用于钢筋混凝土结构的国产普通钢筋为热轧钢筋。

根据《混凝土结构通用规范》,普通钢筋现有 8 个牌号,分为 3 个强度等级:300 MPa、400 MPa 和 500 MPa(见表 3-1)。

表 3-1　普通钢筋的种类、代表符号和直径范围

强度等级代号	符　号	d/mm
HPB300	Φ	6～22
HRB400(HRB400E) HRBF400 RRB400	Φ ΦF ΦR	6～50
HRB500(HRB500E) HRBF500	Φ ΦF	6～50

表 3-1 中,HPB300 为热轧光面钢筋,HPB 是它的英文名称 Hot Rolled Plain Steel Bars 的缩写。HRB400(HRB400E)和 HRB500(HRB500E)为热轧带肋钢筋,HRB 是它的英文名称 Hot Rolled Ribbed Steel Bars 的缩写,牌号中带 E 为抗震钢筋和普通钢筋的区别,主要对钢筋强度和伸长率的实测值在技术指标上作了一定的提升,如规定抗震钢筋从屈服到拉断还应承受 25% 以上的拉力,抗震钢筋的总伸长率由普通钢筋的不小于 7.5% 提高到不小于 9%。这些技术指标的提高,加强了钢筋的抗震能力,保证了结构构件在地震作用下具有更好的延性。HRBF400 和 HRBF500 是采用温控工艺生产的细晶粒带肋钢筋,RRB400 是余热处理带肋钢筋,RRB 是英文名称 Remained Heat Treatment Ribbed Steel Bar 的缩写。

②预应力筋。

我国目前用于预应力混凝土结构或构件中的预应力筋,主要采用预应力钢丝、钢绞线和预应力螺纹钢筋。

常用的预应力钢丝为消除应力光面钢丝和螺旋肋钢丝[见图 3-3(a)],公称直径有 5 mm、7 mm 和 9 mm 等规格,按其强度级别可分为中强度预应力钢丝(极限强度标准值为 800～1270 N/mm²)和高强度预应力钢丝(极限强度标准值为 1470～1860 N/mm²)。

钢绞线由冷拉光圆钢丝,按 2 股、3 股或 7 股捻制成绳状而成[见图 3-3(b)],以盘卷状供应。常用的三根钢丝捻制的钢绞线表示为 1×3,公称直径有 8.6～12.9 mm;用七根钢丝捻制的钢绞线表示为 1×7,公称直径有 9.5～21.6 mm。钢绞线的主要特点是强度高(极限强度标准值可达 1960 N/mm²)和抗松弛性能好,展开时较挺直。

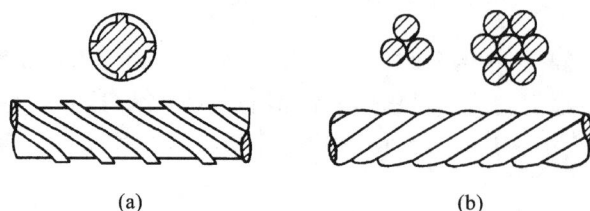

图 3-3 螺旋肋钢丝和钢绞线

(a)螺旋肋钢丝;(b)钢绞线

预应力螺纹钢筋(也称精轧螺纹钢筋)是一种大直径、高强度、高韧性的钢筋,直径为 18~50 mm,极限强度标准值为 980~1230 N/mm^2。

2. 钢筋的物理力学性能

(1)钢筋的强度和变形

钢筋的强度和变形主要由单向拉伸测得的应力-应变曲线(即 $\sigma\varepsilon$ 曲线)来表征,如图 3-4、图 3-5 所示。

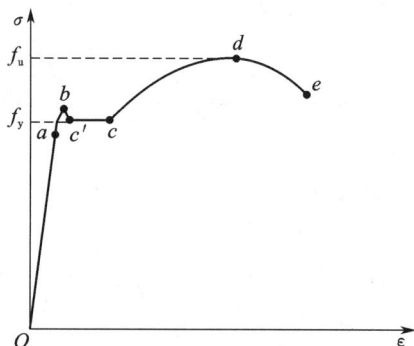

图 3-4 软钢的应力-应变曲线

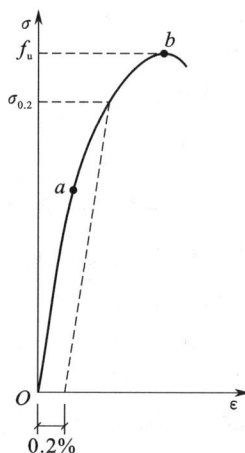

图 3-5 硬钢的应力-应变曲线

①有明显流幅的钢筋(软钢)。

热轧钢筋是低碳钢、普通低合金钢在高温状态下轧制而成的软钢,其应力-应变曲线有明显的屈服点和流幅,断裂时有颈缩现象,伸长率比较大。

如图 3-4 所示,a 点以前钢筋的应力-应变成直线关系,材料处于弹性阶段,故 a 点对应的应力称为比例极限,Oa 段称为钢筋的弹性阶段。

当应力达到 b 点后,应力-应变不再成正比例关系,而出现上下波动,此时应力变化不大,而应变却有大幅度的增加,形成一个明显的屈服台阶,b 点称为上屈服点,c' 点称为下屈服点,c' 点对应的应力称为"屈服强度 f_y",即有明显流幅的热轧钢筋的屈服强度是按照屈服下限确定的。这种塑性应变一直延续到 c 点,bc 段称为钢筋的屈服阶段。

应力超过 c 点后,应力-应变曲线又开始上升,钢筋进入强化阶段,钢筋的抗拉能力有所提高,直至曲线上升到最高点 d,相应的应力称为钢筋的"抗拉极限强度 f_u",cd 段称为强化阶段。

过了 d 点以后,钢筋在薄弱处的断面将显著缩小,发生局部颈缩现象,变形迅速增加,应力随之下降,达到 e 点时,试件被拉断,de 段称为钢筋的破坏阶段。

因此,软钢有两个强度指标。一个强度指标是钢筋屈服强度 f_y。因为钢筋屈服后会产生很大的塑性变形,这将使构件变形和裂缝宽度大大增加,以致构件无法使用。因此,在计算承载力时应取屈服强度 f_y 作为钢筋强度的限值。另一个强度指标是钢筋极限强度 f_u,它是钢筋所能达到的最大强度。

除强度外,钢筋还应具有一定的塑性变形能力。反映钢筋塑性性能的基本指标是均匀伸长率和冷弯性能。均匀伸长率是指钢筋拉断后的伸长值与原长的比率,通常伸长率越大,钢筋塑性越好,钢筋拉断前有足够的伸长,则构件的破坏有预兆;反之,则构件的破坏呈现脆性。冷弯性能是将钢筋围绕某个规定直径 D 的辊轴弯曲成一定的角度,弯曲后的钢筋应无裂纹、断裂及起层现象。钢辊的直径越小,弯转角越大,钢筋的冷弯性能就越好。

②无明显流幅的钢筋(硬钢)。

预应力筋属于硬钢,其应力-应变曲线没有明显的屈服点和流幅。

如图 3-5 所示,硬钢的应力-应变曲线不同于软钢,它没有明显的屈服台阶,塑性变形小,伸长率亦小,但极限强度高。通常取残余应变为 0.2% 所对应的应力 $\sigma_{0.2}$ 作为其条件屈服强度标准值 f_{pyk},$\sigma_{0.2} \approx 0.85 f_u$。

(2)钢筋的强度、变形指标

钢筋的强度有标准值和设计值之分,钢筋强度标准值应具有不小于 95% 的保证率。钢筋强度设计值为其强度标准值除以大于 1 的材料分项系数 γ_s 的数值,其值小于强度标准值,结构承载力计算时钢筋强度应取设计值,以保证结构具有足够的可靠度。各类钢筋的强度标准值见附表 3 和附表 4。各类钢筋强度设计值见附表 5 和附表 6。钢筋弹性模量 E_s 见附表 7。其中,弹性模量指材料在弹性变形区域的应力-应变曲线的斜率,也即应力 σ 与应变 ε 之比(见式 3.1),越硬的材料其弹性模量越高。

$$E_s = \frac{\sigma}{\varepsilon} \tag{3.1}$$

3. 钢筋的选择

根据《混凝土标准》,钢筋选用原则如下。

①纵向受力普通钢筋宜采用 HRB400、HRB500、HRBF400、HRBF500、RRB400、HPB300 级钢筋。

②梁、柱和斜撑构件的纵向受力普通钢筋宜采用 HRB400、HRB500、HRBF400、HRBF500 级钢筋。

③箍筋宜采用 HRB400、HRBF400、HPB300、HRB500、HRBF500 级钢筋。

④预应力筋宜采用预应力钢丝、钢绞线和预应力螺纹钢筋。

3.2.2 混凝土

1. 混凝土的强度

(1)立方体抗压强度标准值 $f_{cu,k}$

《混凝土标准》规定,混凝土立方体抗压强度标准值 $f_{cu,k}$,是指边长为 150 mm 的标准立方体试件在(20±2)℃的温度和相对湿度95%以上的潮湿空气中养护28 d,按照标准试验方法测得的具有95%保证率的抗压强度(单位为MPa)。

《混凝土标准》将混凝土强度等级按立方体抗压强度标准值划分为13级,即C20、C25、C30、C35、C40、C45、C50、C55、C60、C65、C70、C75和C80。例如,C30级混凝土表示该级别混凝土的立方体抗压强度标准值为30 MPa,即 $f_{cu,k}=30$ MPa。

(2)轴心抗压强度

混凝土的抗压强度与试件的形状有关,棱柱体比立方体能更好地反映混凝土结构的实际抗压能力。用混凝土棱柱体测得的抗压强度称为轴心抗压强度,其标准值用 f_{ck} 表示。我国采用150 mm×150 mm×300 mm棱柱体作为混凝土轴心抗压强度试验的标准试件。

(3)轴心抗拉强度

轴心抗拉强度也是混凝土的基本力学指标之一,其标准值用 f_{tk} 表示。混凝土的轴心抗拉强度可采用直接轴心受拉的试验方法测定。混凝土构件的开裂、裂缝、变形以及受剪、受扭、受冲切等的承载力均与其抗拉性能有关。混凝土的抗拉强度较小,一般只有轴心抗压强度的5%~10%。

2. 混凝土的强度指标

混凝土强度也有标准值和设计值之分,混凝土强度标准值除以材料分项系数 γ_c($\gamma_c=1.4$),即得混凝土强度设计值。混凝土轴心抗压强度、轴心抗拉强度的标准值和设计值,分别见附表8和附表9。

3. 混凝土的变形

混凝土的变形可分为两类:一类为荷载作用下的受力变形,如混凝土单轴短期加荷的变形、多次重复荷载作用下的变形和荷载长期作用下的变形等;另一类为体积变形,如混凝土的收缩和膨胀,以及混凝土的温度变形等。

(1)混凝土的受力变形

①混凝土单轴受压时的应力-应变曲线。

混凝土单轴短期荷载作用下的应力-应变关系是混凝土材料最基本的力学性能,是对混凝土进行理论分析的基本依据。典型的混凝土应力-应变曲线包括上升段和下降段两部分,如图3-6所示。

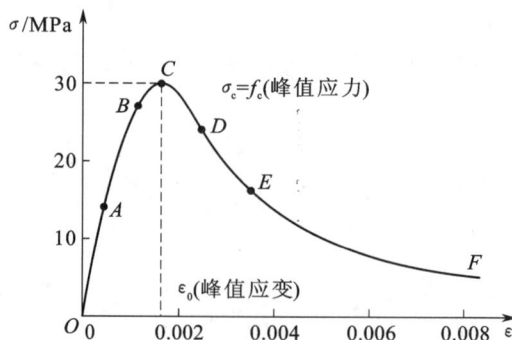

图3-6 典型的混凝土棱柱体受压应力-应变曲线

上升段(OC)：从开始加荷至 A 点(应力为 $0.3\sim0.4f_c$)，混凝土处于弹性阶段，A 点称为比例极限点；超过 A 点，进入第二阶段——裂缝稳定扩展阶段，至临界点 B；超过 B 点，试件所积蓄的弹性应变能始终保持大于裂缝发展所需要的能量，从而进入裂缝快速发展的不稳定阶段，即第三阶段，直至峰点 C，峰点 C 所对应的峰值应力称为混凝土轴心抗压强度 f_c，相应的应变称为峰值应变 ε_0，其值波动在 $0.0015\sim0.0025$ 之间，平均值 $\varepsilon_0=0.002$。

下降段(CF)：当混凝土强度达到 f_c(C 点)后，混凝土承载力开始下降，应力-应变曲线向下弯曲，直到曲线的凹向发生改变——曲率为零的点(D 点)，称为拐点；超过拐点，结构受力性质开始发生本质的变化，应力-应变曲线逐渐凹向水平方向，此段曲线中曲率最大的一点 E 称为收敛点；E 点以后主裂缝已很宽，结构内聚力已几乎耗尽，F 点称为破坏点，收敛段 EF 对于无侧向约束的混凝土已失去结构意义。

②混凝土的徐变。

在荷载的长期作用下，混凝土的变形随时间不断增长的现象称为徐变。

徐变会对结构产生一些不利影响，如使结构(构件)的变形增大、在预应力混凝土结构中造成预应力损失等；但徐变对结构也会产生一些有利的影响，如有利于结构构件产生内力重分布、减小大体积混凝土的温度应力等。但总的来说，不利因素大于有利因素，因此，要尽量减小徐变。

试验表明，徐变与下列因素有关：初应力越大，徐变越大；加载时龄期越长，徐变越小；水泥用量越多，水灰比越大，徐变越大；增加混凝土骨料的含量，徐变变小；养护条件好，水泥水化作用充分，徐变变小。

（2）混凝土的体积变形

混凝土的体积变形分为两类：混凝土在空气中硬化时体积会缩小，这种现象称为混凝土的收缩；混凝土在水中结硬时体积会膨胀，这种现象称为混凝土的膨胀。通常，收缩值比膨胀值大得多。

混凝土的收缩对结构构件往往产生不利影响，如当收缩受到外部(支座)或内部(钢筋)的约束时，将在混凝土中产生拉应力，可能引起混凝土的开裂；混凝土收缩还会使预应力混凝土构件产生预应力损失，等等。

混凝土的收缩主要与下列因素有关：水泥用量越多、水灰比越大，收缩越大；骨料弹性模量高、级配好，收缩就小；在干燥失水及高温环境的收缩较大；小尺寸构件收缩大，大尺寸构件收缩小；高强度混凝土收缩较大。

（3）混凝土的弹性模量

混凝土的弹性模量见附表 10。

4. 混凝土强度等级的选用

混凝土强度等级的选用应满足工程结构的承载力、刚度及耐久性需求。对设计工作年限为 50 年的混凝土结构，混凝土强度等级应符合下述规定；对设计工作年限大于 50 年的混凝土结构，混凝土最低强度等级应比下述规定高。

①素混凝土结构构件的混凝土强度等级不应低于 C20；钢筋混凝土结构构件的混凝土强度

等级不应低于C25;预应力混凝土楼板结构的混凝土强度等级不应低于C30,其他预应力混凝土结构构件的混凝土强度等级不应低于C40;钢-混凝土组合结构构件的混凝土强度等级不应低于C30。

②承受重复荷载作用的钢筋混凝土结构构件,混凝土强度等级不应低于C30。

③抗震等级不低于二级的钢筋混凝土结构构件,混凝土强度等级不应低于C30。

④采用500 MPa及以上等级钢筋的钢筋混凝土结构构件,混凝土强度等级不应低于C30。

3.2.3 钢筋与混凝土共同工作的原因

钢筋和混凝土是两种物理力学性能完全不同的材料,两者之间能够共同工作的原因主要有以下几点。

①混凝土硬化后,钢筋与混凝土之间产生了良好的黏结力。

②钢筋与混凝土两者有相近的线膨胀系数,钢筋为1.2×10^{-5},混凝土为$(1.0 \sim 1.5) \times 10^{-5}$。当温度变化时,两者之间不会发生太大的相对变形而使黏结力遭到破坏。

③钢筋被混凝土包裹着,从而使钢筋不会因大气的侵蚀而生锈变质。

同时,钢筋的端部应留有一定的锚固长度,有的还需要做弯钩,以保证锚固可靠,防止钢筋受力后被拔出或产生较大的滑移。

3.3 钢筋混凝土基本构件

3.3.1 受弯构件正截面承载力

受弯构件是指截面上通常有弯矩和剪力共同作用的构件。梁和板是典型的受弯构件,它们是建筑工程中数量最多、使用面最广的一类构件。梁的截面形式有矩形、T形、工字形等,板的截面形式有矩形、槽形和空心形等,如图3-7所示。

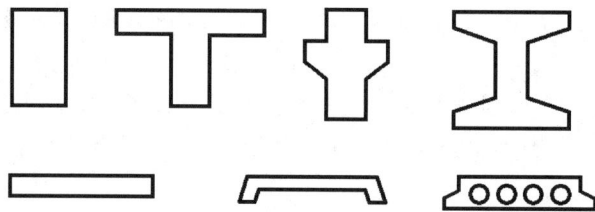

图3-7 常用梁和板的截面形式

受弯构件在荷载等因素作用下,可能发生两种破坏:一种是沿弯矩最大的截面破坏[见图3-8(a)],破坏截面与构件的轴线垂直,称为正截面破坏;另一种是沿剪力最大或弯矩和剪力都较大的截面破坏[见图3-8(b)],破坏截面与构件的轴线斜交,称为斜截面破坏。

进行受弯构件设计时,既要保证构件不能沿正截面发生破坏,又要保证构件不能沿斜截面发生破坏,因此要分别进行正截面承载能力和斜截面承载能力的计算。

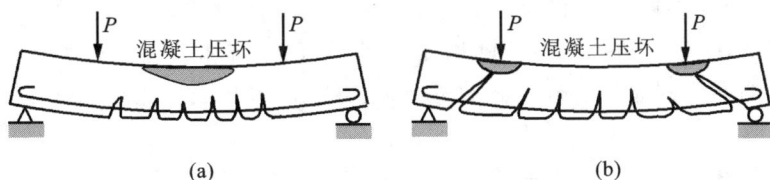

图 3-8　受弯构件的破坏形式

(a)正截面破坏；(b)斜截面破坏

3.3.1.1　受弯构件正截面的受力性能

1. 正截面破坏形态

试验表明：随纵向受拉钢筋配筋率的不同，受弯构件正截面可能产生三种不同的破坏形式——少筋破坏、适筋破坏和超筋破坏(见图 3-9)。

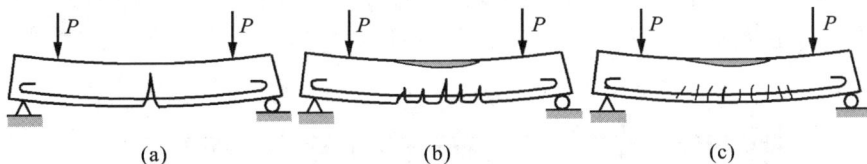

图 3-9　梁的三种破坏形式

(a)少筋破坏；(b)适筋破坏；(c)超筋破坏

定义纵向受拉钢筋配筋率 ρ 为纵向受力钢筋截面面积与截面有效面积之比，即

$$\rho = \frac{A_s}{bh_0} \tag{3.2}$$

式中：A_s——梁纵向受拉钢筋的截面面积；

b——截面的宽度；

h_0——截面的有效高度，指纵向受拉钢筋合力点至截面受压边缘的距离，如图 3-10 所示。

(1) 少筋破坏

当构件的配筋率低于某一定值时可能发生少筋破坏。随荷载的增加，受拉区边缘混凝土出现裂缝，裂缝一旦出现便急速开展，裂缝截面处的拉力全部由钢筋承受，钢筋由于突然增长的应力而屈服，致使构件发生折断型破坏[见图 3-9(a)]。少筋破坏的特点是受拉区混凝土一裂就坏，混凝土的抗压能力不能充分发挥，属于脆性破坏，设计时应避免出现。

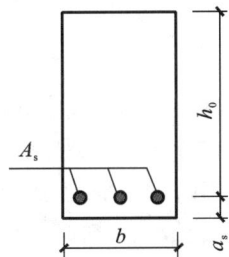

图 3-10　单筋矩形截面示意

(2) 适筋破坏

当构件的配筋率适中时可能发生适筋破坏。构件的受拉区混凝土开裂以后，裂缝截面处的拉力由钢筋承受，随着荷载的继续增加，受拉钢筋应力达到屈服值，随后受压区混凝土被压碎[见图 3-9(b)]。从钢筋屈服到受压区边缘混凝土压碎的过程中，钢筋要经历较大的塑性变形，

随之引起裂缝急剧开展和梁挠度的激增,给人以明显的破坏预兆。因此,适筋破坏的特点是纵向受拉钢筋先屈服,受压区边缘混凝土随后压碎,属于延性破坏类型。这类构件中受拉钢筋以及受压区混凝土的性能都能得到较充分的发挥,实际设计中必须将受弯构件设计成适筋构件。

(3) 超筋破坏

当构件的配筋率高于某一定值时可能发生超筋破坏。受弯构件受拉区混凝土开裂以后,随荷载的增加,受拉钢筋的应力和受压区混凝土的应力不断增加,但由于钢筋用量过多,裂缝的发展受到钢筋的遏制,裂缝特征发展不明显,而且一直到受压区混凝土被压碎、构件发生正截面破坏时,受拉钢筋仍未屈服[见图 3-9(c)]。因此,超筋破坏的特点是受压区边缘混凝土先压碎,纵向受拉钢筋不屈服。而当混凝土压碎时,破坏突然发生,钢筋的强度得不到充分利用,属于脆性破坏类型,设计时应避免。

2. 适筋梁正截面受弯的三个受力阶段

图 3-11 所示为一钢筋混凝土简支试验梁。为消除剪力对正截面受弯的影响,采用两点对称加载方式,使两个对称集中力之间的截面,在忽略自重的情况下,只有弯矩而无剪力,称为纯弯区段。通常在长度为 $l_0/3$ 的纯弯区段布置仪表,以观察加载后梁的受力全过程。

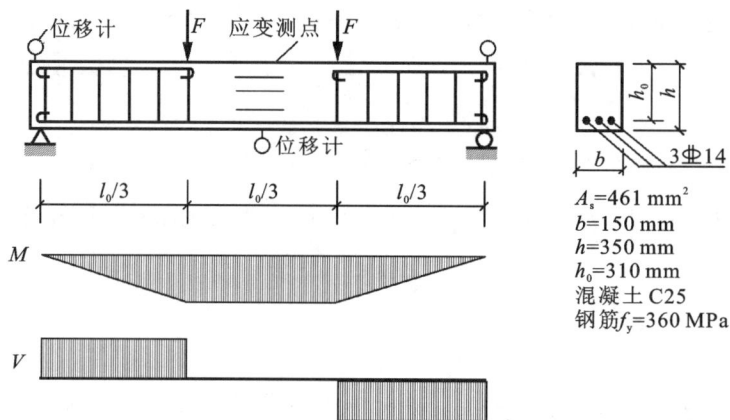

图 3-11 试验梁

梁上作用的荷载是逐级施加的,由零开始直至梁正截面受弯破坏。在纯弯区段内,沿梁高两侧布置测点,用仪表量测梁的纵向变形。在跨中和支座处分别安装百(千)分表或挠度测量计来量测跨中的挠度 f。根据试验,适筋梁正截面受弯的全过程可划分为三个阶段——未裂阶段、带裂缝工作阶段和破坏阶段(见图 3-12)。

(1) 第 I 阶段——未裂阶段

当荷载很小时,梁截面上的内力很小,应力与应变成正比,截面的应力分布为直线[见图 3-12(a)],该受力阶段为第 I 阶段。

当荷载不断增加,梁截面上的内力也不断增大,由于受拉区混凝土出现塑性变形,受拉区的应力图形呈曲线形式。当荷载增大到某一数值时,受拉区边缘的混凝土达到其实际的抗拉强度和抗拉极限应变值。截面处在开裂前的临界状态[见图 3-12(b)],该受力状态称为 I_a 阶段。 I_a 阶段可作为受弯构件抗裂度的计算依据。

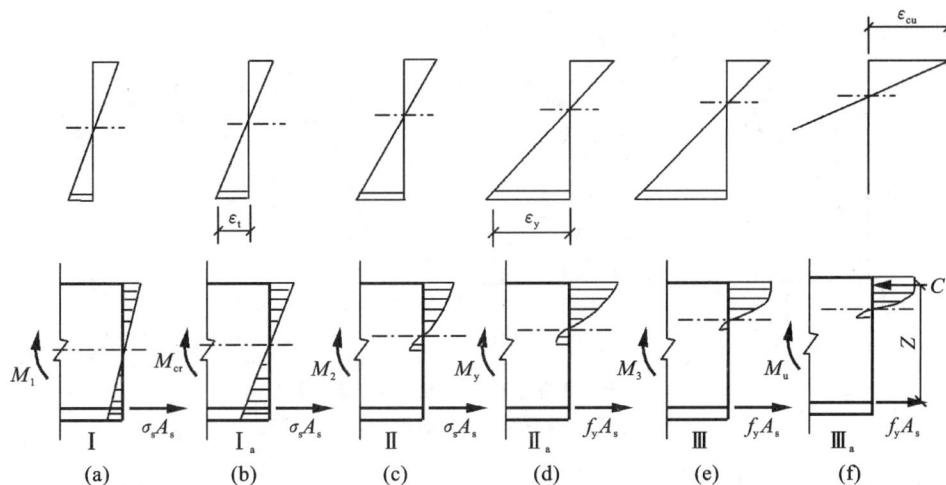

图 3-12　梁在各受力阶段的应力-应变示意图

（2）第Ⅱ阶段——带裂缝工作阶段

Ⅰ$_a$阶段后,荷载只要稍许增加,截面便立即开裂,截面上应力发生重分布,裂缝处混凝土不再承受拉应力,而钢筋的拉应力突然增大,受压区混凝土出现明显的塑性变形,应力图形呈曲线［见图 3-12(c)］,该受力阶段称为第Ⅱ阶段。第Ⅱ阶段相当于梁正常使用时的受力状态,可作为正常使用阶段变形和裂缝宽度验算的依据。

荷载继续增加,裂缝进一步开展,钢筋和混凝土的应力不断增大。当荷载增加到某一值时,受拉区纵向受力钢筋屈服［见图 3-12(d)］,该受力状态称为Ⅱ$_a$阶段。

（3）第Ⅲ阶段——破坏阶段

受拉区纵向受力钢筋屈服后,截面承载力无明显增加,但塑性变形急速发展,裂缝迅速开展,并向受压区延伸,受压区面积减小,混凝土压应力迅速增大,这是截面受力的第Ⅲ阶段［见图 3-12(e)］。

在荷载几乎保持不变的情况下,裂缝进一步急剧展开,受压区混凝土被压碎,截面发生破坏［见图 3-12(f)］,该受力状态称为Ⅲ$_a$阶段。Ⅲ$_a$阶段可作为正截面承载力极限状态计算的依据。

3.3.1.2　受弯构件正截面承载力计算方法

1. 基本假定

《混凝土标准》规定,正截面承载力应按下列四个基本假定进行计算。

①截面应变保持平面。

②不考虑混凝土的抗拉强度。

③混凝土受压的应力-应变关系,不考虑其下降段,并简化成如图 3-13(a)所示,其表达式如下。

a. 当 $\varepsilon_c \leqslant \varepsilon_0$ 时(上升段)

$$\sigma_c = f_c\left[1 - \left(1 - \frac{\varepsilon_c}{\varepsilon_0}\right)^n\right]$$

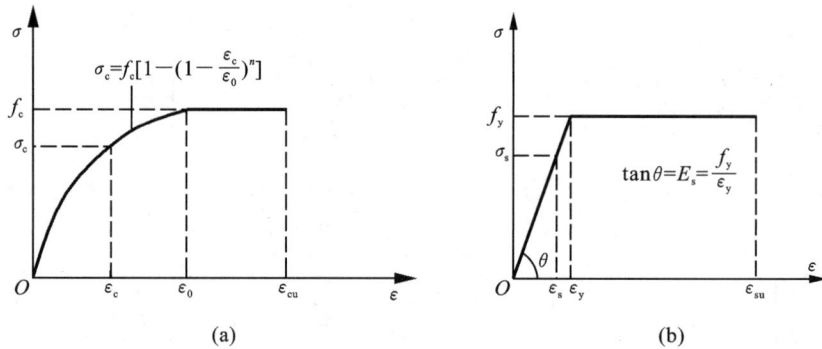

图 3-13　混凝土和钢筋应力-应变曲线

(a)混凝土应力-应变曲线；(b)钢筋应力-应变曲线

b. 当 $\varepsilon_0 < \varepsilon_c \leqslant \varepsilon_{cu}$ 时（水平段）

$$\sigma_c = f_c$$

$$n = 2 - \frac{1}{60}(f_{cu,k} - 50) \leqslant 2.0$$

$$\varepsilon_0 = 0.002 + 0.5(f_{cu,k} - 50) \times 10^{-5} \geqslant 0.002$$

$$\varepsilon_{cu} = 0.0033 - (f_{cu,k} - 50) \times 10^{-5} \leqslant 0.0033$$

式中：σ_c——混凝土压应变为 ε_c 时的混凝土压应力；

f_c——混凝土的轴心抗压强度设计值；

ε_0——混凝土压应力达到 f_c 时的混凝土压应变，当计算的 ε_0 值小于 0.002 时，取 0.002；

ε_{cu}——混凝土极限压应变，当处于非均匀受压且按上式计算的 ε_{cu} 值大于 0.0033 时，取 0.0033，当处于轴心受压时，取 ε_0；

$f_{cu,k}$——混凝土的立方体抗压强度标准值；

n——系数，当计算的 n 值大于 2.0 时，取 2.0。

④纵向钢筋的应力取钢筋应变与其弹性模量的乘积，但其绝对值不应大于相应的强度设计值，纵向受拉钢筋的极限拉应变取 0.01，并简化成如图 3-13(b)所示，其表达式为

a. 当 $\varepsilon_s \leqslant \varepsilon_y$（上升段）

$$\sigma_s = E_s \varepsilon_s$$

b. 当 $\varepsilon_y < \varepsilon_s \leqslant \varepsilon_{su}$ 时（水平段）

$$\sigma_s = f_y$$

式中：f_y——钢筋的抗拉或抗压强度设计值；

σ_s——对应于钢筋应变为 ε_s 时的钢筋应力值，正值代表拉应力，负值代表压应力；

ε_y——钢筋的屈服应变，即 $\varepsilon_y = \frac{f_y}{E_s}$；

ε_{su}——钢筋的极限拉应变，取 0.01；

E_s——钢筋的弹性模量。

2. 单筋矩形截面受弯承载力计算

矩形截面通常分为单筋矩形截面和双筋矩形截面两种形式。仅在截面的受拉区配有纵向

受力钢筋,而受压区配置纵向架立钢筋的矩形截面称为单筋矩形截面;截面的受拉区及受压区同时配有纵向受力钢筋的矩形截面,称为双筋矩形截面。单筋矩形截面梁中的架立钢筋是根据构造要求设置的,计算中不考虑其受压作用。

（1）计算图形

单筋矩形截面的计算图形如图 3-14 所示。

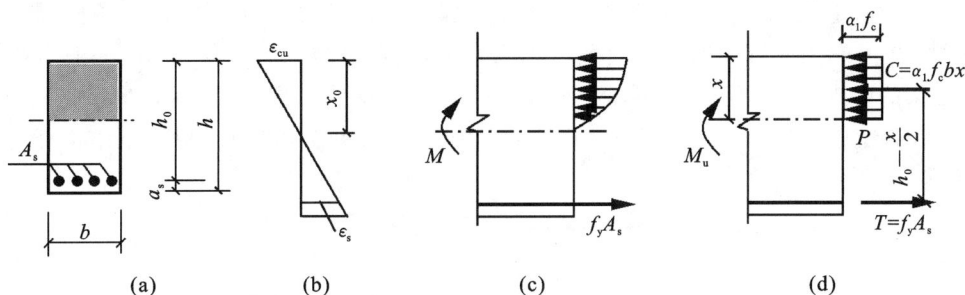

图 3-14　单筋矩形截面的计算图形
(a)单筋矩形截面;(b)应变图;(c)应力图;(d)等效应力图

为了简化计算,受压区混凝土的应力图形[见图 3-14(c)]可进一步用一个等效的矩形应力图形代替。矩形应力图形的应力取为 $\alpha_1 f_c$[见图 3-14(d)],f_c 为混凝土轴心抗压强度设计值。所谓等效,是指这两个图形不但压应力合力的大小相等,而且合力的作用点位置完全相同。

按等效矩形应力图形计算的受压区高度 x 与混凝土实际受压区高度 x_0 之间的关系为

$$x = \beta_1 x_0 \tag{3.3}$$

系数 α_1、β_1 的取值见表 3-2。

表 3-2　系数 α_1 和 β_1

	≤C50	C55	C60	C65	C70	C75	C80
α_1	1.00	0.99	0.98	0.97	0.96	0.95	0.94
β_1	0.80	0.79	0.78	0.77	0.76	0.75	0.74

（2）基本计算公式

如图 3-14(d)所示,由力的平衡条件,可得

$$\alpha_1 f_c b x = f_y A_s \tag{3.4}$$

由力矩平衡条件,可得

$$M_u = \alpha_1 f_c b x \left(h_0 - \frac{x}{2} \right) \tag{3.5}$$

或

$$M_u = f_y A_s \left(h_0 - \frac{x}{2} \right) \tag{3.6}$$

式中:b——矩形截面的宽度;

x——混凝土受压区高度;

f_c——混凝土轴心抗压强度设计值;

f_y——钢筋抗拉强度设计值;

A_s——受拉钢筋的截面面积;

h_0——截面的有效高度。

截面的有效高度指自受拉钢筋合力作用点至受压区边缘的距离,即 $h_0 = h - a_s$,其中,h 为截面高度,a_s 为受拉区边缘到受拉钢筋合力作用点的距离。一般情况下,进行截面设计时钢筋直径尚未知,a_s 需预先估计。根据最外层钢筋的混凝土保护层最小厚度规定(详见 3.3.1.3 节和附表 11),并考虑箍筋直径以及纵向受拉钢筋直径,当环境类别为一类时,a_s 一般可按下列条件选取:当梁的纵向受力钢筋按一排布置时,$a_s = 40$ mm;两排布置时,$a_s = 65$ mm;对于板,$a_s = 20$ mm,当混凝土强度等级不大于 C25 时,应再增加 5 mm(见图 3-15)。混凝土结构环境类别的划分见附表 12。

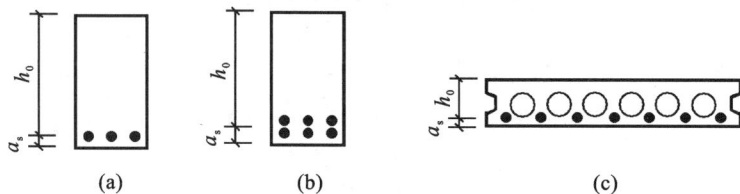

图 3-15　有效高度的确定

(3) 基本公式的适用条件

式(3.4)和式(3.5)或式(3.6)是在适筋条件下建立的。因此,基本公式必须满足下列条件。

①为防止发生超筋破坏,混凝土受压区高度应满足下式(见图 3-16),即

$$x \leqslant x_b \tag{3.7}$$

x_b 为界限破坏时的截面受压区高度。界限破坏是指介于适筋破坏与超筋破坏之间的破坏形态。界限破坏形态的标志是:受拉钢筋达到屈服的同时,受压区混凝土被压碎。

现定义截面的相对受压区高度

$$\xi = x/h_0 \tag{3.8}$$

则相对界限受压区高度为 $\xi_b = x_b/h_0$。

因此式(3.7)又可写为

$$\xi \leqslant \xi_b \tag{3.9}$$

或

$$A_s \leqslant \rho_{max} b h_0 \tag{3.10}$$

式中:ρ_{max}——界限破坏时梁的配筋率,即适筋梁的最大配筋率。

由平截面假定以及界限破坏时受拉钢筋屈服与受压区混凝土边缘压碎同时发生的破坏标志,可以推得有屈服点普通钢筋的相对界限受压区高度

$$\xi_b = \frac{\beta_1}{1 + \dfrac{f_y}{E_s \varepsilon_{cu}}} \tag{3.11}$$

将 $x_b = \xi_b h_0$ 代入式(3.4),并联合式(3.2)可得

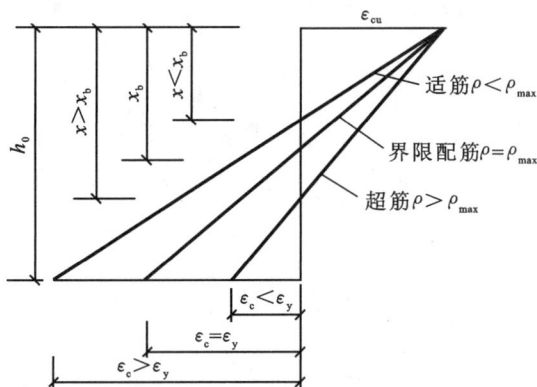

图 3-16　受压区高度与梁破坏形态的关系

$$\rho_{\max} = \xi_b \frac{\alpha_1 f_c}{f_y} \tag{3.12}$$

式(3.7)、式(3.9)、式(3.10)的三个公式的意义都是为避免纵向钢筋过多形成超筋破坏,只是为了便于应用写成三种表达式,实际上只要满足其中之一,其余两式必然满足。

当构件按最大配筋率配筋时,可由式(3.5)求出适筋受弯构件所能承受的最大弯矩为

$$M_{\max} = \alpha_1 f_c b h_0^2 \xi_b(1 - 0.5\xi_b) \tag{3.13}$$

②为防止少筋破坏,需满足

$$\rho \geqslant \rho_{\min} \cdot \frac{h_0}{h} \ \text{或} \ A_s \geqslant \rho_{\min} bh \tag{3.14}$$

式中:$\rho_{\min}$——截面的最小配筋率,可根据截面的开裂弯矩与极限弯矩相等的条件求得,因此规范规定的最小配筋率是按 h 而不是按 h_0 计算的。

《混凝土标准》规定的受弯构件纵向受拉钢筋最小配筋率为 $0.45f_t/f_y$,同时不应小于 0.2%。混凝土结构各种受力构件中纵向受力钢筋的最小配筋率见附表13。由式(3.11)计算的 ξ_b 值如表 3-3 所示。

表 3-3　相对界限受压区高度 ξ_b 取值

钢 筋 级 别	混凝土强度等级						
	≤C50	C55	C60	C65	C70	C75	C80
HPB300	0.576	0.566	0.556	0.547	0.537	0.528	0.518
HRB400、HRBF400、RRB400	0.518	0.508	0.499	0.490	0.481	0.472	0.463
HRB500、HRBF500	0.482	0.473	0.464	0.455	0.447	0.438	0.429

(4)基本公式的应用

基本公式的应用有两种情况:截面复核和截面设计。

①截面复核。

截面复核即截面承载力验算,要求在已知截面尺寸 b、h 和材料强度 f_c、f_y 的情况下,确定

截面的受弯承载力设计值,检验截面是否安全。如果经计算是超筋截面,只能用式(3.13)计算极限弯矩。

②截面设计。

截面承受的弯矩设计值 M 由结构内力分析求得,截面尺寸和材料强度可由设计者确定,要求确定截面所需配置的纵向受拉钢筋面积 A_s。此时,令弯矩设计值 M 与截面弯矩承载力设计值 M_u 相等,由基本公式(3.5),得

$$x = h_0 \left(1 - \sqrt{1 - \frac{2M}{\alpha_1 f_c b h_0^2}}\right) \tag{3.15}$$

代入式(3.4),得

$$A_s = \frac{\alpha_1 f_c b x}{f_y} \tag{3.16}$$

另外,还可按计算系数方法进行截面设计。由式(3.5)和式(3.6)可知

$$M = \alpha_1 f_c b x h_0 \left(1 - \frac{x}{2h_0}\right) = \alpha_1 f_c b h_0^2 \xi(1 - 0.5\xi) = \alpha_s \alpha_1 f_c b h_0^2 \tag{3.17a}$$

$$M = f_y A_s h_0 \left(1 - \frac{x}{2h_0}\right) = f_y A_s h_0 (1 - 0.5\xi) = \gamma_s f_y A_s h_0 \tag{3.17b}$$

即取计算系数

$$\alpha_s = \xi(1 - 0.5\xi) \tag{3.17c}$$

$$\gamma_s = 1 - 0.5\xi \tag{3.17d}$$

其中,α_s 为截面抵抗矩系数,γ_s 为内力矩的力臂系数。可见,α_s、γ_s 和 ξ 间存在一一对应的关系,由式(3.17c)和式(3.17d)也可得到如式(3.17e)和式(3.17f)的表达方式。

$$\xi = 1 - \sqrt{1 - 2\alpha_s} \tag{3.17e}$$

$$\gamma_s = \frac{1 + \sqrt{1 - 2\alpha_s}}{2} \tag{3.17f}$$

由式(3.17a)可得式(3.18a),由式(3.4)可得(3.18b),由式(3.17b)可得式(3.18c)

$$\alpha_s = \frac{M}{\alpha_1 f_c b h_0^2} \tag{3.18a}$$

$$A_s = \frac{\alpha_1 f_c \xi b h_0}{f_y} \tag{3.18b}$$

$$A_s = \frac{M}{f_y \gamma_s h_0} \tag{3.18c}$$

计算步骤如下:

方法一:首先根据式(3.18a)求得 α_s,然后根据式(3.17e)求得 ξ,最后根据式(3.18b)求得 A_s。

方法二:求得 α_s,然后根据式(3.17f)求得 γ_s,最后根据式(3.18c)求得 A_s。

【例 3-1】 已知单筋矩形截面如图 3-17 所示,$b \times h = 250 \text{ mm} \times 500 \text{ mm}$。混凝土强度等级 C25,纵向受拉钢筋采用 4Φ16,$A_s = 804 \text{ mm}^2$。环境类别为一类。求此截面所能承受的弯矩。

【解】

① 查得 $f_c=11.9$ MPa，$f_t=1.27$ MPa，$f_y=360$ MPa。

截面有效高度

$$h_0=h-a_s=(500-40)\ \text{mm}=460\ \text{mm}$$

② 验算适用条件。

$$\frac{A_s}{bh}=0.0064>\rho_{\min}=0.002\ \text{及}\ 0.45\frac{f_t}{f_y}=0.0016$$

$$x=\frac{f_y A_s}{\alpha_1 f_c b}=\frac{360\times804}{1.0\times11.9\times250}\ \text{mm}=97.3\ \text{mm}<\xi_b h_0$$

$$=0.55\times460\ \text{mm}=253\ \text{mm}$$

故满足要求。

③ 该截面受弯承载力设计值为

$$M_u=f_y A_s\left(h_0-\frac{x}{2}\right)=360\times804\times\left(460-\frac{97.3}{2}\right)\ \text{N}\cdot\text{mm}$$

$$=119.1\times10^6\ \text{N}\cdot\text{mm}=119.1\ \text{kN}\cdot\text{m}$$

图 3-17 例题 3-1 图

【例 3-2】 一受均布荷载作用的矩形截面简支梁的计算跨度 $l_0=5.2$ m[见图3-18(a)]。永久荷载(包括自重)标准值 $g_k=5$ kN/m，可变荷载标准值 $q_k=10$ kN/m。环境类别为一类。试按正截面受弯承载力设计此梁截面并计算配筋。

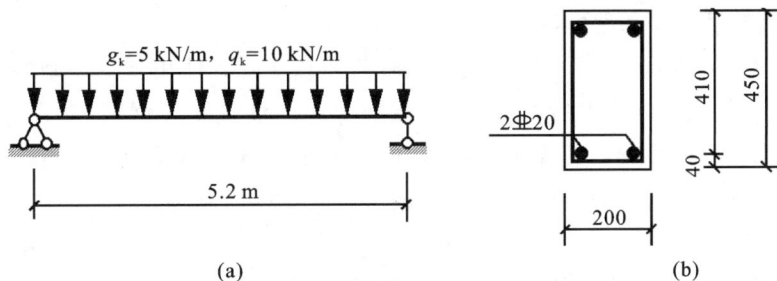

图 3-18 例题 3-2 图

(a)简支梁；(b)截面配筋图

【解】

① 求跨中截面的最大弯矩设计值。

$$M=\frac{1}{8}(1.3g_k+1.5q_k)l^2=\frac{1}{8}(1.3\times5+1.5\times10)\times5.2^2=72.7\ \text{kN}\cdot\text{m}$$

② 选用材料和确定截面尺寸。

选用 C30 级混凝土，$f_c=14.3$ MPa，$f_t=1.43$ MPa；选用 HRB400 级钢筋，$f_y=360$ MPa。$\alpha_1=1.0$，$\beta_1=0.8$。设 $h\approx l_0/12=5200/12=430$ mm，取 $h=450$ mm。按 $b=(1/3\sim1/2)h$，取 $b=200$ mm。

初步估计纵向受拉钢筋为单层布置，$h_0=h-a_s=(450-40)$ mm$=410$ mm。

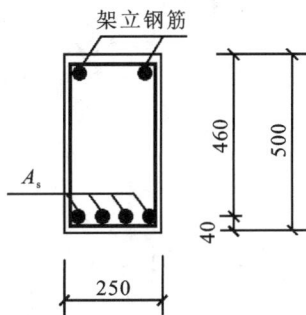

③计算配筋。

$$x = h_0\left(1 - \sqrt{\frac{2M}{\alpha_1 f_c b h_0^2}}\right) = 410 \times \left(1 - \sqrt{1 - \frac{2 \times 1.0 \times 72.7 \times 10^6}{1.0 \times 14.3 \times 200 \times 410^2}}\right) \text{ mm} = 67.6 \text{ mm}$$

$$x < \xi_b h_0 = 0.518 \times 410 \text{ mm} = 212.4 \text{ mm}$$

则

$$A_s = \frac{\alpha_1 f_c b x}{f_y} = \frac{1.0 \times 14.3 \times 200 \times 67.6}{360} \text{ mm}^2 = 537 \text{ mm}^2$$

还可按下述方法计算

$$\alpha_s = \gamma_0 \frac{M}{\alpha_1 f_c b h_0^2} = \frac{1.0 \times 72.7 \times 10^6}{1.0 \times 14.3 \times 200 \times 410^2} = 0.151 < \alpha_{sb}$$

$$\gamma_s = \frac{1 + \sqrt{1 - 2\alpha_s}}{2} = \frac{1 + \sqrt{1 - 2 \times 0.151}}{2} = 0.918$$

$$A_s = \gamma_0 \frac{M}{f_y \gamma_s h_0} = \frac{1.0 \times 72.7 \times 10^6}{360 \times 0.918 \times 410} \text{ mm}^2 = 537 \text{ mm}^2$$

根据附表 14,选用 2 Φ 20,$A_s = 628$ mm²,截面配筋如图 3-18(b)所示。

④验算配筋量。

最小配筋率 $\rho_{min} = 0.45 \frac{f_t}{f_y} = 0.45 \times \frac{1.43}{360} = 0.00179 < 0.002$

$\rho = \frac{A_s}{b h_0} = \frac{628}{200 \times 410} = 0.0077 > \rho_{min} \cdot \frac{h}{h_0} = 0.002 \times \frac{450}{410} = 0.0022$,满足要求。

3. 双筋矩形截面受弯承载力计算

当荷载比较大,按单筋截面设计会超筋,同时截面高度受到使用要求的限制,混凝土的强度等级受到施工条件的限制均不便提高时,可在截面受压区设置受压钢筋,即设计成双筋矩形截面。有时候,构件在风荷载和地震作用下,梁截面可能承受方向相反的弯矩,这时也应设计成双筋矩形截面。与单筋矩形截面相比,双筋矩形截面具有较好的延性。

1) 基本计算公式

双筋矩形截面破坏时的受力特点与适筋单筋矩形截面相似,即纵向受拉钢筋先屈服,然后受压区混凝土压碎,同时受压钢筋受压屈服。承载力计算时采用与单筋矩形截面相同的方法,用等效的矩形应力图形替代实际的应力图形,如图 3-19(a)所示。

由力的平衡条件,可得

$$\alpha_1 f_c b x + f'_y A'_s = f_y A_s \tag{3.19}$$

由力矩平衡条件,可得

$$M_u = \alpha_1 f_c b x\left(h_0 - \frac{x}{2}\right) + f'_y A'_s(h_0 - a'_s) \tag{3.20}$$

式中:f'_y——钢筋的抗压强度设计值;

A'_s——受压钢筋的截面面积;

a'_s——受压钢筋的合力点至受压区边缘的距离;

其他符号与单筋矩形截面相同。

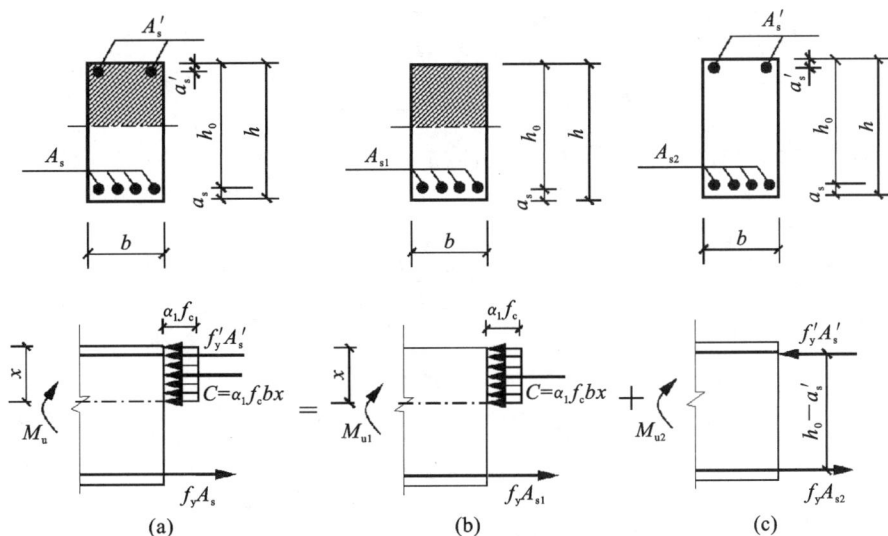

图 3-19 双筋矩形截面的计算图形

2）计算公式的适用条件

基本计算公式的适用条件如下：

①$\xi \leqslant \xi_b$；

②$x \geqslant 2a'_s$。

条件②是为保证在截面达到承载力极限状态时受压钢筋能达到其抗压强度设计值，以与基本公式符合。

双筋截面因钢筋配置较多，通常都能满足最小配筋率的要求，可不再进行最小配筋率的验算。

3）基本公式的应用

（1）截面设计

情况①：已知弯矩设计值M，截面尺寸$b \times h$和材料强度设计值，求受拉及受压钢筋面积。

由已知条件知，在式（3.19）及式（3.20）中有x、A_s和A'_s三个未知数，不能直接求解，需要补充一个条件才能求解。由公式的适用条件$x \leqslant \xi_b h_0$知，如令$x = \xi_b h_0$，则可充分利用混凝土的抗压作用，从而使钢筋的总用量$A_s + A'_s$为最小，达到节约用钢的目的。

将$x = \xi_b h_0$代入式（3.20）并取$M = M_u$，经整理得

$$A'_s = \frac{M - \alpha_1 f_c b h_0^2 \xi_b (1 - 0.5\xi_b)}{f'_y (h_0 - a'_s)} \tag{3.21}$$

由式（3.19）可得

$$A_s = A'_s \frac{f'_y}{f_y} + \xi_b \frac{\alpha_1 f_c b h_0}{f_y} \tag{3.22}$$

情况②：已知弯矩设计值M，截面的尺寸$b \times h$，材料强度设计值以及受压钢筋A'_s，求受拉钢筋面积A_s。

此时，式（3.19）和式（3.20）中仅x和A_s为未知数，故可直接联立求解。由图3-19（b）、（c），将M_u及A_s分解为两部分。

$$M_u = M_{u1} + M_{u2} \tag{3.23}$$

$$A_s = A_{s1} + A_{s2} \tag{3.24}$$

其中
$$M_{u2} = f'_y A'_s (h_0 - a'_s) \tag{3.25}$$

$$M_{u1} = M - M_{u2} = M - f'_y A'_s (h_0 - a'_s) = \alpha_1 f_c b x \left(h_0 - \frac{x}{2}\right) \tag{3.26}$$

由上式求出 x,代入式(3.4)得

$$A_{s1} = \frac{\alpha_1 f_c b x}{f_y} \tag{3.27}$$

而

$$A_{s2} = \frac{f'_y A'_s}{f_y} \tag{3.28}$$

最后可得
$$A_s = A_{s1} + A_{s2} = \frac{\alpha_1 f_c b x}{f_y} + \frac{f'_y A'_s}{f_y}$$

求解这类问题时,可能会遇到如下两种情况。

若 $x > \xi_b h_0$,说明原有的受压钢筋 A'_s 数量太少,可按 A'_s 为未知的情况①重新进行求解。

若 $x < 2a'_s$,说明 A'_s 不能达到设计强度,此时可近似认为混凝土合力作用在受压钢筋合力点处,即取 $x = 2a'_s$,则

$$A_s = \frac{M}{f_y(h_0 - a'_s)} \tag{3.29}$$

(2)截面复核

已知截面尺寸、材料强度等级、受拉钢筋 A_s 和受压钢筋 A'_s,求正截面受弯承载力 M_u。

由式(3.19)求出受压区高度 x,若 $2a'_s \leqslant x \leqslant \xi_b h_0$,则代入式(3.20)求 M_u。

若 $x < 2a'_s$,则直接利用式(3.29)进行计算。

若 $x > \xi_b h_0$,则应把 $x = x_b = \xi_b h_0$ 代入基本式(3.20)得

$$M_u = \alpha_1 f_c b h_0^2 \xi_b \left(1 - \frac{\xi_b}{2}\right) + f'_y A'_s (h_0 - a'_s) \tag{3.30}$$

【例 3-3】 某钢筋混凝土矩形截面梁截面尺寸 $b \times h = 200 \text{ mm} \times 400 \text{ mm}$,采用 C30 级混凝土,钢筋为 HRB400 级,构件安全等级二级,环境类别为一类,截面的弯矩设计值 $M = 180 \text{ kN} \cdot \text{m}$,试配置该截面钢筋。

【解】

①查得 $f_c = 14.3 \text{ MPa}$,$f_y = f'_y = 360 \text{ MPa}$,$\alpha_1 = 1.0$,$\xi_b = 0.518$。

因弯矩较大,受拉钢筋设置为两排,$h_0 = h - a_s = (400 - 65) \text{ mm} = 335 \text{ mm}$。

②先按单筋截面考虑,所能承受的最大弯矩为

$$\begin{aligned}
M_{u,\max} &= \alpha_1 f_c b h_0^2 \xi_b (1 - 0.5\xi_b) \\
&= 1.0 \times 14.3 \times 200 \times 335^2 \times 0.518 \times (1 - 0.5 \times 0.518) \text{ N} \cdot \text{mm} \\
&= 123.2 \times 10^6 \text{ N} \cdot \text{mm} = 123.2 \text{ kN} \cdot \text{m} < 180 \text{ kN} \cdot \text{m}
\end{aligned}$$

故应按双筋截面进行设计。

③为使总用钢量最少,取 $x=\xi_b h_0$,按式(3.21)整理得

$$A'_s = \frac{M-\alpha_1 f_c b h_0^2 \xi_b(1-0.5\xi_b)}{f'_y(h_0-a'_s)} = \frac{180\times10^6-123.2\times10^6}{360\times(335-40)} \text{ mm}^2 = 535 \text{ mm}^2$$

由式(3.22)可得

$$\begin{aligned}
A_s &= A'_s \frac{f'_y}{f_y} + \xi_b \frac{\alpha_1 f_c b h_0}{f_y} \\
&= \left(535 + \frac{0.518\times1.0\times14.3\times200\times335}{360}\right) \text{ mm}^2 \\
&= 1914 \text{ mm}^2
\end{aligned}$$

④选用钢筋。

根据附表 14,受压钢筋选用 2 ⌀ 20($A'_s=628$ mm² >535.6 mm²),并兼作梁的架立钢筋。

受拉钢筋选用 5 ⌀ 22($A_s=1900$ mm²,误差在 $\pm5\%$ 之内),按两排布置,与题目开始假设一致。

截面配筋如图 3-20 所示。

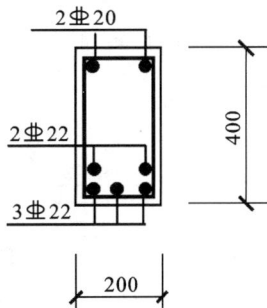

图 3-20 例题 3-3 图

【例 3-4】 某钢筋混凝土矩形截面梁截面尺寸 $b\times h=200$ mm$\times500$ mm,承担的弯矩设计值 $M=210$ kN·m,混凝土采用 C25 级,钢筋采用 HRB400 级,构件安全等级二级,环境类别一类,已知在受压区配有 2 ⌀ 18($A'_s=509$ mm²)的钢筋,试设计此截面。

【解】

①查得 $f_c=11.9$ MPa,$f_y=f'_y=360$ MPa,$a'_s=40$ mm。$\alpha_1=1.0$,$\beta_1=0.8$。

假设钢筋按两排放置,则 $h_0=h-a_s=(500-65)$ mm$=435$ mm。

②计算与受压钢筋对应的受拉钢筋的面积 A_{s2} 及其所能抵抗的弯矩 M_2,见图 3-19(c)。

$$A_{s2} = \frac{A'_s f'_y}{f_y} = \frac{509\times360}{360} \text{ mm}^2 = 509 \text{ mm}^2$$

$$\begin{aligned}
M_2 &= A'_s f'_y(h_0-a'_s) = 509\times360\times(435-40)\text{N}\cdot\text{mm} \\
&= 72.4\times10^6 \text{ N}\cdot\text{mm} = 72.4 \text{ kN}\cdot\text{m}
\end{aligned}$$

③计算 M_1,见图 3-19(b)。

$$M_1 = M-M_2 = (210-72.4) \text{ kN}\cdot\text{m} = 137.6 \text{ kN}\cdot\text{m}$$

④按单筋矩形截面的计算公式计算与受压混凝土所对应的受拉钢筋面积 A_{s1},见图 3-19(b)。

$$\alpha_s = \frac{M_1}{\alpha_1 f_c b h_0^2} = \frac{137.6\times10^6}{1.0\times11.9\times200\times435^2} = 0.306$$

$$\xi = 1-\sqrt{1-2\alpha_s} = 0.377$$

$$x = \xi h_0 = 0.377\times435 \text{ mm} = 164.0 \text{ mm} > 2a'_s = 2\times40 \text{ mm} = 80 \text{ mm}$$

则

$$A_{s1} = \frac{\alpha_1 f_c b x}{f_y} = \frac{1.0\times11.9\times200\times164.0}{360} \text{ mm}^2 = 1084 \text{ mm}^2$$

⑤计算受拉钢筋总面积。

$$A_s = A_{s1}+A_{s2} = (1084+509) \text{ mm}^2 = 1593 \text{ mm}^2$$

⑥选用钢筋。

选用 3⾦22+2⾦18,实际钢筋面积为 1649 mm²,截面配筋如图 3-21 所示。

4. T 形截面受弯承载力计算

在受弯构件正截面承载力计算的基本假定中,没有考虑受拉区混凝土的作用,因此,如果将受拉区的混凝土挖去一部分,只留下放置钢筋的部分,则形成了如图 3-22 所示的 T 形截面,这样既不影响构件承载力,又节省了混凝土,减轻了结构的自重,还可以降低造价。除了独立的 T 形截面梁,槽形板、圆孔空心板、现浇钢筋混凝土肋梁结构中梁的跨中截面均可按 T 形截面计算。

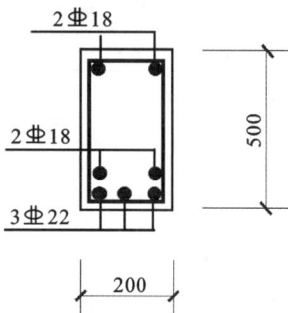

图 3-21 例题 3-4 图

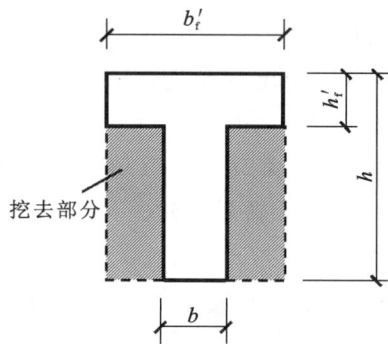

图 3-22   T 形截面梁

在图 3-22 中,T 形截面的伸出部分称为翼缘,其宽度为 b_f',高度为 h_f';中间部分称为梁肋或腹板,肋宽为 b,高为 h。有时也采用翼缘在受拉区的倒 T 形截面或工字形截面。由于不考虑受拉区翼缘混凝土受力[见图 3-23(a)],工字形截面按 T 形截面计算。对于现浇楼盖的连续梁[见图 3-23(b)],由于支座处承受负弯矩,梁截面下部受压(见 1-1 截面),因此支座处按矩形截面计算,而跨中(2-2 截面)则按 T 形截面计算。

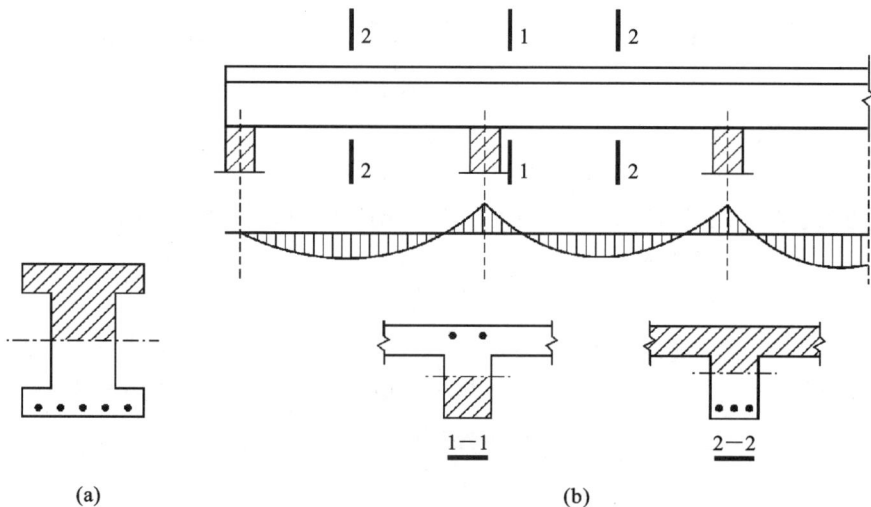

(a)

(b)

图 3-23   T 形和矩形截面的划分

　　理论上,T 形截面翼缘宽度 b'_f 越大,截面受力性能就越好。因为,在弯矩 M 作用下,b'_f 越大则受压区高度 x 越小、内力臂也越大,因而可减小受拉钢筋截面面积。但试验与理论研究证明,T 形截面受弯构件翼缘的纵向压应力沿翼缘宽度方向分布不均匀,离肋部越远压应力越小[见图 3-24(a)]。因此,对翼缘计算宽度 b'_f 应加以限制。

　　T 形截面翼缘计算宽度 b'_f 的取值与翼缘厚度、梁的跨度和受力情况等许多因素有关。《混凝土标准》规定按表 3-4 取用最小值。在规定范围内的翼缘,可认为压应力均匀分布[见图 3-24(b)]。

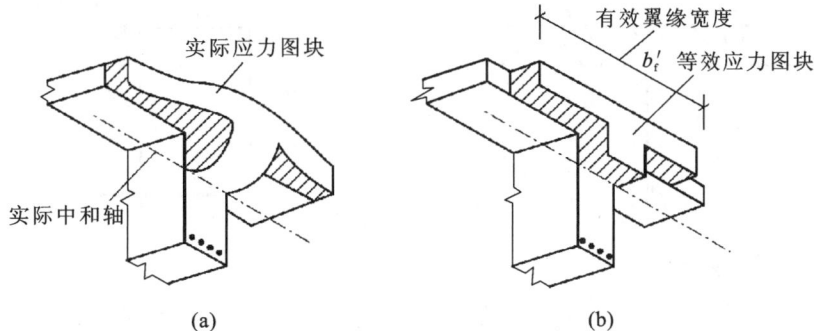

图 3-24　T 形截面的应力分布

表 3-4　建筑工程 T 形及倒 L 形截面受弯构件翼缘计算宽度 b'_f

考 虑 情 况			T 形截面		倒 L 形截面
			肋形梁(板)	独立梁	肋形梁(板)
一	按计算跨度 l_0 考虑		$l_0/3$	$l_0/3$	$l_0/6$
二	按梁(肋)净距 s_n 考虑		$b+s_n$	—	$b+s_n/2$
三	按翼缘高度 h'_f 考虑	当 $h'_f/h_0 \geqslant 0.1$	—	$b+12h'_f$	—
		当 $0.1 > h'_f/h_0 \geqslant 0.05$	$b+12h'_f$	$b+6h'_f$	$b+5h'_f$
		当 $h'_f/h_0 < 0.05$	$b+12h'_f$	b	$b+5h'_f$

　　注:①表中 b 为梁的腹板宽度;
　　　　②如肋形梁在梁跨内设有间距小于纵肋间距的横肋时,则可不遵守表列第三种情况的规定;
　　　　③对有加腋的 T 形、工字形和倒 L 形截面,当受压区加腋的高度 $h_h \geqslant h'_f$ 且加腋的宽度 $b_h \leqslant 3h_h$ 时,则其翼缘计算宽度可按表列第三种情况规定分别增加 $2b_h$(T 形、工字形截面)和 b_h(倒 L 形截面);
　　　　④独立梁受压区的翼缘板在荷载作用下经验算沿纵肋方向可能产生裂缝时,其计算宽度应取用腹板宽度 b。

1) 基本计算公式及其适用条件

(1) 两类 T 形截面的判别

计算 T 形梁时,按中和轴位置不同,可分为两种类型。

第一种类型:中和轴在翼缘内,即 $x \leqslant h'_f$。

第二种类型:中和轴在梁肋内,即 $x > h'_f$。

为了鉴别 T 形截面属于哪一种类型,首先分析一下图 3-25 所示 $x = h'_f$ 的特殊情况。由力的平衡条件,可得

$$\alpha_1 f_c b'_f h'_f = f_y A_s \tag{3.31}$$

由力矩平衡条件,可得

$$M_u = \alpha_1 f_c b'_f h'_f \left(h_0 - \frac{h'_f}{2} \right) \tag{3.32}$$

式中:b'_f——T 形截面受弯构件受压区的翼缘宽度;

h'_f——T 形截面受弯构件受压区的翼缘高度。

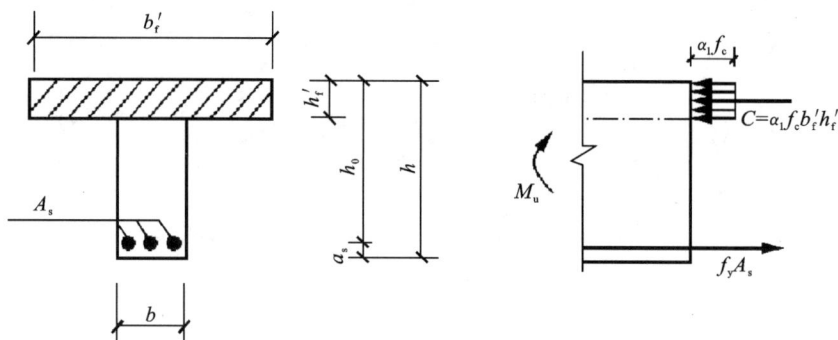

图 3-25 $x = h'_f$ 时的 T 形梁

显然,若

$$f_y A_s \leqslant \alpha_1 f_c b'_f h'_f \tag{3.33}$$

或

$$M_u \leqslant \alpha_1 f_c b'_f h'_f \left(h_0 - \frac{h'_f}{2} \right) \tag{3.34}$$

则 $x \leqslant h'_f$,即属于第一种类型。反之,若

$$f_y A_s > \alpha_1 f_c b'_f h'_f \tag{3.35}$$

或

$$M_u > \alpha_1 f_c b'_f h'_f \left(h_0 - \frac{h'_f}{2} \right) \tag{3.36}$$

则 $x > h'_f$,即属于第二种类型。

式(3.34)或式(3.36)适用于设计题的鉴别(此时 A_s 未知),而式(3.33)或式(3.35)适用于复核题的鉴别(此时 A_s 已知)。

(2) 第一类 T 形截面承载力的计算公式

由图 3-26 可知,第一类 T 形截面相当于宽度 $b = b'_f$ 的矩形截面,可用 b'_f 代替 b 按矩形截面的公式计算,即

$$f_y A_s = \alpha_1 f_c b'_f x \tag{3.37}$$

$$M_u = \alpha_1 f_c b'_f x \left(h_0 - \frac{x}{2} \right) \tag{3.38}$$

适用条件为

$$\xi \leqslant \xi_b \tag{3.39}$$

$$A_s \geqslant \rho_{min} bh \tag{3.40}$$

其中,式(3.39)一般均能满足,可不必验算。

(3) 第二类 T 形截面承载力的计算公式

第二类 T 形截面(见图 3-27)的计算公式,可由平衡条件求得

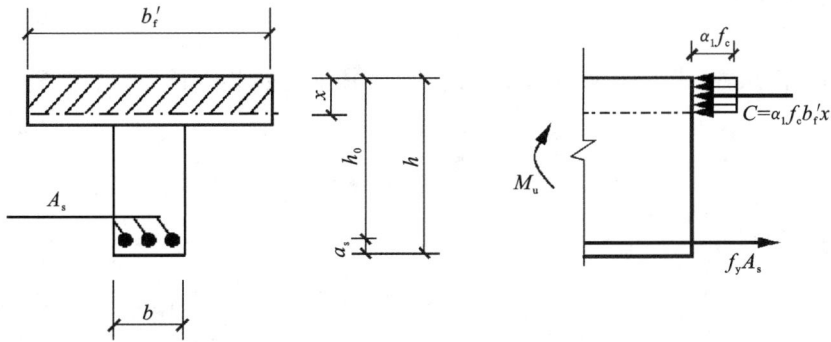

图 3-26　第一类 T 形梁的计算图形

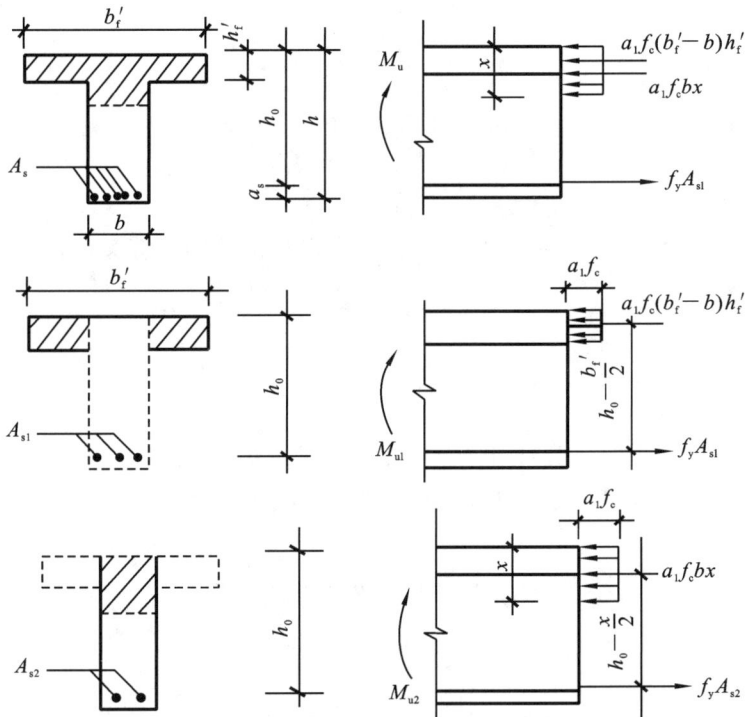

图 3-27　第二类 T 形梁的计算图形

$$\alpha_1 f_c (b'_f - b) h'_f + \alpha_1 f_c bx = f_y A_s \tag{3.41}$$

$$M_u = \alpha_1 f_c (b'_f - b) h'_f \left(h_0 - \frac{h'_f}{2} \right) + \alpha_1 f_c bx \left(h_0 - \frac{x}{2} \right) \tag{3.42}$$

适用条件为

$$x \leqslant \xi_b h_0 \tag{3.43}$$

$$A_s \geqslant \rho_{\min} bh \tag{3.44}$$

其中,式(3.44)一般均能满足,不必验算。

2）基本计算公式的应用

（1）截面设计

已知梁的截面尺寸，求受拉钢筋截面面积 A_s，可按下述步骤进行。

令
$$M = M_u$$

若满足式（3.34），即 $M \leqslant \alpha_1 f_c b'_f h'_f (h_0 - \frac{h'_f}{2})$，则属第一类 T 形截面，其计算方法与 $b'_f \times h$ 的单筋矩形梁完全相同。

若满足式（3.36），即 $M > \alpha_1 f_c b'_f h'_f \left(h_0 - \frac{h'_f}{2}\right)$，则属第二类 T 形截面，可按以下步骤计算。

取
$$M = M_1 + M_2$$

其中
$$M_1 = \alpha_1 f_c (b'_f - b) h'_f \left(h_0 - \frac{h'_f}{2}\right) \tag{3.45}$$

$$M_2 = \alpha_1 f_c bx \left(h_0 - \frac{x}{2}\right) \tag{3.46}$$

由图 3-27 可知，平衡翼缘挑出部分的混凝土压力所需的受拉钢筋截面面积 A_{s1} 为

$$A_{s1} = \frac{\alpha_1 f_c (b'_f - b) h'_f}{f_y} \tag{3.47}$$

又由 $M_2 = M - M_1 = \alpha_1 f_c bh_0^2 \xi(1 - 0.5\xi)$，可按单筋矩形梁的计算方法，求得 A_{s2}。

$$A_s = A_{s1} + A_{s2} = \frac{\alpha_1 f_c (b'_f - b) h'_f}{f_y} + A_{s2} \tag{3.48}$$

验算 $x \leqslant \xi_b h_0$。

（2）截面复核

当满足式（3.33）时，属第一类 T 形截面，可按宽度为 b'_f 的矩形梁求 M_u。

当满足式（3.35）时，属第二类 T 形截面，可按以下步骤计算。

计算 A_{s1}

$$A_{s1} = \frac{\alpha_1 f_c (b'_f - b) h'_f}{f_y} \tag{3.49}$$

计算 A_{s2}

$$A_{s2} = A_s - A_{s1} \tag{3.50}$$

由 $\rho_2 = \frac{A_{s2}}{hb_0}$ 计算 $\xi = \rho_2 \cdot \frac{f_y}{\alpha_1 f_c}$，算出 $\alpha_s = \xi(1 - 0.5\xi)$。

$$M_{u1} = f_y A_{s1} \left(h_0 - \frac{h'_f}{2}\right) \tag{3.51}$$

$$M_{u2} = \alpha_s \alpha_1 f_c bh_0^2 \tag{3.52}$$

最后可得

$$M_u = M_{u1} + M_{u2} \tag{3.53}$$

验算 $M_u \geqslant M$。

【例 3-5】 已知一肋梁楼盖的次梁,弯矩设计值 $M = 410$ kN·m,梁的截面尺寸为 $b \times h =$ $200 \text{ mm} \times 600 \text{ mm}, b'_f = 1000 \text{ mm}, h'_f = 90 \text{ mm}$;混凝土等级为 C30,钢筋采用 HRB400 级,环境类别为一类,安全等级二级。求:受拉钢筋截面面积 A_s。

【解】

①查表得 $f_c = 14.3$ MPa,$f_t = 1.43$ N/mm^2,$f_y = f'_y = 360$ MPa,$\alpha_1 = 1.0$,$\beta_1 = 0.8$。

因弯矩较大,截面宽度 b 较窄,预计受拉钢筋需排成两排,故取

$$h_0 = h - a_s = (600 - 65) \text{ mm} = 535 \text{ mm}$$

②判断 T 形截面类型。

$$\alpha_1 f_c b'_f h'_f \left(h_0 - \frac{h'_f}{2} \right) = 1.0 \times 14.3 \times 1000 \times 90 \times \left(535 - \frac{90}{2} \right) \text{ N} \cdot \text{mm}$$

$$= 630.63 \times 10^6 \text{ N} \cdot \text{mm} > 410 \times 10^6 \text{ N} \cdot \text{mm}$$

属于第一种类型的 T 形梁。

③计算配筋。以 b'_f 代替 b,可得

$$\alpha_s = \frac{\gamma_0 M}{\alpha_1 f_c b'_f h_0^2} = \frac{1.0 \times 410 \times 10^6}{1 \times 14.3 \times 1000 \times 535^2} = 0.100$$

$$\xi = 1 - \sqrt{1 - 2\alpha_s} = 0.106 < \xi_b = 0.518$$

$$\gamma_s = 0.5 \times (1 + \sqrt{1 - 2\alpha_s}) = 0.947$$

$$A_s = \frac{\gamma_0 M}{f_y \gamma_s h_0} = \frac{1.0 \times 410 \times 10^6}{360 \times 0.947 \times 535} \text{ mm}^2 = 2248 \text{ mm}^2$$

选用 6 Φ 22,$A_s = 2281$ mm^2。

④验配筋量。

$$\rho_{\min} = 0.45 \frac{f_t}{f_y} = 0.45 \times \frac{1.43}{360} = 0.00179 < 0.002$$

$$A_s = 2281 \text{ mm}^2 > \rho_{\min} bh = 0.002 \times 200 \times 600 \text{ mm}^2 = 240 \text{ mm}^2$$

所以,配筋量符合要求。

【例 3-6】 已知弯矩设计值 $M = 650$ kN·m,混凝土等级为 C30,钢筋采用 HRB400 级,梁的截面尺寸为 $b \times h = 300 \text{ mm} \times 700 \text{ mm}, b'_f = 600 \text{ mm}, h'_f = 120 \text{ mm}$,环境类别为一类,安全等级为二级。求:所需的受拉钢筋截面面积 A_s。

【解】

①查表得 $f_c = 14.3$ MPa,$f_y = f'_y = 360$ MPa,$\alpha_1 = 1.0$,$\beta_1 = 0.8$。

假设受拉钢筋排成两排,故取

$$h_0 = h - a_s = (700 - 65) \text{ mm} = 635 \text{ mm}$$

②判断 T 形截面类型。

$$\alpha_1 f_c b'_f h'_f \left(h_0 - \frac{h'_f}{2} \right) = 1.0 \times 14.3 \times 600 \times 120 \times \left(635 - \frac{120}{2} \right) \text{ N} \cdot \text{mm}$$

$$= 592.0 \times 10^6 \text{ N} \cdot \text{mm} < 650 \times 10^6 \text{ N} \cdot \text{mm}$$

属于第二种类型的 T 形截面。

③求 M_1 和 M_2。

$$M_1 = \alpha_1 f_c (b'_f - b) h'_f \left(h_0 - \frac{h'_f}{2} \right)$$

$$= 1.0 \times 14.3 \times (600 - 300) \times 120 \times \left(635 - \frac{120}{2} \right) \text{ N} \cdot \text{mm}$$

$$= 296.0 \times 10^6 \text{ N} \cdot \text{mm}$$

则　　$M_2 = M - M_1 = (650 \times 10^6 - 296.0 \times 10^6) \text{ N} \cdot \text{mm} = 354.0 \times 10^6 \text{ N} \cdot \text{mm}$

④求 A_s。

$$\alpha_s = \frac{\gamma_0 M_2}{\alpha_1 f_c b h_0^2} = \frac{1.0 \times 354.0 \times 10^6}{1.0 \times 14.3 \times 300 \times 635^2} = 0.205$$

$$\xi = 1 - \sqrt{1 - 2\alpha_s} = 0.232 < \xi_b = 0.518$$

$$\gamma_s = 0.5 \times (1 + \sqrt{1 - 2\alpha_s}) = 0.884$$

$$A_{s2} = \frac{\gamma_0 M_2}{f_y \gamma_s h_0} = \frac{1.0 \times 354.0 \times 10^6}{360 \times 0.884 \times 635} \text{ mm}^2 = 1752 \text{ mm}^2$$

$$A_{s1} = \frac{\alpha_1 f_c (b'_f - b) h'_f}{f_y} = \frac{1.0 \times 14.3 \times (600 - 300) \times 120}{360} \text{ mm}^2 = 1430 \text{ mm}^2$$

$$A_s = A_{s1} + A_{s2} = (1430 + 1752) \text{ mm}^2 = 3182 \text{ mm}^2$$

⑤选配钢筋。

选用 5 Φ 25 + 2 Φ 22，$A_s = 3214 \text{ mm}^2$。

3.3.1.3　构造要求

1. 板的构造要求

（1）板的最小厚度

现浇钢筋混凝土板的厚度除应满足各项功能要求外,尚应符合表 3-5 的规定。

表 3-5　现浇钢筋混凝土板的最小厚度　　　　　　　　　　　　　　（单位:mm)

板 的 类 别		最 小 厚 度
实心楼板、屋面板		80
实心屋面板		100
密肋楼板	上下面板	50
	肋高	250
悬臂板（根部）	悬臂长度不大于 500 mm	80
	悬臂长度大于 500～1000 mm	100
无梁楼板		150
现浇空心楼板		200

（2）板的受力钢筋

受力钢筋的直径通常采用 8～14 mm,已知受力钢筋配筋量时,可根据附表 15 进行钢筋的选配。为便于浇筑混凝土,保证钢筋周围混凝土的密实性,板内受力钢筋的间距不宜过小;为了使板内钢筋能够正常地分担内力,钢筋间距也不宜过大,板内受力钢筋的间距一般为 $70\sim200$ mm。当板厚 $h\leqslant150$ mm 时,板内受力钢筋的间距不宜大于 200 mm;当板厚 $h>150$ mm 时,板内受力钢筋的间距不宜大于 1.5 的板厚,且在板的每米宽度内不应少于 4 根。

（3）板的分布钢筋

板的分布钢筋是指垂直于受力钢筋,且布置在受力钢筋外侧的构造钢筋。分布钢筋与受力钢筋绑扎或焊接在一起,形成钢筋骨架。分布钢筋的作用是:将板面的荷载更均匀地传递给受力钢筋,在施工过程中固定受力钢筋的位置,并抵抗温度和混凝土的收缩应力等。常用的分布钢筋的直径为 6 mm、8 mm。分布钢筋的截面面积不应小于单位长度上受力钢筋截面面积的 15%,且配筋率不宜小于 0.15%,其直径不宜小于 6 mm,间距不宜大于250 mm;当集中荷载较大时,分布钢筋的配筋面积还应增加,且间距不宜大于 200 mm。

2. 梁的构造要求

（1）截面尺寸

独立简支梁的截面高度与其跨度的比值可为 1/12 左右,独立悬臂梁固定端的截面高度与其跨度的比值可为 1/6 左右。矩形截面梁的高宽比（h/b）一般取 $2.0\sim2.5$；T 形截面梁的 h/b 一般取 $2.5\sim4.0$（此处 b 为梁肋宽）。为了统一模板尺寸,梁的常用宽度 b 为 120 mm,150 mm,180 mm,200 mm,220 mm,250 mm,300 mm,350 mm 等,而梁的常用高度 h 则为 250 mm,300 mm,350 mm,…,750 mm,800 mm,900 mm,1000 mm等。

（2）纵向受力钢筋

梁中常用的纵向受力钢筋直径为 $10\sim28$ mm,根数不应少于 2 根。梁内受力钢筋的直径宜尽可能相同。当采用两种不同的直径时,它们之间相差至少应为 2 mm,以便在施工时容易为肉眼识别,但相差也不宜超过 6 mm。

为了便于浇筑混凝土,保证钢筋能与混凝土黏结在一起,以及保证钢筋周围混凝土的密实性,纵筋的净间距应满足图 3-28 的要求。

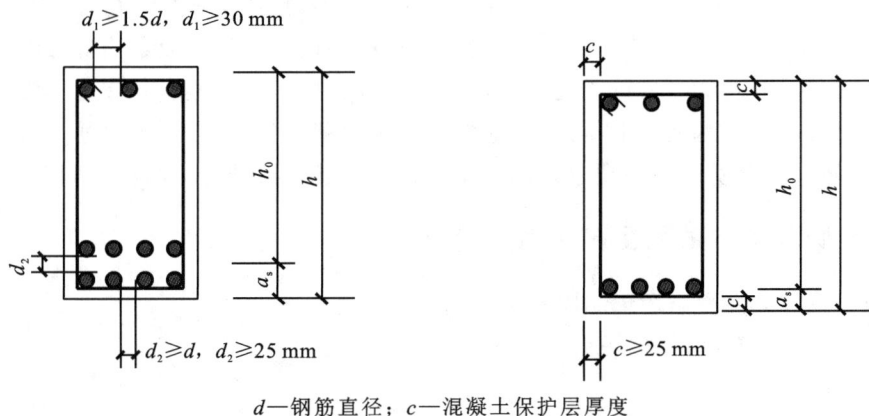

d—钢筋直径；c—混凝土保护层厚度

图 3-28　混凝土保护层及钢筋净距、有效高度

（3）纵向构造钢筋

对单筋矩形截面梁,为了固定箍筋并与钢筋连成骨架,在梁的受压区内应设置纵向构造钢筋,即架立钢筋。

架立钢筋的直径与梁的跨度 l 有关。当 $l>6$ m 时,架立钢筋的直径不宜小于12 mm;当 $l=$ 4~6 m 时,架立钢筋的直径不应小于 10 mm;当 $l<4$ m 时,架立钢筋的直径不宜小于 8 mm。

简支梁架立钢筋一般伸至梁端;当考虑其受力时,架立钢筋两端在支座内应有足够的锚固长度。

当梁扣除翼缘厚度后的截面高度大于或等于 450 mm 时,在梁的两侧面应沿高度配置纵向构造钢筋(又称腰筋),每侧纵向构造钢筋(不包括受力钢筋及架立钢筋)的截面面积不应小于扣除翼缘厚度后的截面面积的 0.1%,纵向构造钢筋的间距不宜大于 200 mm。

3. 混凝土保护层厚度

从最外层钢筋的外表面到截面边缘的垂直距离,称为混凝土保护层厚度,用 c 表示(见图3-28)。

混凝土保护层有三个作用:保护钢筋不被锈蚀;在火灾等情况下,使钢筋的温度上升缓慢;使纵向钢筋与混凝土有较好的黏结。

梁、板、柱的混凝土保护层厚度与环境类别和混凝土强度等级有关,见附表 11 和附表 12。

3.3.2　受弯构件的斜截面承载力

3.3.2.1　概述

钢筋混凝土受弯构件除了可能会发生正截面受弯破坏,也可能在剪力和弯矩的共同作用下,发生斜截面受剪破坏和斜截面受弯破坏。因此,在保证受弯构件正截面受弯承载力的同时,还要保证斜截面承载力,它包含斜截面受剪承载力和斜截面受弯承载力两部分。在工程设计中,斜截面受剪承载力是由计算和构造来满足的,斜截面受弯承载力是通过构造要求来保证的。

斜截面破坏的原因与斜截面上的应力状态有关。在中和轴附近,由正应力和剪应力合成的主拉应力的方向大致为 45°。当荷载增大,主拉应变达到混凝土极限拉应变时,混凝土开裂,其裂缝走向与主拉应力的方向垂直,故是斜裂缝。斜裂缝的出现和发展使梁内应力的分布和数值发生变化,最终导致在剪力较大的近支座区段内不同部位的混凝土被压碎或拉坏而丧失承载能力,即发生斜截面破坏。为防止此类破坏,应在梁中配置腹筋(箍筋与弯起钢筋的统称),以满足斜截面受剪承载力的计算与构造要求。本节主要讨论有腹筋梁的计算与构造问题。

3.3.2.2　有腹筋梁斜截面受剪承载力计算

1. 斜截面受剪破坏形态及影响因素

(1)影响斜截面破坏形态的主要因素

①剪跨比。

剪跨比 λ 是指集中荷载至支座截面的距离 a 与截面有效高度 h_0 的比值,即

$$\lambda = \frac{a}{h_0} \tag{3.54}$$

当剪跨比 $\lambda \leqslant 3$ 时,随剪跨比 λ 的增加,斜截面的受剪承载力逐渐降低;当剪跨比 $\lambda>3$ 时,对承载力的影响不再明显。

②配箍率和箍筋强度。

箍筋配置的多少用配箍率 ρ_{sv} 来表示,按下式计算:

$$\rho_{sv} = \frac{A_{sv}}{bs} = \frac{nA_{sv1}}{bs} \tag{3.55}$$

式中:A_{sv}——配置在同一截面内箍筋各肢的全部截面面积,$A_{sv} = nA_{sv1}$;

　　　n——在同一截面中箍筋的肢数;

　　　A_{sv1}——单肢箍筋的截面面积;

　　　b——矩形截面梁的宽度以及 T 形和工字形截面的腹板宽度;

　　　s——沿梁长度方向箍筋的间距。

显然,在适量配筋的情况下,随配箍率和箍筋强度的增加,斜截面受剪承载力将提高。

③混凝土的强度。

试验表明,混凝土的强度越高,斜截面受剪承载力越高。

④纵筋配筋率。

纵向钢筋可抑制斜裂缝的开展,增加剪压区混凝土面积,并使骨料咬合力及纵筋的销栓力有所提高,因而间接提高了梁的抗剪能力。但目前我国规范中的抗剪计算公式并未考虑这一影响。

(2) 斜截面的破坏形态

斜截面的受剪破坏形态分为斜压破坏、斜拉破坏、剪压破坏三类,如图 3-29 所示。

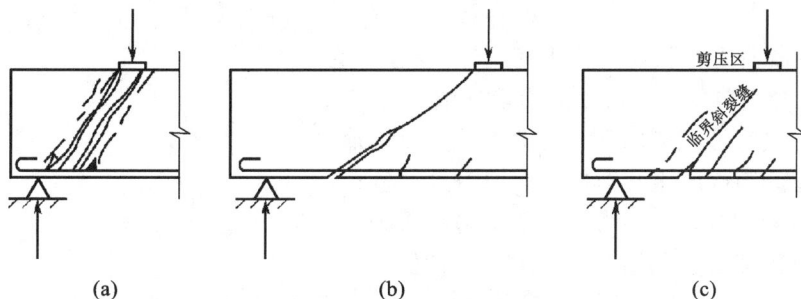

图 3-29　斜截面的破坏形式

(a)斜压破坏;(b)斜拉破坏;(c)剪压破坏

①斜压破坏。

当剪跨比较小($\lambda < 1.0$),或剪跨比适中,且配有过多的腹筋时,在荷载作用点至支座之间形成一斜向受压"短柱",在箍筋未屈服时,混凝土被压碎而破坏,故称为斜压破坏,如图 3-29(a)所示。

②斜拉破坏。

当剪跨比较大($\lambda > 3.0$)或截面尺寸合适而腹筋配置过少时,斜裂缝一出现便很快发展,形成临界裂缝,腹筋很快达到屈服,该裂缝迅速延伸到集中力的作用截面,梁被斜向拉断成两部分而破坏,称为斜拉破坏,如图 3-29(b)所示。

③剪压破坏。

当剪跨比适中($1.0 \leqslant \lambda \leqslant 3.0$)且截面尺寸合适,同时腹筋配置适量时,在梁的下部先出现斜裂缝,而箍筋的存在限制了斜裂缝的发展。随着荷载的进一步增加,梁中出现一条又宽又长的临界斜裂缝,与该斜裂缝相交的腹筋逐渐达到屈服,对裂缝的限制作用逐渐消失,裂缝不断加宽,向上延伸,在斜裂缝的末端,剪压区混凝土在压应力与剪应力的共同作用下达到极限强度,发生破坏,此种破坏称为剪压破坏,如图 3-29(c)所示。

由于斜截面的各类破坏主要取决于混凝土的强度和变形,故斜截面受剪的各类破坏均属于脆性破坏。

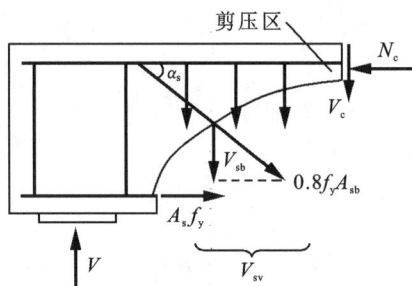

图 3-30 斜截面抗剪计算模式

2. 斜截面受剪承载力计算公式

（1）基本公式的建立

《混凝土标准》规定,斜截面受剪计算以剪压破坏作为计算依据。当发生剪压破坏时,与斜裂缝相交的腹筋应力达到屈服强度,该斜截面上剪压区的混凝土达到极限强度。这时,梁被斜裂缝分成左右两部分,取出左半部分为脱离体,如图 3-30 所示,建立平衡方程。

当仅配箍筋时

$$V_u = V_{cs} = V_c + V_{sv} \tag{3.56}$$

当配有箍筋和弯起钢筋时

$$V_u = V_{cs} + V_{sb} = V_c + V_{sv} + V_{sb} \tag{3.57}$$

式中：V_u——斜截面受剪承载力设计值；

V_c——混凝土剪压区受剪承载力设计值；

V_{sv}——与斜裂缝相交的箍筋受剪承载力设计值；

V_{cs}——箍筋与混凝土共同抵抗的剪力设计值；

V_{sb}——与斜裂缝相交的弯起钢筋受剪承载力设计值。

（2）仅配置箍筋时斜截面受剪承载力设计值

①矩形、T 形和工字形截面的一般受弯构件,其斜截面受剪承载力设计值按下式计算：

$$V_u = V_{cs} = 0.7 f_t b h_0 + f_{yv} \frac{A_{sv}}{s} h_0 \tag{3.58}$$

式中：f_t——混凝土抗拉强度设计值；

f_{yv}——箍筋抗拉强度设计值；

s——沿构件长度方向箍筋的间距。

②集中荷载作用(包括作用有多种荷载,而集中荷载对支座截面产生的剪力设计值占总剪力值的 75% 以上)下的独立梁,其截面受剪承载力设计值按下式计算：

$$V_u = V_{cs} = \frac{1.75}{\lambda + 1} f_t b h_0 + f_{yv} \frac{A_{sv}}{s} h_0 \tag{3.59}$$

式中：λ——计算截面的剪跨比。当 $\lambda < 1.5$ 时,取 $\lambda = 1.5$；当 $\lambda > 3$ 时,取 $\lambda = 3$。

（3）同时配置有箍筋与弯起钢筋时斜截面的受剪承载力设计值

按式(3.57)计算,其中 V_{cs} 按式(3.58)或式(3.59)计算,V_{sb} 按下式计算：

$$V_{sb} = 0.8 f_y A_{sb} \sin \alpha_s \tag{3.60}$$

式中：f_y——弯起钢筋的抗拉强度设计值；

A_{sb}——同一弯起平面内弯起钢筋的截面面积；

α_s——斜截面上弯起钢筋的切线与构件纵向轴线的夹角，一般取 $\alpha_s = 45°$，当梁高大于 800 mm 时，$\alpha_s = 60°$；

系数 0.8 为考虑靠近剪压区的弯起钢筋在斜截面破坏时，可能达不到钢筋抗拉强度设计值的折减系数。

3. 斜截面受剪承载力计算公式的适用条件

梁的斜截面受剪承载力计算式(3.56)~式(3.60)仅适用于剪压破坏情况。为防止斜压破坏和斜拉破坏，还应规定其上、下限值。

(1) 上限值——最小截面尺寸

当发生斜压破坏时，梁腹部的混凝土被压碎、箍筋不屈服，其受剪承载力主要取决于构件的腹板宽度、梁截面高度及混凝土强度。因此，只要保证构件截面尺寸不太小，就可防止斜压破坏。受弯构件的最小截面尺寸应满足下列要求：

当 $h_w/b \leqslant 4$ 时

$$V \leqslant 0.25\beta_c f_c b h_0 \tag{3.61}$$

当 $h_w/b \geqslant 6$ 时

$$V \leqslant 0.2\beta_c f_c b h_0 \tag{3.62}$$

当 $4 < h_w/b < 6$ 时，系数按线性内插法确定。

式中：V——构件斜截面上的剪力设计值；

β_c——混凝土强度影响系数，当混凝土强度等级不超过 C50 时，取 $\beta_c = 1.0$，当混凝土强度等级为 C80 时，取 $\beta_c = 0.8$，其间按线性内插法确定；

b——矩形截面的宽度，T 形或工字形截面的腹板宽度；

h_w——截面的腹板高度，矩形截面取有效高度 h_0，T 形截面取有效高度减去翼缘高度，工字形截面取腹板净高。

在设计中，如果不满足式(3.61)或式(3.62)的条件时，应加大构件截面尺寸或提高混凝土强度等级，直到满足为止。对于 T 形或工字形截面的简支受弯构件，当有实践经验时，式(3.62)中的系数可改为 0.3。

(2) 下限值——最小配箍率和箍筋最大间距

试验表明，若箍筋配置过少，一旦出现斜裂缝，可能使箍筋迅速屈服甚至拉断，斜裂缝急剧开展，导致发生斜拉破坏。

为了防止斜拉破坏，梁中箍筋间距不大于表 3-6 的规定，直径不宜小于表 3-7 的规定，也不应小于 $d/4$（d 为纵向受压钢筋的最大直径）。

当 $V \geqslant 0.7 f_t b h_0$ 时，配箍率尚应满足最小配箍率要求，即

$$\rho_{sv} \geqslant \rho_{sv,min} = 0.24 \frac{f_t}{f_{yv}} \tag{3.63}$$

表 3-6　梁中箍筋最大间距 $S_{\max}$　　　（单位：mm）

梁高 h	$V>0.7f_tbh_0$	$V\leqslant0.7f_tbh_0$
$150<h\leqslant300$	150	200
$300<h\leqslant500$	200	300
$500<h\leqslant800$	250	350
$h>800$	300	500

表 3-7　梁中箍筋最小直径　　　（单位：mm）

梁高 h	箍 筋 直 径
$h\leqslant800$	6
$h>800$	8

注：梁中配有计算需要的纵向受压钢筋时，箍筋直径尚不应小于 $d/4$（d 为纵向受压钢筋的最大直径）。

4. 斜截面受剪承载力的计算截面

在计算梁斜截面受剪承载力时，其计算位置应按下列规定采用（见图 3-31）。

①支座边缘处截面（见图 3-31 中 1-1 截面）。该截面承受的剪力值最大，用该值确定第一排弯起钢筋和 1-1 截面的箍筋。

②受拉区弯起钢筋弯起点处截面（见图 3-31 中 2-2 截面和 3-3 截面），用该截面剪力值确定后排弯起钢筋的数量。

③箍筋截面面积或间距改变处截面（见图 3-31 中 4-4 截面）。

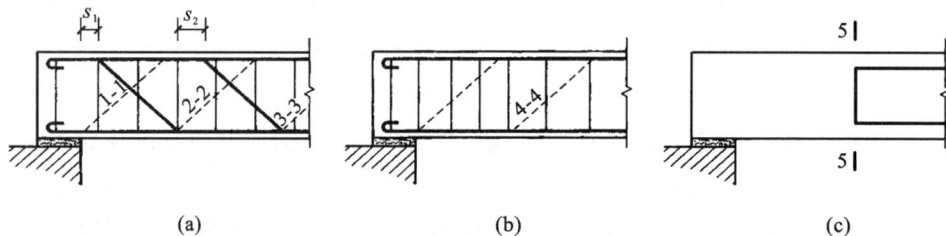

图 3-31　斜截面受剪承载力计算截面位置

④腹板宽度改变处截面（见图 3-31 中 5-5 截面）。

设计时，弯起钢筋距支座边缘距离 s_1 及弯起钢筋之间的距离 s_2 均不应大于箍筋最大间距（见表 3-6），以保证可能出现的斜裂缝与弯起钢筋相交。

5. 斜截面受剪承载力计算步骤

一般先由梁的高跨比、高宽比等要求及正截面受弯承载力计算确定截面尺寸、混凝土强度等级及纵向钢筋用量，然后进行斜截面受剪承载力设计值计算，其步骤如下：

①确定计算截面和截面剪力设计值；

②验算截面尺寸是否足够；

③验算是否可以按构造配置箍筋；

④当不能仅按构造配置箍筋时,按计算确定所需腹筋数量;

⑤绘制配筋图。

6. 箍筋的主要构造要求

当 $V \leqslant 0.7 f_\mathrm{t} b h_0$ 或 $V \leqslant \dfrac{1.75}{\lambda+1.0} f_\mathrm{t} b h_0$,按计算不需设置箍筋时,对于高度大于 300 mm 的梁, 仍应沿梁的全长均匀设置箍筋;梁高为 150~300 mm 时,可仅在构件端部各 $l_0/4$ 范围内设置构造箍筋,l_0 为梁的跨度;高度在 150 mm 以下的梁,可不设箍筋。梁支座处的箍筋应从梁边(或墙边)50 mm 处开始设置。

箍筋的直径和间距应符合表 3-6 和表 3-7 的要求。

箍筋通常有开口式和封闭式两种(见图 3-32)。在实际工程中,大多数情况下都是采用封闭式箍筋。

箍筋按其肢数可分为单肢、双肢及四肢箍(见图 3-32)三种。

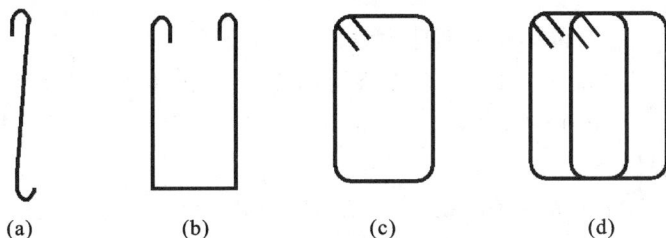

图 3-32　箍筋的形式和肢数
(a)单肢;(b)开口式双肢;(c)封闭式双肢;(d)封闭式四肢

单肢箍一般在梁宽 $b \leqslant 150$ mm 时采用;双肢箍一般在梁宽 $b < 350$ mm 时采用;当梁宽 $b \geqslant 350$ mm,或一排中受拉钢筋超过 5 根、受压钢筋超过 3 根时,采用四肢箍。四肢箍一般采用外套双肢箍加内套双肢箍的组合形式。采用图 3-32 所示形式的双肢箍或四肢箍时,钢筋末端应采用 135° 的弯钩,且弯钩伸进梁截面内的平直段长度,对于一般结构,应不小于箍筋直径的 5 倍。

7. 基本计算公式的应用

基本公式的应用包括两种情况:截面设计和承载力校核。

【例 3-7】　某钢筋混凝土矩形截面简支梁,安全等级为二级,结构的设计工作年限为 50 年, 两端搁置在砖墙上,净跨度 $l_\mathrm{n}=3.66$ m(见图 3-33);截面尺寸 $b \times h = 200$ mm $\times 500$ mm。该梁承受均布荷载,其中恒荷载标准值 $g_\mathrm{k}=25$ kN/m(包括自重),活荷载标准值 $q_\mathrm{k}=35$ kN/m,混凝土强度等级为 C30,箍筋为 HPB300 级钢筋,按正截面受弯承载力计算已选配 3 ⚎ 25 的 HRB400 级纵向受力钢筋。试根据斜截面受剪承载力要求确定腹筋。

【解】

取　　　　　$a_\mathrm{s}=40$ mm,　$h_0 = h - a_\mathrm{s} = (500-40)$ mm $= 460$ mm,　$\gamma_0 = 1.0$

(1)计算支座边缘的剪力设计值 V_1

①均布恒荷载产生的剪力标准值为:

$$V_{\mathrm{Gk}} = \frac{1}{2} g_\mathrm{k} l_\mathrm{n} = \frac{1}{2} \times 25 \times 3.66 \text{ kN} = 45.8 \text{ kN}$$

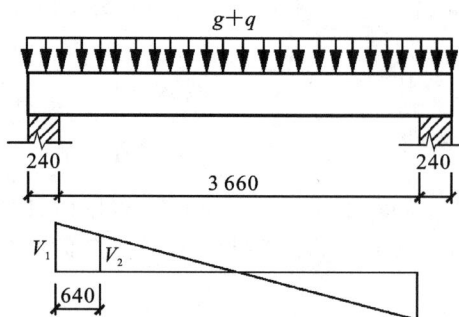

图 3-33 例题 3-7 图

②均布活荷载产生的剪力标准值为：

$$V_{Qk} = \frac{1}{2} q_k l_n = \frac{1}{2} \times 35 \times 3.66 \text{ kN} = 64.1 \text{ kN}$$

③承载能力极限状态时的梁端截面剪力设计值为：

$\because$ 安全等级为二级，$\therefore \gamma_0 = 1.0$；又 $\because$ 结构的设计工作年限为 50 年，$\therefore \gamma_{L_1} = 1.0$，$V = \gamma_0(\gamma_G V_{Gk} + \gamma_{Q_1}\gamma_{L_1} V_{Q_{1k}}) = 1.0 \times (1.3 \times 45.8 + 1.5 \times 1.0 \times 64.1) \text{kN} = 155.7 \text{ kN}$。

（2）复核梁截面尺寸

$$h_w = h_0 = 460 \text{ mm} \qquad h_w/b = 460/200 = 2.3 < 4$$

属一般梁。

$$0.25\beta_c f_c b h_0 = 0.25 \times 1.0 \times 14.3 \times 200 \times 460 \text{ N} = 328900 \text{ N}$$
$$= 328.9 \text{ kN} > 155.7 \text{ kN}$$

截面尺寸满足要求。

（3）验算是否按构造配箍

$$0.7 f_t b h_0 = 0.7 \times 1.43 \times 200 \times 460 \text{ N} = 92092 \text{ N} \approx 92.1 \text{ kN} < 155.7 \text{ kN}$$

应按计算配置腹筋，且应验算 $\rho_{sv} \geq \rho_{sv,min}$。

（4）计算所需的腹筋

配置腹筋有两种办法：一种是仅配箍筋，另一种是配置箍筋和弯起钢筋。一般都是选仅配箍筋方案。下面分述两种方法。

①仅配箍筋。

取 $V_1 = V_u$

则

$$V_1 = V_u = 0.7 f_t b h_0 + f_{yv}\frac{A_{sv}}{s}h_0$$

得
$$\frac{A_{sv}}{s} = \frac{nA_{sv1}}{s} = \frac{\gamma_0 V_1 - 0.7 f_t b h_0}{f_{yv} h_0} = \frac{(1.0 \times 155.7 - 92.1) \times 10^3}{300 \times 460} = 0.460 \text{ mm}^2/\text{mm}$$

选用双肢箍 $\phi 8$，则 $A_{sv1} = 50.3 \text{ mm}^2$，可求得

$$s \leq \frac{2 \times 50.3}{0.460} \text{ mm} = 219 \text{ mm}$$

取 $s = 200 \text{ mm}$，箍筋沿梁长均匀布置［见图 3-34(a)］。

②配置箍筋和弯起钢筋。

按表 3-6 及表 3-7 要求，选 $\phi6@200$ 双肢箍，则

$$\rho_{sv} = \frac{A_{sv}}{bs} = \frac{2 \times 28.3}{200 \times 200} = 0.142\% > \rho_{sv,min} = 0.24 \frac{f_t}{f_{yv}} = 0.24 \times \frac{1.43}{300} = 0.00114$$

$$V_{cs} = 0.7 f_t b h_0 + f_{yv} \frac{n A_{sv1}}{s} h_0$$

$$= (0.7 \times 1.43 \times 200 \times 460 + 300 \times \frac{2 \times 28.3 \times 460}{200}) \text{ N}$$

$$= (92092 + 39054) \text{ N} = 131.1 \text{ kN}$$

$$V - V_{cs} \leqslant 0.8 A_{sb} f_y \sin\alpha_s$$

取 $\alpha_s = 45°$，则有

$$A_{sb} \geqslant \frac{\gamma_0 V - V_{cs}}{0.8 f_y \sin\alpha_s} = \frac{(1.0 \times 155.7 - 131.1) \times 10^3}{0.8 \times 360 \times \sin45°} \text{ mm}^2 = 120.8 \text{ mm}^2$$

选 1⊕25 纵筋作弯起钢筋，$A_{sb} = 491 \text{ mm}^2$，满足计算要求。

核算是否需要第二排弯起钢筋。

取 $s_1 = 200 \text{ mm}$，弯起钢筋水平投影长度为 $(h-60) \text{ mm} = 440 \text{ mm}$，则第一排弯起钢筋弯起点截面的剪力 V_2 可由相似三角形关系求得

$$V_2 = V_1 \left(1 - \frac{200 + 440}{0.5 \times 3660}\right) = 99 \text{ kN} > V_{cs} = 92.092 \text{ kN}$$

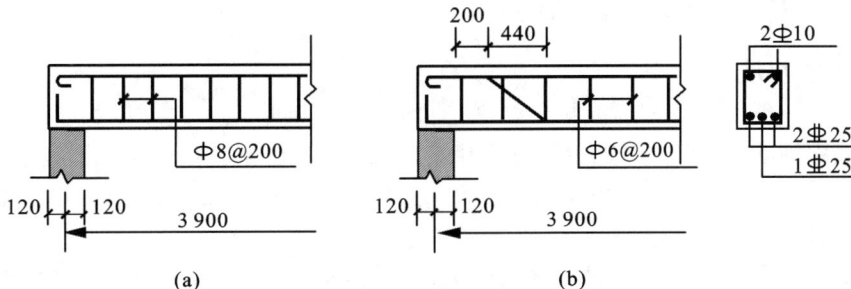

图 3-34　例题 3-7 梁配筋图
(a)仅配箍筋；(b)配箍筋和弯起钢筋

故不需要第二排弯起钢筋。其配筋如图 3-34(b)所示。

8. 斜截面的构造要求

前面主要是介绍梁的斜截面受剪承载力的计算问题。斜裂缝的产生，还会导致斜裂缝处纵向钢筋拉力增加甚至屈服，引起斜截面受弯承载力不足，同时纵筋也有可能由于锚固不足被拉拔出来。因此在设计中，除了保证梁的正截面受弯承载力和斜截面受剪承载力，在考虑纵筋弯起、截断及钢筋锚固时，还需在构造上采取措施，保证梁的斜截面受弯承载力及钢筋的可靠锚固。

3.3.3　受压构件的截面承载力

当构件以承受轴向压力为主时称为受压构件。根据其受力情况，受压构件可分为轴心受压

构件和偏心受压构件。当轴向压力作用线与构件的截面形心重合时,为轴心受压构件[见图3-35(a)];当轴向压力作用线与构件的截面形心不重合时,为偏心受压构件[见图3-35(b)、(c)]。当轴向压力作用点只对构件截面的一个主轴有偏心距时,为单向偏心受压构件[见图3-35(b)];当轴向压力作用点对构件截面的两个主轴都有偏心距时,为双向偏心受压构件[见图3-35(c)]。

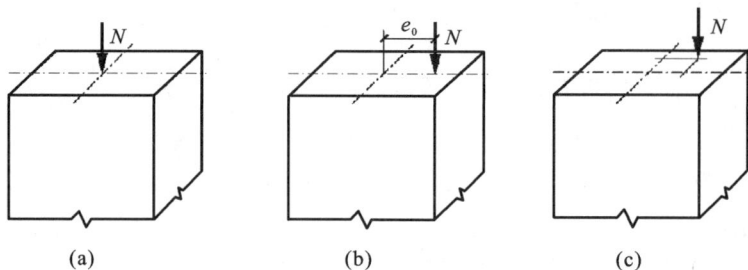

图 3-35　轴心受压与偏心受压
(a)轴心受压;(b)单向偏心受压;(c)双向偏心受压

实际工程中,由于混凝土自身的不均匀性及制作、安装误差等,理想的轴心受压构件是不存在的。但为了计算方便,对于以承受恒荷载为主的多层框架房屋的内柱以及屋架的受压腹杆等,可近似简化为轴心受压构件。实际工程中的受压构件很多,如单层厂房柱、屋架上弦杆、拱、框架柱、剪力墙、桥墩、桩等。

3.3.3.1　受压构件的一般构造要求

1. 截面形式和尺寸

轴心受压柱一般采用正方形或矩形截面,有时也采用圆形或多边形截面;偏心受压构件一般采用矩形截面,对于大尺寸装配式柱,常采用工字形截面。方形柱截面尺寸不宜小于 250 mm×250 mm,当边长大于 800 mm 时以 100 为模数,小于或等于 800 mm 时以 50 为模数。

2. 材料强度

混凝土强度对受压构件的承载力影响较大,一般采用 C30～C40 或更高等级的混凝土。纵向钢筋一般采用 HRB400 级、RRB400 级和 HRB500 级,箍筋一般采用 HRB400 级,也可采用 HPB300 级。

3. 纵向钢筋

纵向钢筋的直径不宜小于 12 mm,通常在 16～32 mm 范围内选用。为了减少钢筋在施工时可能产生的纵向弯曲,宜采用较粗的钢筋。全部纵向钢筋的配筋率不宜大于 5%,纵向钢筋的最小配筋率要求见附表 12。

矩形截面柱中纵向钢筋的根数不得少于 4 根,轴心受压构件中的纵筋应沿截面周边均匀布置,偏心受压构件中的纵筋应按计算要求布置在偏心方向截面的两边。圆柱中纵向钢筋宜沿周边均匀布置,根数不宜少于 8 根。柱中纵筋的净间距不应小于 50 mm,中距不宜大于 300 mm。水平浇筑的预制柱的纵筋最小净距与梁相同。

当偏心受压柱的截面高度 $h \geqslant 600$ mm 时,在柱的侧面上应设置直径不小于 10 mm 的纵向构造钢筋,以防止构件因温度和混凝土收缩而产生裂缝,并相应设置复合箍筋或拉筋。

4. 箍筋

柱中箍筋应做成封闭式,箍筋直径不应小于 $d/4$,且不应小于 6 mm,d 为纵向钢筋的最大直径。箍筋间距不应大于 400 mm 及构件截面的短边尺寸,且不应大于纵向受力钢筋最小直径的 15 倍。

当柱中全部纵向受力钢筋的配筋率大于 3% 时,箍筋直径不应小于 8 mm,间距不应大于纵向受力钢筋最小直径的 10 倍,且不应大于 200 mm;箍筋末端应做成 135° 弯钩且弯钩末端平直段长度不应小于箍筋直径的 10 倍;箍筋也可焊成封闭环式。

在纵筋搭接长度范围内,箍筋的直径不宜小于搭接钢筋直径的 0.25 倍。箍筋间距应加密。当搭接钢筋为受拉时,其箍筋间距不应大于 5d,且不应大于 100 mm;当搭接钢筋为受压时,其箍筋间距不应大于 10d,且不应大于 200 mm,d 为纵向钢筋的最小直径。当搭接受压钢筋的直径大于 25 mm 时,应在搭接接头两个端面外 100 mm 范围内设置两根箍筋。

当柱截面短边尺寸大于 400 mm 且各边纵向钢筋多于 3 根时,或当柱截面短边尺寸不大于 400 mm 且各边纵向钢筋多于 4 根时,应设置复合箍筋[见图 3-36(b)]。

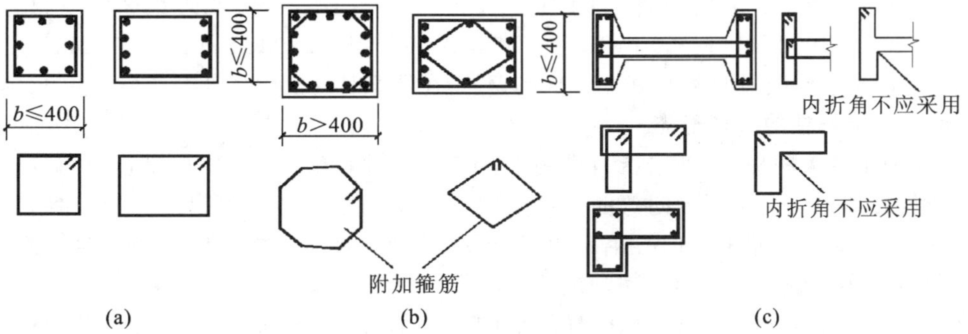

图 3-36 柱的箍筋形式

(a)矩形箍筋;(b)复合箍筋;(c)工字形、L 形截面箍筋

对于截面形状复杂的构件,不可采用具有内折角的箍筋[见图 3-36(c)],避免产生向外的拉力,致使折角处的混凝土破损。

3.3.3.2 轴心受压构件的正截面受压承载力

钢筋混凝土柱是工程中最有代表性的受压构件,根据箍筋的作用及配置方式可分为两种:普通箍筋柱和螺旋箍筋柱。

配有纵向钢筋和普通箍筋的柱为普通箍筋柱,如图 3-37 所示。普通箍筋柱是工程中最常用的形式。纵筋的作用是与混凝土共同承担压力和可能存在的较小弯矩以及混凝土变形引起的拉应力,以提高构件的延性。箍筋的作用是与纵筋形成骨架,防止纵筋向外压屈,并对核心部分的混凝土起到一定的约束作用。

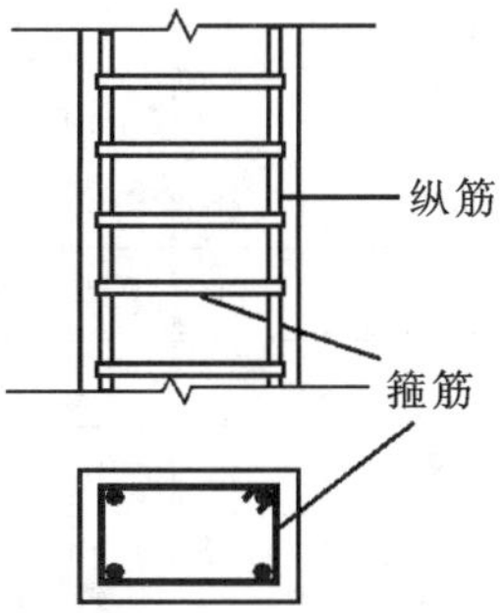

当轴心受压构件承受的轴向荷载较大,且其截面尺寸受到建筑及使用要求的限制时,可考虑采用配有螺旋式或焊接环式箍筋(间接钢筋)柱,即螺旋箍筋柱(见图 3-38)来提高承载力。螺旋箍筋柱的截面形式一般为圆形或多边形。本节只介绍普通箍筋柱,螺旋箍筋柱的相

图 3-37 普通箍筋柱

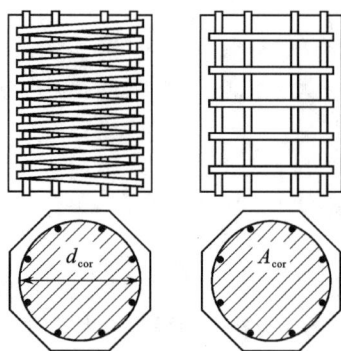

图 3-38 螺旋箍筋柱

关内容见【拓展阅读 3-4】。

1. 普通箍筋柱的破坏形态

1) 轴心受压短柱的破坏形态

受压柱根据长细比不同可分为短柱和长柱。长细比是指构件的计算长度 l_0 与其截面回转半径 i 的比值;对于矩形截面为 l_0/b(b 为截面的短边尺寸),对于圆形截面为 l_0/d(d 为圆形截面的直径)。当 $l_0/b \leq 8$、$l_0/d \leq 7$ 或 $l_0/i \leq 28$ 时为短柱。

试验结果表明,轴心受压短柱在轴向压力作用下,钢筋和混凝土黏结成一体,共同变形,钢筋应变 ε_s 和混凝土应变 ε_c 相等。当荷载较小时,轴向压力与压缩变形基本成正比;当荷载较大时,压力与变形不再成比例。构件破坏时,一般是纵筋的应力先达到屈服强度,当混凝土应变达到极限压应变时,柱四周表面出现明显的纵向裂缝,纵筋发生压屈,向外凸出,混凝土被压碎。当纵筋的屈服强度较高时,可能会出现钢筋没有屈服而混凝土达到极限压应变的情况。计算时,构件的压应变取 0.002 为控制条件,此时钢筋的应力值为 $\sigma_s = E_s \cdot \varepsilon_s \approx 2 \times 10^5 \times 0.002$ MPa $= 400$ MPa。对于 HPB300 级、HRB400 级和 RRB400 级热轧钢筋,都能达到屈服;而对于屈服强度大于 400 MPa 的钢筋,在计算时其抗压强度设计值只能取 400 MPa。

2) 轴心受压长柱的破坏形态

对于长细比较大的柱,在轴向压力作用下,由于各种因素造成的初始偏心距使得柱子在发生压缩变形的同时,还会出现侧向弯曲。这是因为初始偏心距会产生附加弯矩,而附加弯矩产生的侧向挠度又加大了原来的偏心距。随着荷载的增加,附加弯矩和侧向挠度将不断增加,二者相互影响,最终使得长柱在轴力和弯矩的共同作用下发生破坏。

试验测得,同截面尺寸、同材料、同样配筋的长柱承载力小于短柱。长细比越大,承载力降低越多。《混凝土标准》采用稳定系数 φ 来表示长柱承载力的降低程度,即

$$\varphi = \frac{N_u^L}{N_u^S} \tag{3.64}$$

式中:N_u^L、N_u^S——分别为长柱和短柱的受压承载力。

构件的稳定系数主要和构件的长细比有关,混凝土强度及配筋率对其影响较小。根据国内外试验的实测结果,《混凝土标准》对 φ 值制定了计算表(见表 3-8),可直接采用。

表 3-8 钢筋混凝土构件的稳定系数

l_0/b	≤8	10	12	14	16	18	20	22	24	26	28
l_0/d	≤7	8.5	10.5	12	14	15.5	17	19	21	22.5	24
l_0/i	≤28	35	42	48	55	62	69	76	83	90	97
φ	1.00	0.98	0.95	0.92	0.87	0.81	0.75	0.70	0.65	0.60	0.56
l_0/b	30	32	34	36	38	40	42	44	46	48	50
l_0/d	26	28	29.5	31	33	34.5	36.5	38	40	41.5	43
l_0/i	104	111	118	125	132	139	146	153	160	167	174
φ	0.52	0.48	0.44	0.40	0.36	0.32	0.29	0.26	0.23	0.21	0.19

注:表中 l_0 为构件的计算长度,b 为矩形截面的短边尺寸,d 为圆形截面的直径,i 为截面的最小回转半径。

柱的计算长度与柱两端的支承情况有关，《混凝土标准》对单层厂房排架柱、框架柱等的计算长度作了具体规定。

2. 正截面受压承载力计算

1）承载力计算公式

《混凝土标准》给出的轴心受压构件正截面承载力 N_u 计算公式为

$$N_u = 0.9\varphi(f_c A + f'_y A'_s) \tag{3.65}$$

式中：φ——钢筋混凝土轴心受压构件的稳定系数，按表 3-8 采用；

　　　f_c——混凝土的轴心抗压强度设计值；

　　　A——构件的截面面积；

　　　A'_s——全部纵筋的截面面积；

　　　f'_y——纵筋的抗压强度设计值。

当纵向钢筋配筋率大于 3% 时，式(3.65)中 A 应改用($A-A'_s$)。

2）承载力计算方法

(1)截面设计

已知轴向力设计值 N，并选定材料强度等级，确定柱的截面尺寸及配筋。其计算步骤如下：根据构造要求初步选定柱的截面尺寸及形状，由长细比查表 3-8 确定稳定系数，由式(3.65)求纵向钢筋的截面面积，验算配筋率是否满足规范要求。

(2)截面复核

已知截面尺寸、构件计算长度及材料强度等级、钢筋的截面面积，求构件的正截面受压承载力设计值或验算截面在某已知轴向力的作用下是否安全。

【例 3-8】　某安全等级为一级的多层现浇框架结构的二层中柱，轴向力设计值 $N=2590$ kN，二层层高为 3.6 m，混凝土等级为 C30，钢筋为 HRB400 级。求该柱截面尺寸及纵筋面积。

【解】

①确定柱的截面尺寸和计算高度。

初步选定柱的截面尺寸为 400 mm×400 mm，按《混凝土标准》的规定，取计算长度为

$$l_0 = 1.25H = 1.25 \times 3.6 \text{ m} = 4.5 \text{ m}$$

由 $l_0/b=4.5/0.4=11.25$，查表 3-8 得 $\varphi=0.961$。

②求 A'_s。

令 $N=N_u$，则由式(3.65)得

$$A'_s = \frac{1}{f'_y}\left(\frac{N}{0.9\varphi} - f_c A\right) = \frac{1}{360} \times \left(\frac{2590 \times 10^3}{0.9 \times 0.961} - 14.3 \times 400 \times 400\right) \text{mm}^2 = 1962.7 \text{ mm}^2$$

③选配钢筋，验算配筋率。

可取 4 Φ 22＋4 Φ 20，$A'_s=2776$ mm²。

$$\rho' = \frac{A'_s}{A} = \frac{2776}{400 \times 400} \times 100\% = 1.74\% > \rho_{min} = 0.55\%$$

截面每一侧配筋率

$$\rho' = \frac{A'_s}{A} = \frac{760+314.2}{400 \times 400} \times 100\% = 0.67\% > \rho_{min} = 0.2\%$$

故满足要求。

3.3.3.3 偏心受压构件正截面受压承载力

1. 偏心受压构件的破坏特征及其分类

工程中大部分偏心受压构件都是按单向偏心受压进行设计的。对偏心受压构件,其截面的受力状态与弯矩和轴力的比值有关系,对应的破坏形态有两种,即大偏心受压破坏和小偏心受压破坏。

(1) 大偏心受压破坏

当截面中轴向压力的偏心距 e_0($e_0 = M/N$)较大,且远离 N 一侧的受拉钢筋 A_s 配置不太多时,就会发生这种破坏。其破坏过程是:截面在离轴向压力 N 较近的一侧受压,另一侧受拉,当受拉边缘混凝土达到极限拉应变时,受拉区出现横向裂缝。随荷载的增加,受拉钢筋 A_s 屈服,最后受压区的钢筋 A_s' 屈服,混凝土被压碎。总之,大偏心受压破坏的破坏特点是受拉钢筋先达到屈服强度,最终导致受压区边缘混凝土压碎,截面破坏。这种破坏形态与适筋梁的破坏形态相似。构件破坏时有明显预兆,属延性破坏。因破坏始于受拉侧钢筋屈服,所以又称受拉破坏[见图 3-39(a)]。

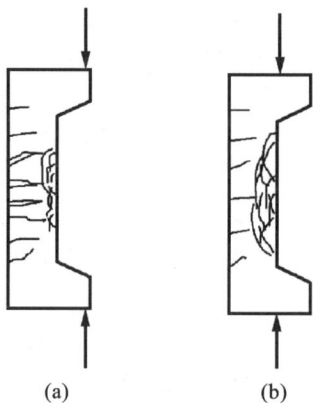

图 3-39 偏心受压柱的破坏形态

(2) 小偏心受压破坏

当偏心距 e_0 较小或虽然偏心距 e_0 较大,但远离 N 一侧的钢筋 A_s 配置过多时发生这种破坏。其破坏特点是:靠近 N 一侧的混凝土先被压碎,受压钢筋 A_s' 屈服,而远离 N 一侧的钢筋 A_s 可能受拉,也可能受压,但都不会受拉屈服。截面全部或大部分受压,整个破坏过程没有明显预兆,属于脆性破坏。因破坏始于受压区混凝土的压碎,所以又称受压破坏[见图 3-39(b)]。

(3) 界限破坏

在大、小偏心受压破坏之间的界限状态,称为界限破坏。其破坏特征是:受拉钢筋 A_s 的应力达到屈服强度的同时,受压区边缘混凝土被压碎。根据界限破坏特征,界限破坏时截面相对受压区高度取值与受弯构件相同。

因此,当相对受压区高度 $\xi \leqslant \xi_b$ 时,为大偏心受压破坏;当 $\xi > \xi_b$ 时,为小偏心受压破坏。

2. 偏心受压构件的二阶效应

轴向压力对偏心受压构件的侧移和挠曲产生附加弯矩和附加曲率的荷载效应称为偏心受压构件的二阶荷载效应,简称二阶效应。其中,由挠曲产生的二阶效应,称为 P-δ 效应;由结构侧移产生的二阶效应,称为 P-Δ 效应。P-Δ 效应计算属于结构整体层面的问题,一般在结构整体分析中考虑,本节主要讨论 P-δ 效应。

(1) P-δ 效应的影响因素

偏心受压构件 P-δ 效应的主要影响因素除构件的长细比外,还有构件两端弯矩的大小和方向,以及构件的轴压比。

构件长细比的大小直接影响偏心受压柱在偏心力作用下的侧向挠度,长细比较小时,其侧向挠度引起的附加弯矩也小；长细比越大，其侧向挠度引起的附加弯矩也越大。但其是否会对截面设计起控制作用还取决于柱两端作用弯矩的大小和方向。例如，在结构中常见的反弯点位于柱高中部的偏心受压构件，即杆端弯矩异号的偏心受压构件，这种二阶效应虽然能增加除两端区域外各截面的弯矩，但增大后的弯矩通常不可能超过柱两端控制截面的弯矩，因此这种情况下，$P\text{-}\delta$ 效应不会对杆件截面的偏心受压承载力产生不利影响。即杆端弯矩异号时，可不必考虑 $P\text{-}\delta$ 效应。

（2）考虑 $P\text{-}\delta$ 效应的条件

《混凝土标准》规定，当满足下述三个条件中的一个条件时，就要考虑 $P\text{-}\delta$ 效应：

$$M_1/M_2 > 0.9 \tag{3.66}$$

或

$$N/f_c A > 0.9 \tag{3.67}$$

或

$$l_c/i > 34 - 12M_1/M_2 \tag{3.68}$$

式中：M_1、M_2——分别为已考虑侧移影响的偏心受压构件两端截面按结构弹性分析确定的同一主轴的组合弯矩设计值，绝对值较大端为 M_2，绝对值较小端为 M_1，当构件按单曲率弯曲时，M_1/M_2 取正值，否则取负值；

　　　　l_c——构件的计算长度，可近似取偏心受压构件相应主轴方向上下支撑点之间的距离；

　　　　i——偏心方向的截面回转半径，对于矩形截面，$i = 0.289h$。

（3）考虑 $P\text{-}\delta$ 效应后控制截面的弯矩设计值

《混凝土标准》规定，除排架结构外，其他偏心受压构件考虑轴向压力在挠曲杆件中产生的 $P\text{-}\delta$ 二阶效应后控制截面的弯矩设计值，应按下列公式计算：

$$M = C_m \eta_{ns} M_2 \tag{3.69}$$

$$C_m = 0.7 + 0.3 \frac{M_1}{M_2} \tag{3.70}$$

$$\eta_{ns} = 1 + \frac{1}{1300(M_2/N + e_a)/h_0} \left(\frac{l_c}{h}\right)^2 \zeta_c \tag{3.71}$$

$$\zeta_c = \frac{0.5 f_c A}{N} \tag{3.72}$$

式中：C_m——构件杆端截面偏心距调节系数，当小于 0.7 时，$C_m = 0.7$；

　　　　N——与弯矩设计值 M_2 相应的轴力设计值；

　　　　η_{ns}——弯矩增大系数；

　　　　e_a——附加偏心距；

　　　　ζ_c——截面曲率修正系数，当计算值大于 1.0 时，取 $\zeta_c = 1.0$；

　　　　l_c/h——偏心受压构件的长细比。

当 $C_m \eta_{ns}$ 小于 1.0 时，取 $C_m \eta_{ns} = 1.0$；对剪力墙及核心筒墙肢，可取 $C_m \eta_{ns} = 1.0$。

（4）附加偏心距及初始偏心距

工程中由于设计荷载与实际荷载作用位置的偏差、混凝土质量的不均匀性、施工误差等因素的影响，都可能产生附加偏心距。《混凝土标准》规定，在偏心受压构件的正截面承载力计算中，应计入轴向压力在偏心方向存在的附加偏心距 e_a。初始偏心距 e_i 按下式计算：

$$e_i = e_0 + e_a \tag{3.73}$$

式中:e_0——轴向压力对截面重心的偏心距,$e_0 = M/N$;

e_a——附加偏心距,取 20 mm 和偏心方向截面尺寸的 1/30 两者中的较大值;

e_i——初始偏心距。

3. 矩形截面偏心受压构件的正截面受压承载力基本计算公式

(1)矩形截面大偏心受压构件正截面的受压承载力计算公式

①计算公式。

与受弯构件正截面承载力的计算相似,将受压区混凝土的曲线正应力图用等效矩形图形来代替,其应力值为 $\alpha_1 f_c$,受压区混凝土高度为 x,其计算图形如图 3-40 所示。

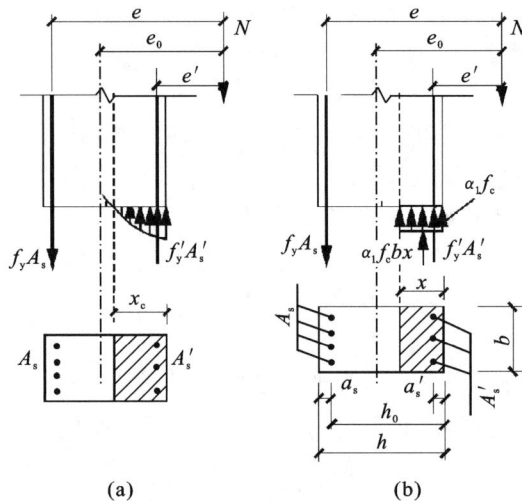

图 3-40 大偏心受压构件的计算

(a)实际应力分布;(b)等效计算图形

由力的平衡条件得

$$N_u = \alpha_1 f_c bx + f'_y A'_s - f_y A_s \tag{3.74}$$

将各力对受拉钢筋的合力点取矩,可得

$$N_u e = \alpha_1 f_c bx \left(h_0 - \frac{x}{2}\right) + f'_y A'_s (h_0 - a'_s) \tag{3.75}$$

式中:N_u——受压承载力设计值;

e——轴向力作用点至受拉钢筋合力点之间的距离,$e = e_i + \dfrac{h}{2} - a_s$;

e_i——初始偏心距,按式(3.73)计算;

a'_s——纵向受压钢筋合力点至受压区边缘的距离;

a_s——纵向受拉钢筋合力点至受拉区边缘的距离;

x——混凝土受压区高度。

②适用条件。

为保证构件破坏时受拉区的钢筋屈服,必须满足下列条件:

$$x \leqslant \xi_b h_0 \tag{3.76}$$

为保证构件破坏时受压钢筋屈服,必须满足下列条件:

$$x \geqslant 2a'_s \tag{3.77}$$

（2）矩形截面小偏心受压构件正截面的受压承载力计算公式

小偏心受压构件截面破坏时,受压区混凝土被压碎,受压钢筋 A'_s 屈服,而另一侧的钢筋 A_s 可能受拉或受压,但不会受拉屈服,所以其应力用 σ_s 表示,其计算图形如图 3-41 所示。

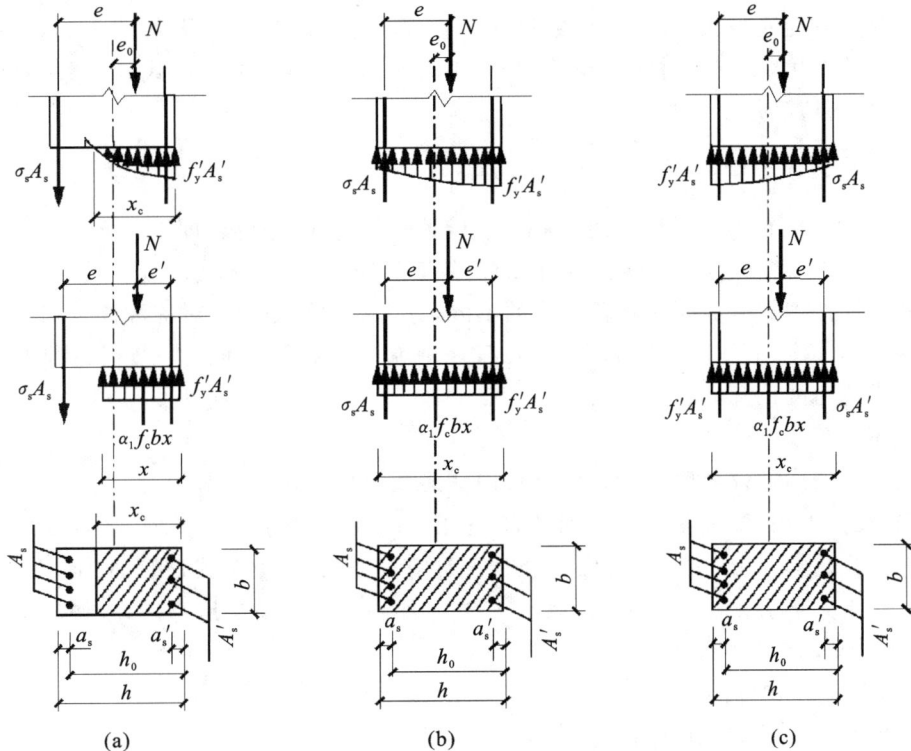

图 3-41　小偏心受压构件的计算图示
(a) A_s 受拉不屈服;(b) A_s 受压不屈服;(c) A_s 受压屈服

由力的平衡条件及力矩平衡条件,得

$$N_u = \alpha_1 f_c bx + f'_y A'_s - \sigma_s A_s \tag{3.78}$$

$$N_u e = \alpha_1 f_c bx \left(h_0 - \frac{x}{2}\right) + f'_y A'_s (h_0 - a'_s) \tag{3.79}$$

或

$$N_u e' = \alpha_1 f_c bx \left(\frac{x}{2} - a'_s\right) + \sigma_s A_s (h_0 - a_s) \tag{3.80}$$

其中:

$$\sigma_s = \frac{\xi - \beta_1}{\xi_b - \beta_1} f_y \tag{3.81}$$

式中:ξ、ξ_b——相对受压区计算高度和界限相对受压区计算高度;

　　　e、e'——轴向力作用点至钢筋 A_s 合力点和 A'_s 合力点之间的距离。

且 σ_s 应满足 $f'_y \leqslant \sigma_s \leqslant f_y$。

$$e = e_i + \frac{h}{2} - a_s \tag{3.82}$$

$$e' = \frac{h}{2} - e_i - a'_s \tag{3.83}$$

当偏心距很小，A'_s 比 A_s 大很多且轴向力很大时，截面的实际形心轴偏向 A'_s，导致远离轴向力一侧的混凝土可能先被压坏的情况，称为反向破坏。其截面应力图形如图 3-41(c)所示。为避免这种情况的发生，《混凝土标准》规定:对于小偏心受压构件，除了按式(3.78)、式(3.79)或式(3.82)计算，还应满足下列条件:

$$N_u\left[\frac{h}{2} - a'_s - (e_0 - e_a)\right] \leqslant \alpha_1 f_c bh\left(h'_0 - \frac{h}{2}\right) + f'_y A'_s(h'_0 - a'_s) \tag{3.84}$$

式中: $h_0{}'$ ——纵向钢筋 A'_s 合力点至离偏心压力较远一侧边缘的距离，即 $h'_0 = h - a_s$。

4. 不对称配筋矩形截面偏心受压构件的正截面受压承载力的计算

偏心受压构件根据截面配筋布置形式的不同，分为对称配筋和不对称配筋。对称配筋是指截面两侧钢筋的强度、面积均相同的配筋形式，否则就为非对称配筋。本节讨论非对称配筋的正截面受压承载力的计算问题。

1) 截面设计

已知截面上的内力设计值 N、M，材料及构件的截面尺寸，求 A_s 和 A'_s。

计算步骤为:①用 $C_m-\eta_{ns}$ 法确定截面弯矩设计值;②初步判别偏压类型，当 $e_i > 0.3h_0$ 时，按大偏压情况计算;当 $e_i \leqslant 0.3h_0$ 时，按小偏压情况计算;③根据基本公式计算 A_s 和 A'_s;④根据求出的 A_s 和 A'_s 计算 x，用 $x \leqslant \xi_b h_0$ 或 $x > \xi_b h_0$ 检查原偏心类型的判定是否正确，如果不正确需重新计算;⑤验算配筋率是否满足要求。

(1) 大偏心受压构件的计算

情况①: A_s 和 A'_s 均未知的情况。

与双筋矩形截面梁类似，为了使 $A_s + A'_s$ 总用量最少，可取 $x = \xi_b h_0$，代入式(3.75)得

$$A'_s = \frac{Ne - \alpha_1 f_c bh_0^2 \xi_b(1 - 0.5\xi_b)}{f'_y(h_0 - a'_s)} \tag{3.85}$$

将求得的 A'_s 及 x 代入式(3.74)，得

$$A_s = \frac{\alpha_1 f_c bh_0 \xi_b - N}{f_y} + \frac{f'_y}{f_y}A'_s \tag{3.86}$$

若 $A'_s \leqslant \rho'_{min}bh_0 = 0.002bh_0$，取 $A'_s = 0.002bh_0$，并按已知 A'_s 的情况求 A_s;若 $A_s < \rho_{min}bh_0$，取 $A_s = \rho_{min}bh_0$。

最后，按轴心受压构件验算垂直于弯矩作用平面的受压承载力。

情况②:已知 A'_s，求 A_s 的情况。

将 A'_s 代入式(3.74)、式(3.75)，联立求解 A_s，此时应注意 x 有两个根，计算时要判别其中哪一个根是真实的 x 值。

若 $x > \xi_b h_0$，应加大截面尺寸或令 $x = \xi_b h_0$，计算 A_s;

若 $x \leqslant 2a'_s$，与双筋矩形截面梁类似，取 $x = 2a'_s$，对受压钢筋 A'_s 合力点取矩，得

$$A_s = \frac{N\left(e_i - \dfrac{h}{2} + a'_s\right)}{f_y(h_0 - a'_s)} \tag{3.87}$$

另外,再按不考虑受压钢筋,即取 $A'_s = 0$,利用式(3.74)、式(3.75)计算 A_s 值,与式(3.87)求得的 A_s 比较,取其中较小值。

最后按轴心受压构件验算垂直于弯矩作用平面的受压承载力。

(2) 小偏心受压构件的计算

此时,基本式(3.78)、式(3.79)中共有三个基本未知量 x、A_s、A'_s,可按以下方法计算:为使总用钢量较少,取 $A_s = \rho_{\min} b h_0$,联立式(3.81),求得 ξ 和 σ_s。

若 $\xi_b < \xi < 2\beta_1 - \xi_b$,则按式(3.79)求得 A'_s;

若 $\xi \leqslant \xi_b$,则按大偏压计算;

若 $2\beta_1 - \xi_b < \xi < \dfrac{h}{h_0}$,取 $\sigma_s = -f'_y$,$\xi = 2\beta_1 - \xi_b$,由式(3.78)、式(3.79)求得 A_s 和 A'_s 值,同时验算是否满足式(3.84)的要求;

若 $\xi > \dfrac{h}{h_0}$,则取 $\sigma_s = -f'_y$,$x = h$,代入式(3.78)、式(3.79)求得 A_s 和 A'_s 值,同时验算是否满足式(3.84)的要求。

最后,也要按轴心受压构件计算垂直于弯矩作用平面的受压承载力。

2) 承载力复核

已知构件的截面尺寸、计算长度、材料的强度等级及截面配筋、轴向压力设计值 N 及偏心距 e_0,求截面是否能够承受该 N 值,或已知 N 值时,求能承受的弯矩设计值 M,此即承载力复核问题,本书从略。

【例 3-9】 已知某矩形截面钢筋混凝土柱,环境类别为一类,设计使用年限为 50 年。该柱截面尺寸为 $b = 300$ mm、$h = 400$ mm,承受轴向压力设计值 $N = 500$ kN,柱两端截面弯矩设计值 $M_1 = 150$ kN·m,$M_2 = 280$ kN·m,弯矩作用平面内柱上下两端的支撑长度为 $l_c = 2.9$ m,采用 HRB500 级钢筋($f_y = 435$ MPa,$f'_y = 435$ MPa),混凝土强度等级为 C35($f_c = 16.7$ MPa)。若采用非对称配筋,试求纵向钢筋截面面积。

【解】

保护层厚度 $c = 20$ mm,取 $a_s = a'_s = 40$ mm,则

$$h_0 = h - a'_s = (400 - 40)\ \text{mm} = 360\ \text{mm}$$

①判别是否需考虑二阶效应。

$$\frac{M_1}{M_2} = \frac{150}{280} = 0.536 < 0.9$$

轴压比 $\quad\quad\quad\quad\quad\quad n = \dfrac{N}{f_c A} = \dfrac{500 \times 10^3}{16.7 \times 300 \times 400} = 0.250 < 0.9$

$$i = \sqrt{\frac{I}{A}} = \sqrt{\frac{h^2}{12}} = 115.5\ \text{mm}, \quad \frac{l_c}{i} = 25.1 < 34 - 12\frac{M_1}{M_2} = 27.6$$

所以无须考虑二阶效应的影响。

故 $\quad\quad\quad\quad\quad\quad\quad\quad\quad\quad M = M_2 = 280\ \text{kN·m}$

②初步判断偏心受压类型。

$$e_a = \max\{20, \frac{h}{30}\} = 20 \text{ mm}$$

$$e_i = e_0 + e_a = \frac{M}{N} + e_a = 580 \text{ mm}$$

$$\frac{e_i}{h_0} = \frac{580}{360} = 1.61 > 0.3$$

故按大偏心受压构件计算。

$$e = \frac{h}{2} - a_s + e_i = 740 \text{ mm}$$

③计算 A_s'、A_s。

为使钢筋总用量最小,取 $\xi = \xi_b = 0.482$。

由式(3.85)和式(3.86)分别计算 A_s'、A_s

$$A_s' = \frac{Ne - \alpha_1 f_c b h_0^2 \xi_b (1 - 0.5\xi_b)}{f_y'(h_0 - a_s')}$$

$$= \frac{500 \times 10^3 \times 740 - 1.0 \times 16.7 \times 300 \times 360^2 \times 0.482 \times (1 - 0.5 \times 0.482)}{435 \times (360 - 40)} \text{ mm}^2$$

$$= 952 \text{ mm}^2 > A_{smin}' = 0.2\% \times 300 \times 400 = 240 \text{ mm}^2$$

$$A_s = \frac{\alpha_1 f_c b h_0 \xi_b + f_y' A_s' - N}{f_y}$$

$$= \frac{1.0 \times 16.7 \times 300 \times 360 \times 0.482 + 435 \times 952 - 500 \times 10^3}{435} \text{ mm}^2$$

$$= 1801 \text{ mm}^2 > A_{smin}' = 0.2\% \times 300 \times 400 \text{ mm}^2 = 240 \text{ mm}^2$$

④选配钢筋。

受压钢筋选 2⊕22+1⊕18($A_s' = 1015 \text{ mm}^2$),受拉钢筋选 3⊕28($A_s = 1847 \text{ mm}^2$)。

$$\rho = \frac{A_s + A_s'}{bh} = \frac{1015 + 1847}{300 \times 400} \times 100\% = 2.4\% > \rho_{min} = 0.5\%$$

且
$$\rho < \rho_{max} = 5\%$$

故满足要求。

⑤判别是否确为大偏心受压。

由式(3.74)求得 x。

$$x = \frac{N - f_y' A_s' + f_y A_s}{\alpha_1 f_c b} = \frac{500 \times 10^3 - 435 \times 1015 + 435 \times 1847}{1.0 \times 16.7 \times 300} \text{ mm} = 172 \text{ mm}$$

$$\xi = \frac{x}{h_0} = \frac{172}{360} = 0.478 < \xi_b = 0.482$$

故前面判定为大偏心受压是正确的。

⑥验算垂直于弯矩作用平面方向的承载力,过程略。

【例3-10】 已知某矩形截面钢筋混凝土柱,环境类别为一类,设计使用年限为50年。截面尺寸为 $b = 400 \text{ mm}$,$h = 600 \text{ mm}$,$a_s = a_s' = 45 \text{ mm}$,柱的轴向力设计值 $N = 5100 \text{ kN}$,两端弯矩设计值分别为 $M_1 = -25 \text{ kN} \cdot \text{m}$,$M_2 = 45.3 \text{ kN} \cdot \text{m}$,混凝土强度等级为 C35,钢筋采用 HRB400

级，柱计算长度 $l_c = 3$ m。求 A_s、A'_s。

【解】 ①判别是否需考虑二阶效应。

$$\frac{M_1}{M_2} = \frac{-25}{45.3} = -0.552，即杆端弯矩异号$$

故无须考虑 P-δ 效应。

则 $$M = M_2 = 45.3 \text{ kN} \cdot \text{m}$$

②初步判别偏心受压类型。

$$e_0 = \frac{M}{N} = \frac{45.3 \times 10^6}{5100 \times 10^3} \text{ mm} = 8.88 \text{ mm}, \quad e_a = 20 \text{ mm}$$

则 $$e_i = e_0 + e_a = 28.88 \text{ mm}$$

因 $e_i = 28.88$ mm $< 0.3 h_0 = 166.5$ mm，初步判定属于小偏压。

③为使总用钢量较少，取 $A_s = \rho_{min} bh$。

$$A_s = \rho_{min} bh_0 = 0.002 \times 400 \times 555 \text{ mm}^2 = 444 \text{ mm}^2$$

④求 x。

$$e = e_i + \frac{h}{2} - a_s = \left(28.88 + \frac{600}{2} - 45\right) \text{ mm} = 283.88 \text{ mm}$$

$$e' = \frac{h}{2} - e_i - a'_s = \left(\frac{600}{2} - 28.88 - 45\right) \text{ mm} = 226.12 \text{ mm}$$

取 $$\beta_1 = 0.8$$

由式(3.80)、式(3.81)，可得

$$Ne' = \alpha_1 f_c bx\left(\frac{x}{2} - a'_s\right) + \frac{\zeta - \beta_1}{\zeta_b - \beta_1} f_y A_s (h_0 - a_s)$$

$$5100 \times 10^3 \times 226.12 = 1.0 \times 16.7 \times 400 x\left(\frac{x}{2} - 45\right) + \frac{\frac{x}{555} - 0.8}{0.518 - 0.8} \times 360 \times 444 \times (555 - 45)$$

即 $$x^2 - 245.94x - 276186.86 = 0$$

$$x = \frac{245.94 + \sqrt{245.94^2 + 4 \times 276186.86}}{2} \text{ mm} = 662.7 \text{ mm}$$

⑤求 A'_s 和 A_s。

$x > h = 600$ mm，取 $x = h = 600$ mm，$\sigma_s = f'_y = 360$ MPa。

由式(3.79)得

$$A'_s = \frac{Ne - \alpha_1 f_c bh(h_0 - 0.5h)}{f'_y(h_0 - a'_s)}$$

$$= \frac{5100 \times 10^3 \times 283.88 - 1.0 \times 16.7 \times 400 \times 600 \times (555 - 0.5 \times 600)}{360 \times (555 - 45)} \text{ mm}^2$$

$$= 2319 \text{ mm}^2$$

由式(3.78)得

$$A_s = \frac{N - \alpha_1 f_c bx - f'_y A'_s}{f_y}$$

$$= \frac{5100 \times 10^3 - 1.0 \times 16.7 \times 400 \times 600 - 360 \times 2319}{360} \text{ mm}^2 = 714.3 \text{ mm}^2$$

⑥反向破坏验算。

由式(3.84)得

$$N_u\left[\frac{h}{2}-a'_s-(e_0-e_a)\right]\leqslant \alpha_1 f_c bh\left(h'_0-\frac{h}{2}\right)+f'_y A_s(h'_0-a'_s)$$

$$A_s=\frac{N[0.5h-a'_s-(e_0-e_a)]-\alpha_1 f_c bh(h'_0-0.5h)}{f'_y(h'_0-a'_s)}$$

$$=\frac{5100\times10^3\times[0.5\times600-45-(4.90-20)]-1.0\times16.7\times400\times600\times(555-0.5\times600)}{360\times(555-45)}$$

$$=1826 \text{ mm}^2$$

取 $A_s=\max\{444, 714.3, 1826\}=1826 \text{ mm}^2$，可选用 4⚈25($A_s=1964 \text{ mm}^2$)，$A'_s$选用 5⚈25 ($A'_s=2454 \text{ mm}^2$)。

⑦验算垂直于弯矩作用平面的受压承载力。

$\frac{l_c}{b}=\frac{3000}{400}=7.5$，查表 3-8，得 $\varphi=1.0$，则

$$N_u=0.9\varphi(f_c A+f'_y A'_s)$$
$$=0.9\times1.0\times[16.7\times400\times600+360\times(2454+1964)] \text{ N}$$
$$=5038.6\times10^3 \text{ N}=5038.6 \text{ kN}$$

该值略小于 5100 kN，但相差 1.2%，故安全。

5. 对称配筋矩形截面偏心受压构件的正截面受压承载力的计算

在实际工程中，偏心受压构件上作用的弯矩方向可能是变化的(如框架柱、排架柱等在风荷载、地震荷载作用下)，此类构件要对称配筋，具有构造简单、施工方便的特点。

1) 截面设计

(1) 大小偏心的判断

对称配筋时，$A_s=A'_s$，$f_y=f'_y$，由式(3.74)得

$$x=\frac{N}{\alpha_1 f_c b} \tag{3.88}$$

当 $x\leqslant \xi_b h_0$ 时，为大偏心受压；当 $x>\xi_b h_0$ 时，为小偏心受压。

(2) 大偏心受压构件的计算

由式(3.88)计算 x，当 $2a'_s\leqslant x\leqslant \xi_b h_0$ 时，直接代入式(3.75)得

$$A_s=A'_s=\frac{Ne-\alpha_1 f_c bx\left(h_0-\frac{x}{2}\right)}{f'_y(h_0-a'_s)} \tag{3.89}$$

当 $x<2a'_s$时，令 $x=2a'_s$，则

$$A_s=A'_s=\frac{Ne'}{f_y(h_0-a'_s)} \tag{3.90}$$

式中：$e'=e_i-\frac{h}{2}+a'_s$。

(3) 小偏心受压构件的计算

将 $A_s=A'_s$，$f_y=f'_y$代入基本式(3.78)、式(3.79)、式(3.80)联立可得 ξ 的三次方程，为避免

求解三次方程,可简化计算得 ξ 的近似计算式

$$\xi = \frac{N - \xi_b \alpha_1 f_c b h_0}{\dfrac{Ne - 0.43\alpha_1 f_c b h_0^2}{(\beta_1 - \xi_b)(h_0 - a_s')} + \alpha_1 f_c b h_0} + \xi_b \tag{3.91}$$

则

$$A_s = A_s' = \frac{Ne - \alpha_1 f_c b h_0^2 \xi(1 - 0.5\xi)}{f_y'(h_0 - a_s')} \tag{3.92}$$

2）截面复核

此处略。

【例 3-11】　某矩形截面单向偏心受压柱 $b \times h = 400 \text{ mm} \times 500 \text{ mm}$,环境类别为一类,设计使用年限为 50 年,荷载作用下产生的截面轴向力设计值 $N = 800 \text{ kN}$,柱端控制截面的弯矩设计值为 $M_1 = -360 \text{ kN} \cdot \text{m}$,$M_2 = 400 \text{ kN} \cdot \text{m}$,采用 C30 混凝土($f_c = 14.3 \text{ MPa}$)和 HRB400 级纵向受力钢筋($f_y = f_y' = 360 \text{ MPa}$,$\xi_b = 0.518$),$a_s = a_s' = 40 \text{ mm}$,构件计算长度 $l_0 = 4.5 \text{ m}$。若采用对称配筋,求所需纵向钢筋的截面面积。

【解】

①判别是否需考虑 $P\text{-}\delta$ 二阶效应。

因杆端弯矩异号,所以无须考虑二阶效应,即 $M = M_2 = 400 \text{ kN} \cdot \text{m}$。

②判别大小偏压。

$$h_0 = h - a_s = (500 - 40) \text{ mm} = 460 \text{ mm}$$

$$x = \frac{N}{\alpha_1 f_c b} = \frac{800 \times 10^3}{1.0 \times 14.3 \times 400} \text{ mm} = 139.9 \text{ mm} < \xi_b h_0 = 0.518 \times 460 \text{ mm} = 238.3 \text{ mm}$$

故属于大偏心受压,且

$$x = 139.9 \text{ mm} > 2a_s' = 80 \text{ mm}$$

③计算 A_s'、A_s。

$$e_0 = \frac{M}{N} = \frac{400 \times 10^6}{800 \times 10^3} \text{ mm} = 500 \text{ mm}$$

$$e_i = e_0 + e_a = (500 + 20) \text{ mm} = 520 \text{ mm}$$

$$e = e_i + \frac{h}{2} - a_s = \left(520 + \frac{500}{2} - 40\right) \text{ mm} = 730 \text{ mm}$$

$$A_s' = A_s = \frac{Ne - \alpha_1 f_c b x (h_0 - x/2)}{f_y'(h_0 - a_s')}$$

$$= \frac{800 \times 10^3 \times 730 - 1.0 \times 14.3 \times 400 \times 139.9 \times \left(460 - \dfrac{140}{2}\right)}{360 \times (460 - 40)} \text{ mm}^2$$

$$= 1798 \text{ mm}^2 > 0.002bh = 0.002 \times 500 \times 400 \text{ mm}^2 = 400 \text{ mm}^2$$

④选配钢筋。

每侧选配 5 ⊈ 22,$A_s' = A_s = 1900 \text{ mm}^2$

全部纵向钢筋配筋率为

$$\rho = \frac{A_s + A_s'}{bh} = \frac{1900 \times 2}{400 \times 500} \times 100\% = 1.9\% > \rho_{min} = 0.55\%$$

且

$$\rho < \rho_{max} = 5\%$$

故满足要求。

⑤验算垂直于弯矩作用平面方向的承载力,过程略。

【例 3-12】 已知条件同例 3-10,按对称配筋。求 $A_s = A_s'$。

【解】

①求 ξ。

由式(3.91)计算 ξ,有

$$\xi = \frac{N - \xi_b \alpha_1 f_c b h_0}{\frac{Ne - 0.43\alpha_1 f_c b h_0^2}{(\beta_1 - \xi_b)(h_0 - a_s')} + \alpha_1 f_c b h_0} + \xi_b$$

$$= \frac{5100 \times 10^3 - 0.518 \times 1.0 \times 16.7 \times 400 \times 555}{\frac{5100 \times 10^3 \times 283.88 - 0.43 \times 1.0 \times 16.7 \times 400 \times 555^2}{(0.8 - 0.518) \times (555 - 45)} + 1.0 \times 16.7 \times 400 \times 555} + 0.518$$

$$= 0.935$$

②计算 A_s'、A_s。

$$A_s = A_s' = \frac{Ne - \alpha_1 f_c b h_0^2 \xi(1 - 0.5\xi)}{f_y'(h_0 - a_s')}$$

$$= \frac{5100 \times 10^3 \times 283.88 - 1.0 \times 16.7 \times 400 \times 555^2 \times 0.935 \times (1 - 0.5 \times 0.935)}{360 \times (555 - 45)} \text{ mm}^2$$

$$= 2306 \text{ mm}^2$$

③验算垂直于弯矩作用平面的受压承载力。

$\dfrac{l_0}{b} = \dfrac{3000}{400} = 7.5$,查表 3-8,得 $\varphi = 1.0$,则

$$N_u = 0.9\varphi(f_c A + f_y' A_s')$$
$$= 0.9 \times 1.00 \times [16.7 \times 400 \times 600 + 360 \times (2306 + 2306)] \text{ N}$$
$$= 5101 \times 10^3 \text{ N} = 5101 \text{ kN} > 5100 \text{ kN}$$

故满足要求。

6. 偏心受压构件 N-M 相关曲线

试验表明,偏心受压构件正截面受压承载力设计值 N_u 与受弯承载力设计值 $M_u(=N_u e_i)$ 之间存在相关性,如图 3-42 所示。小偏心受压情况下,随轴向压力的增加,正截面受弯承载力减小;而大偏心受压情况下,随轴向压力的增加,正截面受弯承载力增大。在界限破坏时,正截面受弯承载力达到最大值。

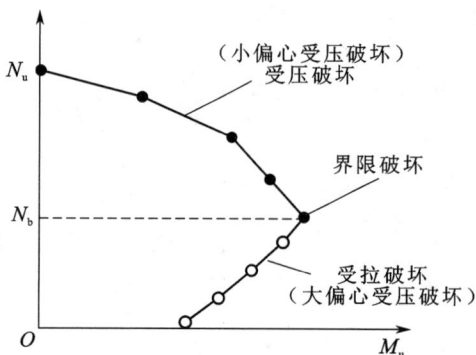

图 3-42 一组试验所得到的 N_u-M_u 的相关曲线

N_u-M_u 相关曲线即为偏心受压构件的破坏线,当荷载作用下截面的一组内力(N, M)的组合点落在曲线内时,承载力足够,且越远离曲线越安全,越靠近曲线安全储备越小;若落在曲线外,则构件丧失承载力而破坏。或者说,对于大偏心受压构件,在 M 相同的条件

下，N 越大越安全，越小越危险；对于小偏心受压构件，在 M 相同的条件下，N 越小越安全。

7. 偏心受压构件斜截面受剪承载力

当偏心受压构件受到的剪力较大时（如水平地震荷载作用下的框架柱），除了进行正截面计算，还要验算斜截面的受剪承载力。试验表明，轴向压力能够延缓斜裂缝的出现和发展，使截面保留较大的混凝土剪压区面积，因而使受剪承载力得以提高，但这种提高有一定的限度。当 $N \leqslant 0.3f_cbh$ 时，受剪承载力随轴力的增大而增大；当 $N > 0.3f_cbh$ 时，受剪承载力不再随轴力的增大而增大。《混凝土标准》给出了矩形、T 形和工字形截面的偏心受压构件的斜截面受剪承载力计算公式。

$$V \leqslant \frac{1.75}{\lambda+1}f_tbh_0 + f_{yv}\frac{A_{sv}}{s}h_0 + 0.07N \tag{3.93}$$

式中：N——与剪力设计值 V 相应的轴向压力设计值，当 $N > 0.3f_cA$ 时，取 $N = 0.3f_cA$，此处 A 为截面面积；

λ——偏心受压构件计算截面的剪跨比，对各类结构的框架柱，宜取 $\lambda = M/Vh_0$；对框架结构中的框架柱，当其反弯点在层高范围内时，可取 $\lambda = H_n/2h_0$；当 $\lambda < 1$ 时，取 $\lambda = 1$；当 $\lambda > 3$ 时，取 $\lambda = 3$；此处 M 为计算截面上与剪力设计值 V 相应的弯矩设计值，H_n 为柱净高；对其他偏心受压构件，当承受均布荷载时，取 $\lambda = 1.5$；当承受集中荷载时（包括作用有多种荷载且集中荷载对支座截面或节点边缘所产生的剪力占总剪力的 75% 以上的情况），取 $\lambda = a/h_0$；当 $\lambda < 1.5$ 时，取 $\lambda = 1.5$；当 $\lambda > 3$ 时，取 $\lambda = 3$；此处 a 为集中荷载至支座截面或节点边缘的距离。

当符合下列条件时，可不进行斜截面受剪承载力计算，仅按构造要求配置箍筋

$$V \leqslant \frac{1.75}{\lambda+1}f_tbh_0 + 0.07N \tag{3.94}$$

对偏心受压构件，其截面尺寸应符合下列条件：

当 $h_w/b \leqslant 4$ 时，有

$$V \leqslant 0.25\beta_cf_cbh_0 \tag{3.95}$$

当 $h_w/b \geqslant 6$ 时，有

$$V \leqslant 0.2\beta_cf_cbh_0 \tag{3.96}$$

式中：h_w——截面的腹板高度，对矩形截面取有效高度；对 T 形截面，取有效高度减去翼缘高度；对工字形截面，取腹板净高。

3.3.4　受拉构件的截面承载力

钢筋混凝土桁架或拱拉杆、受内压力作用的环形截面管壁及圆形贮液池的筒壁（见图 3-43）等，通常按轴心受拉构件计算。矩形水池的池壁、矩形剖面料仓或煤斗的壁板、受地震作用的框架边柱，以及双肢柱的受拉肢，属于偏心受拉构件，即构件截面上除作用轴向拉力外，还同时作用弯矩和剪力。本节主要介绍轴心受拉构件的计算。

1. 轴心受拉构件的受力特点

与适筋梁相似，轴心受拉构件从加载到破坏可分为三个受力阶段：第 Ⅰ 阶段为从加载到混凝土受拉开裂前；第 Ⅱ 阶段为混凝土开裂后至钢筋即将屈服；第 Ⅲ 阶段为受拉钢筋开始屈服到

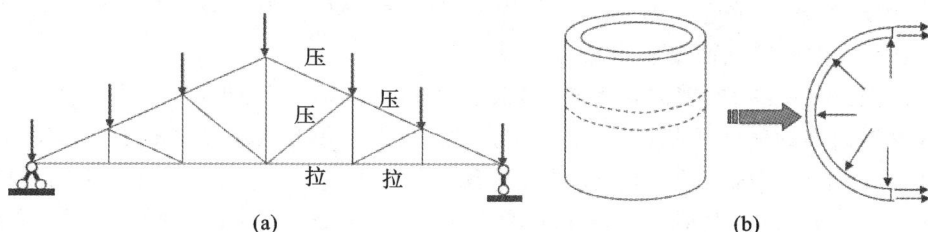

图 3-43 常见的受拉构件

(a)三角形桁架;(b)圆形贮液池

全部受拉钢筋达到屈服。此时,混凝土裂缝开展很大,可认为构件达到了破坏状态。轴心受拉构件破坏时,混凝土早就被拉裂,全部拉力由钢筋来承受,直到钢筋受拉屈服(见图 3-44)。

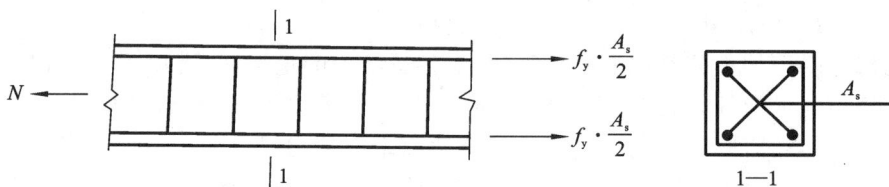

图 3-44 轴心受拉构件受力及配筋图示

2. 轴心受拉构件承载力计算

轴心受拉构件正截面受拉承载力计算按下式计算:

$$N \leqslant f_y A_s \tag{3.97}$$

式中:N——轴向拉力的设计值;

f_y——钢筋抗拉强度设计值;

A_s——全部受拉钢筋的截面面积。

3. 构造要求

轴心受拉构件的纵向受力钢筋不得采用绑扎搭接,且应沿截面周边均匀布置,轴心受拉构件纵向受力钢筋的最小配筋率应符合附表 13 的规定。

【例 3-13】 某钢筋混凝土屋架下弦,其截面尺寸为 $b \times h = 140 \text{ mm} \times 140 \text{ mm}$,混凝土强度等级为 C30,纵向受拉钢筋采用 HRB400 级,承受轴向拉力设计值 $N = 200 \text{ kN}$,试求纵向受拉钢筋截面面积 A_s。

【解】 根据式(3.97):

$$A_s = \frac{N}{f_y} = \frac{200000}{360} \text{ mm}^2 = 555.6 \text{ mm}^2$$

配置 4 ⊈ 14($A_s = 615 \text{ mm}^2$)

一侧受拉钢筋配筋率验算:

$$\rho = \frac{0.5 A_s}{bh} \times 100\% = \frac{0.5 \times 615}{140 \times 140} \times 100\% = 1.57\% > 0.2\% \geqslant 45 \frac{f_t}{f_y} = 45 \times \frac{1.43}{360} \times 100\% = 0.18\%$$

满足要求。

3.3.5 受扭构件的截面承载力

1. 工程中常见的受扭构件

截面上作用有扭矩的构件称为受扭构件。雨篷梁、框架的边梁和厂房中的吊车梁等都是受扭构件,如图 3-45 所示。工程中的纯扭构件很少,大部分为弯矩、剪力、扭矩共同工作。如雨篷梁截面上同时作用有扭矩、剪力和弯矩。

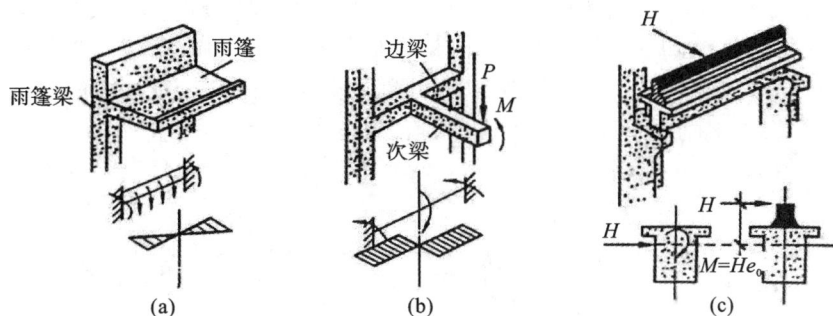

图 3-45 受扭构件

2. 素混凝土纯扭构件的受力性能

如图 3-46 所示为一素混凝土纯扭构件的破坏情形。试验表明:随着扭矩逐渐增加,首先在构件的一个长边侧面的中点 m 附近出现斜裂缝。该条斜裂缝沿着与构件轴线约成 $45°$ 的方向迅速延伸,到达该侧面的上、下边缘 a、b 两点,在顶面和底面上大致又沿 $45°$ 方向继续延伸到 c、d 点,形成三面开裂、一面受压的应力状态。最后,受压面 cd 两点连线上的混凝土被压碎,构件断裂。破坏面为一个空间扭曲面,破坏为典型的脆性破坏。

若将混凝土视为弹性材料,素混凝土纯扭构件截面上剪力流的分布如图 3-47 所示,最大扭剪应力及最大主拉应力均发生在长边中点,即截面周边附近纤维的扭转变形和应力较大,而扭转中心附近纤维的扭转变形和应力较小。当最大扭剪应力或最大主拉应力达到混凝土抗拉强度时,构件开裂,如图 3-46 所示。

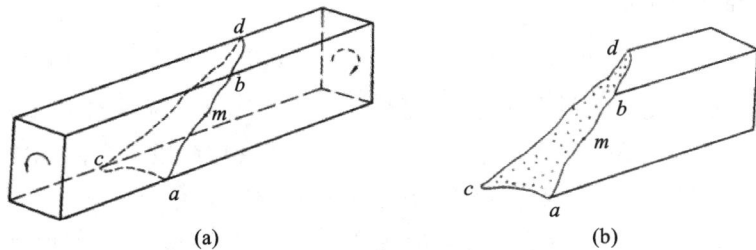

图 3-46 素混凝土纯扭构件的破坏情形

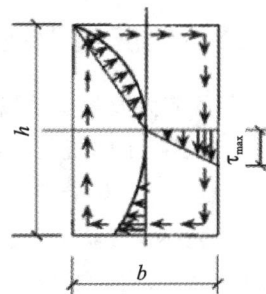

图 3-47 素混凝土纯扭构件的截面应力状态

3. 受扭构件的配筋形式

由上面的分析可知,纯扭时产生的斜裂缝与构件轴向成45°,因此,从受力合理的角度出发,受扭钢筋应采用与构件轴线成45°(垂直于斜裂缝)的螺旋纵筋。但是,这会给施工带来很多不便,而且当有正、负两个方向的扭矩时,更难解决配筋问题。所以工程中采用由受扭箍筋和受扭纵向钢筋组成的钢筋骨架(见图3-48)提供截面受扭承载力。受扭构件的受扭承载力计算此处从略。

如图3-48所示,受扭箍筋必须是封闭式的,且沿截面周边布置。当采用复合箍时,位于截面内部的箍筋不应计入受扭所需的截面面积;受扭箍筋的末端应做成135°弯钩,弯钩平直段长度不应小于10d(d为箍筋直径)。受扭纵筋的间距不应大于200 mm和梁的截面宽度b;截面四角必须设置受扭纵向钢筋,并沿截面周边均匀对称布置。

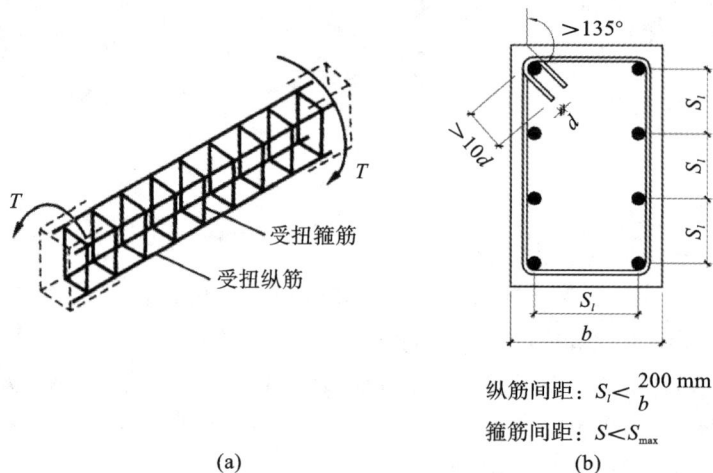

纵筋间距:$S_l < \dfrac{200\ \text{mm}}{b}$

箍筋间距:$S < S_{\max}$

图 3-48 受扭构件的配筋形式

3.4 预应力混凝土

3.4.1 预应力混凝土的基本概念

1. 预应力混凝土的概念

由于混凝土的抗拉强度及极限拉应变值都很小,构件的抗裂能力较低,在使用荷载作用下,钢筋混凝土受拉与受弯等构件通常是带裂缝工作的。通过计算可知,对于使用阶段不允许开裂的构件,受拉钢筋应力只能达到20~30 MPa,不能充分利用其强度;对于使用阶段允许开裂的构件,当允许裂缝宽度为0.2~0.3 mm时,受拉钢筋应力只能达到150~250 MPa,这与各种热轧钢筋的正常工作应力接近,因此在普通钢筋混凝土结构中采用高强度钢筋是不能充分利用其强度的。而提高混凝土强度等级,抗拉强度不会有太大提高,所以对改善构件的抗裂和变形性能效果不大。

为了避免钢筋混凝土结构的裂缝过早出现,并充分利用高强度钢筋和高强度混凝土,进一步扩大构件的使用范围,更好地保证构件的质量,必须提高构件的抗裂性能。采用预应力混凝土是改善构件抗裂性能的有效方法。预应力混凝土结构就是在混凝土构件承受外荷载作用前,通过预加外力使其产生预压应力,以此来减小或抵消外荷载所引起的混凝土拉应力,从而减小构件的拉应力,甚至使其处于受压状态,以达到控制受拉混凝土不过早开裂的目的。

2. 预应力混凝土的优缺点

预应力混凝土与钢筋混凝土一样,也是一种组合材料,但预应力混凝土采用高强度的预应力筋和高强度混凝土,并通过张拉、放张预应力筋使钢材处于高拉应力状态,同时使混凝土处于预压应力状态,从而更有效地发挥两种材料各自的力学性能,并提高构件的抗裂性能。

因此,与钢筋混凝土相比较,预应力混凝土的主要优点是可延缓混凝土构件开裂的时间,即在使用荷载作用下不开裂或减小裂缝宽度,提高构件的抗裂度和刚度;可形成反拱现象,减小构件在正常使用荷载作用下的挠度;高强度钢筋和高强度混凝土的应用,可节约钢筋、减轻自重。但预应力混凝土也有一定的局限性,如施工工序多、对施工技术要求高、需要成套张拉锚固装备、锚夹具及劳动力费用高、周期较长、延性稍差等。因此,一般对于下列结构物,才宜优先采用预应力混凝土结构。

①裂缝控制等级要求较高的结构,如水池、油罐、原子能反应堆、受到侵蚀性介质作用的厂房、水利、海洋、港口工程结构等。

②大跨度或承受重型荷载的结构,如主梁、大跨度楼板体系、中等及大跨度桥梁等。

③对构件的刚度和变形控制要求较高的结构构件,如工业厂房中的吊车梁、桥梁中的大跨度梁式构件等。

应当指出,预应力的施加对提高混凝土构件的抗裂度和刚度是有利的,但对构件承载力几乎没有影响。

3. 全预应力混凝土及部分预应力混凝土

根据预加应力值对构件截面裂缝控制程度的不同,预应力混凝土结构构件可设计成全预应力和部分预应力两种。如果预加压应力很大,在使用荷载作用下,构件截面上混凝土不出现拉应力(即全截面受压),称为全预应力混凝土,大致相当于《混凝土标准》中裂缝控制为一级,即严格要求不出现裂缝的构件;如果预加压应力不是很大,在使用荷载作用下,构件截面混凝土允许出现拉应力或开裂(即部分截面受压),但最大裂缝宽度不超过允许值,称为部分预应力混凝土,大致相当于《混凝土标准》中裂缝控制为二级和三级,即一般要求不出现裂缝的构件和允许出现裂缝的构件。关于裂缝控制等级及最大裂缝宽度限值的规定见附表17。

全预应力混凝土的特点是:①抗裂性能好;②抗疲劳性好;③反拱值较大;④延性较差。

部分预应力混凝土的特点是:①抗裂性能好,可合理控制裂缝,节约钢材;②控制反拱值不致过大;③延性较好;④与全预应力混凝土相比较,可简化张拉、锚固等工艺,综合经济效果较好;⑤计算较复杂。

4. 施加预应力的方法

施加预应力的方法有两种:先张法和后张法。

（1）先张法

在浇筑混凝土之前张拉预应力筋的方法称为先张法，其工序如下。

①浇筑混凝土之前，在台座（或钢模）之间张拉预应力筋至控制应力，并临时固定。

②安置模板，绑扎钢筋，并浇筑混凝土。

③待混凝土达到一定强度后（约为设计强度的75%），放松并切断预应力筋，利用钢筋弹性回缩，借助于黏结力在混凝土中建立预压应力，如图3-49所示。

先张法构件是通过预应力筋与混凝土之间的黏结力传递预应力的。

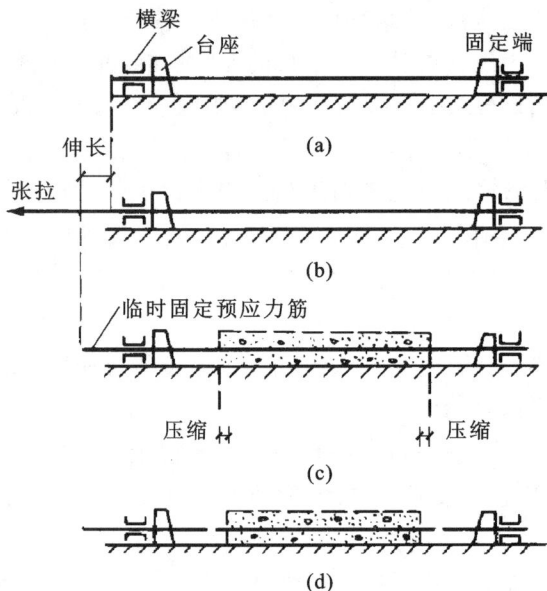

图 3-49　先张法主要工序示意图

(a)预应力筋就位；(b)张拉预应力筋；(c)临时固定预应力筋，浇筑混凝土并养护；
(d)放张预应力筋，预应力筋回缩，混凝土受预压

先张法多用于工厂化生产，台座可以很长（长度可达100 m）。在台座间可生产多个同类型构件，预应力筋越快放松，就越能缩短生产周期，提高生产率，但应采取相应措施，保证混凝土达到一定强度。先张法适用于定型成批生产的中小型预制构件，如预应力混凝土楼板、屋面板、梁等。

（2）后张法

在结硬后的混凝土构件上张拉预应力筋的方法称为后张法，其工序如下。

①浇筑混凝土构件，并在构件中预留孔道。

②养护混凝土达到一定强度后（约为设计强度的75%），将预应力筋穿入孔道，利用构件本身作为台座，再张拉预应力筋至控制应力。

③在张拉端用锚具锚住预应力筋，并在孔道内灌浆；也可不灌浆，完全通过锚具施加预应力，形成无黏结的预应力结构，如图3-50所示。

后张法是通过构件两端的锚具传递预应力的。

　　张拉预应力筋时,可以一端先锚固,在另一端张拉钢筋完毕后再锚固;也可以两端分别张拉或同时张拉,然后锚固于端部。后张法适用于在施工现场制作大型构件,如预应力屋架、吊车梁、大跨桥梁等。大型构件分段施工时用此法更为有效。

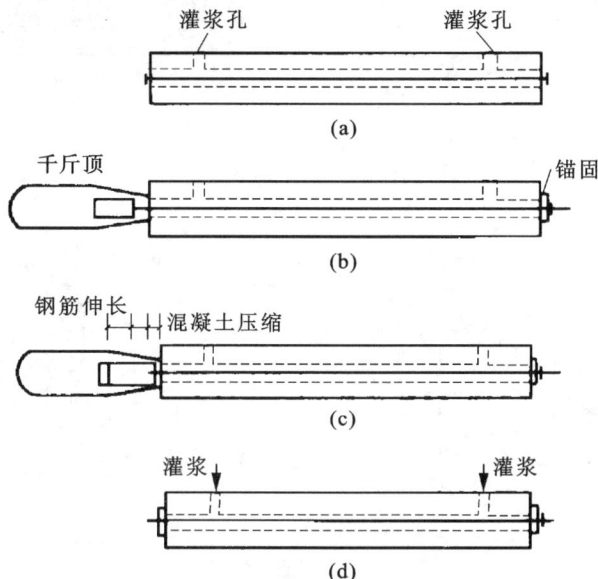

图 3-50　后张法主要工序示意图
(a)浇筑混凝土构件,预留孔道,穿入预应力筋;(b)安装千斤顶;
(c)张拉预应力筋;(d)锚固预应力筋,拆除千斤顶,孔道压力灌浆

5. 夹具和锚具

　　夹具和锚具是在制作预应力构件时锚固预应力筋的工具。一般认为:当预应力构件制作完成后能够取下重复使用的称为夹具,而留在构件上不能取下的称为锚具。夹具和锚具是保证预应力混凝土施工安全、结构可靠的关键性设备,主要依靠摩阻、握裹和承压锚固来夹住或锚住钢筋。下面介绍建筑工程中常用的几种锚具形式。

　　(1) 螺丝端杆锚具

　　螺丝端杆锚具是在单根预应力筋的两端各焊上一短段螺丝端杆,套以螺母和垫板所组成的锚具。螺丝端杆的螺纹是在高强粗钢筋上冷轧出来的,钢筋张拉后拧紧螺母,靠螺母和锚固板的承压作用锚固钢筋(见图 3-51)。这种锚具的优点是操作简单,且锚固后在千斤顶回油时,预应力筋基本不发生滑移。如有需要,便于再次张拉。其缺点是对预应力筋长度的精确度要求较高,不能太长或太短,以免发生螺纹长度不够的情况。

　　(2) 锥形锚具

　　锥形锚具是由一个环形锚圈和一个锥形锚塞组成的锚具(见图 3-52)。预应力筋依靠摩擦力将预拉力传到锚环,再由锚环通过承压力和黏结力将预拉力传到混凝土构件上。这种锥形锚具每套能锚固多根直径为 5~12 mm 的平行钢丝束,或者锚固多根直径为 13~15 mm 的平行钢绞线束。其缺点是滑移大,且不易保证每根钢筋或钢丝的应力均匀分布。

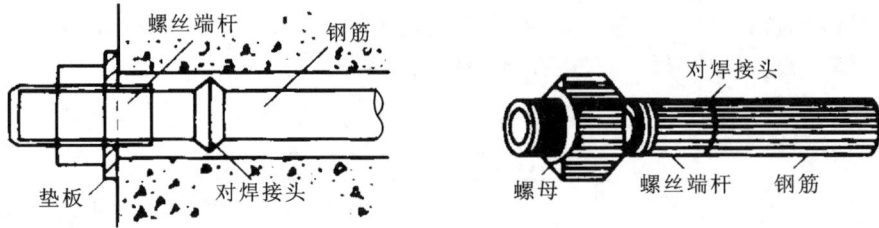

图 3-51　螺丝端杆锚具

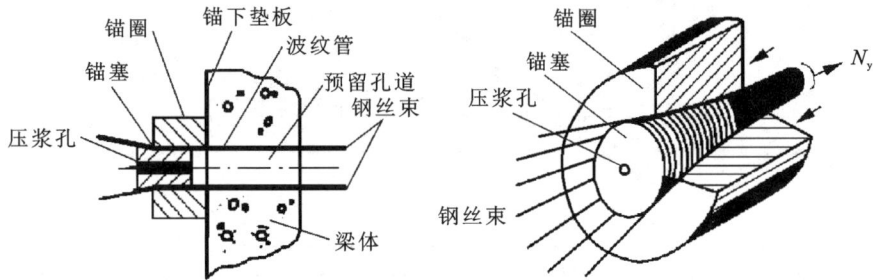

图 3-52　锥形锚具

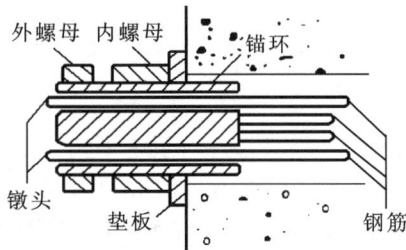

图 3-53　镦头锚具

（3）镦头锚具

镦头锚具是用特制的镦头机将钢丝端部镦粗，形成铆钉头形的端头（见图3-53），用于锚固多根直径为 10～18 mm 的平行钢丝束或者 18 根以下直径为 5 mm 的平行钢丝束。这种锚具锚固性能可靠，操作方便，但对钢筋或钢丝束的长度有较高精度要求。

（4）夹片式锚具

夹片式锚具由带有锥形内孔的锚环和一组可以合成的锥形夹片组成，可锚固钢绞线或钢丝束。夹具式锚具主要有 JM12 型（见图 3-54）、OVM 型、QM 型等。JM12 型锚具的缺点是钢筋内缩值大。

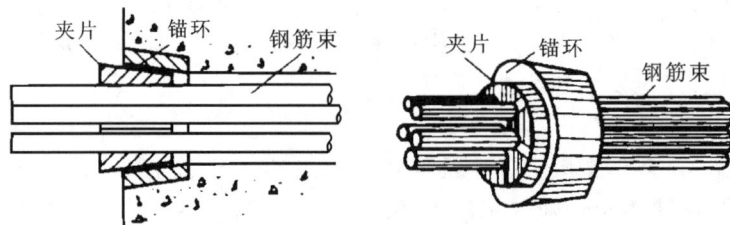

图 3-54　JM12 型锚具

6. 有黏结预应力筋及无黏结预应力筋

后张法构件在张拉预应力筋后通常要用压力灌浆将预留孔道填实。这种沿预应力筋全长均与混凝土接触表面产生黏结作用的钢筋称为有黏结预应力筋,它在超荷载阶段的受力性能较好,裂缝宽度较小,分布也较均匀。

若沿预应力筋全长与混凝土接触表面不存在黏结作用,两者产生相对滑移,则称为无黏结预应力筋。近年来,国内已开始采用无黏结预应力筋,其做法是先将预应力筋的外表面涂以沥青、油脂或其他润滑防锈材料,以减小摩擦,防止生锈,再外包牛皮纸(或塑料薄膜)或套以塑料管,埋入构件模板中浇筑混凝土,待混凝土达到规定强度后张拉钢筋。要求涂料应具有防腐性、化学稳定性,在预期使用温度范围内不致开裂发脆,也不致液化流淌。

与有黏结预应力筋构件相比较,采用无黏结预应力筋可以省去留孔、穿筋和灌浆等工序,降低造价,也便于以后再次张拉或更换预应力筋,使后张法预应力混凝土易于推广应用。但无黏结预应力构件的开裂荷载较低,裂缝分布疏而宽,且挠度较大,需设置一定数量的非预应力筋以改善构件的受力性能。此外,无黏结预应力筋对锚具的质量及防腐要求较高,在实际工程中主要用于预应力筋分散配置、锚具区易于封口处理(用混凝土或环氧树脂水泥浆封口,防止潮气入侵)的结构(构件)。

3.4.2　预应力混凝土的材料

1. 钢材

与普通混凝土结构不同,预应力筋宜采用预应力钢丝、钢绞线和预应力螺纹钢筋。钢筋在预应力构件中,从构件制作开始,到构件破坏,始终处于高应力状态,因此对钢筋有较高的质量要求,其特点如下。

①强度高。混凝土预应力的大小,取决于预应力筋张拉应力的大小。考虑到构件在制作过程中会出现各种应力损失,这就要求预应力筋有较高的抗拉强度。

②具有一定的塑性。预应力筋在最大拉应力下的总伸长率 δ_{gt} 不应小于 3.5%。

③良好的加工性能。要求有良好的可焊性、冷镦性及热镦性等。

④与混凝土间有足够的黏结强度。由于先张法构件的预应力主要是依靠预应力筋与混凝土间的黏结力来传递的,因此必须保证两者间有足够的黏结强度。当采用光面高强钢丝时,表面应经刻痕或压波处理。

2. 混凝土

预应力混凝土构件所用的混凝土,应满足下列要求。

①高强度。预应力混凝土必须具有较高的抗压强度,这样才能承受大的预应力,有效减小构件的截面尺寸,减轻构件自重。对于先张法构件,高强度的混凝土具有较高的黏结强度,可减小端部应力传递长度;对于后张法构件,高强度的混凝土可承受构件端部强大的预应力,防止端部锚固区局部受压破坏。

②收缩、徐变小。这样可以减少由于收缩、徐变引起的预应力损失。

③快硬、早强。这样可尽早地施加预应力,提高台座、模具、夹具的周转率,加快施工进度,降低管理费用。

《混凝土标准》规定,预应力混凝土楼板结构的混凝土强度等级不应低于 C30,其他预应力混凝土结构构件的混凝土强度等级不应低于 C40。

3.4.3 预应力损失

1. 张拉控制应力 σ_{con}

张拉控制应力是指预应力筋在进行张拉时所控制达到的最大应力值。其值为张拉设备的测力仪表(如千斤顶油压表)所指示的总张拉力除以预应力筋截面面积而得的应力值,以 σ_{con} 表示。

张拉控制应力的取值大小,直接影响预应力混凝土的使用效果。若张拉控制应力过低,则预应力筋经过各种应力损失之后,使混凝土所受到的有效预压应力过小,不能有效提高预应力混凝土构件的抗裂度和刚度。若张拉控制应力过高,则易出现下列问题。

①在施工阶段可能会使构件的某些部位受到拉力(称为预拉区)甚至开裂,还可能引起后张法构件端部混凝土局压破坏。

②构件开裂荷载与极限荷载接近,使构件在破坏前无明显征兆,延性较差。

③为了减少预应力损失,往往需进行超张拉,在超张拉过程中个别钢筋的应力可能超过其实际的屈服强度,使钢筋产生较大塑性变形甚至脆断。

张拉控制应力的取值还与预应力筋的种类有关。由于预应力混凝土采用高强度钢筋,其塑性较差,因此控制应力不能取值过高。

根据国内外设计与施工经验及近年来的科研成果,《混凝土标准》规定预应力筋的张拉控制应力 σ_{con} 不宜超过表 3-9 的限值。

表 3-9 张拉控制应力 σ_{con} 限值

钢 筋 种 类	σ_{con}
消除应力钢丝、钢绞线	$\leqslant 0.75 f_{ptk}$
中强度预应力钢丝	$\leqslant 0.70 f_{ptk}$
预应力螺纹钢筋	$\leqslant 0.85 f_{pyk}$

注:① f_{ptk} 为预应力筋极限强度标准值。

　　② f_{pyk} 为预应力螺纹钢筋屈服强度标准值。

同时,《混凝土标准》还规定,消除应力钢丝、钢绞线、中强度预应力钢丝的张拉控制应力值不应小于 $0.4 f_{ptk}$,预应力螺纹钢筋的张拉应力控制值不宜小于 $0.5 f_{pyk}$。

此外,当符合下列情况之一时,上述张拉控制应力限值可相应提高 $0.05 f_{ptk}$ 或 $0.05 f_{pyk}$:

①要求提高构件在施工阶段的抗裂性能而在使用阶段受压区(即预拉区)内设置的预应力筋;

②要求部分抵消由于应力松弛、摩擦、钢筋分批张拉以及预应力筋与张拉台座间的温差等因素产生的预应力损失。

2. 预应力损失

在钢筋张拉、锚固到后来的运输、安装以及使用的整个过程中,由于张拉工艺和材料特性等,钢筋中的张拉应力是不断降低的。这种预应力筋应力的降低,称为预应力损失。预应力损失会使混凝土获得的有效预压应力减小,从而降低构件的抗裂性能和刚度。因此,正确分析和计算各种预应力损失,并试图采用各种方法减少预应力损失,是预应力混凝土结构设计、施工及科研工作的重点。引起预应力损失的因素很多,为简化起见,工程设计中一般认为混凝土构件的总预应力损失值,可以采用各种因素产生的预应力损失值相叠加的办法求得。下面分项讲述各种预应力损失值产生的原因及减少预应力损失的措施。

（1）张拉端锚具变形和预应力筋内缩引起的预应力损失 σ_{l1}

无论是先张法临时固定预应力筋,还是后张法张拉完毕锚固预应力筋,在张拉端由于锚具的压缩变形,锚具、垫板与构件之间的缝隙被挤紧,或由于钢筋和楔块在锚具内的滑移,使被拉紧的预应力筋松动回缩而引起预应力损失。锚具损失仅考虑张拉端,对于锚固端,由于在张拉过程中锚具已被挤紧,因此不考虑其所引起的预应力损失。对于块体拼成的结构,其预应力损失还应计及块体间填缝的预压变形引起的损失。

减小 σ_{l1} 的措施如下。

①选择变形小或使预应力筋内缩值小的锚具、夹具,并尽量少用垫板。

②增加台座长度。σ_{l1} 值与台座长度成反比,对先张法构件,当台座长度超过100 m时,σ_{l1} 可忽略不计。

（2）摩擦引起的预应力损失 σ_{l2}

在后张法构件中,由于孔道不直、孔道尺寸偏差、孔壁粗糙、钢筋不直等,张拉预应力筋时,钢筋与孔道壁就会产生摩擦力。离张拉端越远,这种摩擦阻力的累积值越大,使构件各截面上预应力筋的实际拉应力逐渐减小而引起预应力损失 σ_{l2}。对先张法构件,如果配置折线形预应力筋,则预应力筋与转向装置处的摩擦也会引起预应力损失 σ_{l2}。

减小 σ_{l2} 的措施如下。

①对于较长的构件可采用两端张拉。但此种方法将引起 σ_{l1} 的增加,使用时应注意。

②采用超张拉。超张拉程序为：$0 \rightarrow 1.1\sigma_{con} \xrightarrow{停\ 2\ min} 0.85\sigma_{con} \xrightarrow{停\ 2\ min} \sigma_{con}$。

（3）混凝土加热养护时,预应力筋与承受拉力的设备之间的温差引起的预应力损失 σ_{l3}

制作先张法构件时,为缩短其生产周期,常采用蒸汽养护的方法,以加快混凝土的硬结。加热升温时,新浇筑的混凝土尚未硬结,钢筋受热伸长,但两端台座之间的距离不变,使预应力筋内部张紧程度降低,预应力下降。而降温时,混凝土已结硬并与钢筋之间产生黏结作用,损失的应力不能恢复,称为温差损失 σ_{l3}。

减少 σ_{l3} 的方法如下。

①可采用两次升温养护。先在常温下养护,待混凝土达到一定强度,这时可认为钢筋与混凝土已结成整体;再逐渐升温至规定的养护温度,钢筋与混凝土可以一起胀缩而不会引起预应力的损失。

②在钢模上张拉预应力筋。升温时钢筋和钢模无温差,可不考虑此项损失。

（4）预应力筋应力松弛引起的预应力损失 σ_{l4}

在高应力作用下钢筋的塑性变形具有随时间而增长的性质：一方面,当钢筋长度保持不变时,钢筋的应力会随时间的增长而降低,这种现象称为钢筋的应力松弛;另一方面,当钢筋应力保持不变时,应变会随时间的增长而增大,这种现象称为钢筋的徐变。钢筋的徐变和松弛会引起预应力筋的应力损失,这种损失统称为钢筋应力松弛损失 σ_{l4}。

试验表明,钢筋的应力松弛与钢材品种有关,钢材品种不同,则损失大小不同。另外,张拉控制应力 σ_{con} 越大,则 σ_{l4} 越大。钢筋的应力松弛还与时间有关,开始阶段发展较快,1 h 后可达全部应力松弛损失的 50% 左右,24 h 后可达 80% 左右,此后发展较慢。

根据应力松弛的上述特点,采用超张拉的方法,可使应力松弛损失降低。超张拉程序为:

$$0 \rightarrow 1.05\sigma_{con} \xrightarrow{\text{持荷 } 2\sim5 \text{ min}} \sigma_{con}。$$

(5)混凝土收缩和徐变引起的预应力损失 σ_{l5}

在一般温度情况下,混凝土会发生体积收缩,而在预压力作用下,混凝土又会发生徐变。收缩、徐变都会使构件缩短,预应力筋也随之回缩而造成预应力损失。

当结构处于年平均相对湿度低于 40% 的环境下时,σ_{l5} 会增加 30%。

减小 σ_{l5} 的措施如下。

①采用高标号水泥,减少水泥用量,降低水灰比,采用干硬性混凝土。

②采用级配较好的骨料,加强振捣,提高混凝土密实度。

③加强养护,以减少混凝土的收缩。

(6)螺旋式预应力筋作配筋的环形构件,由于混凝土的局部挤压引起的预应力损失 σ_{l6}

采用螺旋式预应力筋的环形构件,由于预应力筋对混凝土的挤压,使构件的直径有所减小,预应力筋中的拉应力随之降低,从而产生预应力损失 σ_{l6}。σ_{l6} 的大小与环形构件的直径成反比,直径越小,损失越大。因此,《混凝土标准》规定:

①当 $d \leqslant 3$ m 时,$\sigma_{l6} = 30$ MPa;

②当 $d > 3$ m 时,$\sigma_{l6} = 0$。

3. 预应力损失值的组合

上述 6 项预应力损失,有的只发生于先张法构件中,有的只发生于后张法构件中,有的两者都有,而且是分批产生的。工程设计中,预应力损失以预应力是否传递到混凝土(即混凝土受到"预压")为界主要分成两批:在此之前称为前期损失(第一批)损失,在此之后称为后期损失(第二批)损失。对先张法构件,是指放张钢筋,开始给混凝土施加预压应力的时刻;对后张法构件,因为是在混凝土构件上张拉钢筋,混凝土从张拉钢筋开始即受到预压,故此处特指张拉预应力筋至控制应力 σ_{con} 并加以锚固的时刻。预应力混凝土构件在各阶段的预应力损失值宜按表 3-10 的规定进行组合。

表 3-10   各阶段预应力损失值的组合

预应力损失值的组合	先张法构件	后张法构件
混凝土预压前(第一批)的损失	$\sigma_{l1} + \sigma_{l2} + \sigma_{l3} + \sigma_{l4}$	$\sigma_{l1} + \sigma_{l2}$
混凝土预压后(第二批)的损失	σ_{l5}	$\sigma_{l4} + \sigma_{l5} + \sigma_{l6}$

注:先张法构件由于钢筋应力松弛引起的损失值 σ_{l4},在第一批和第二批损失中所占的比例如需区分,可根据实际情况确定。

考虑到预应力损失的离散性,其计算值可能比实际值偏小。为保证预应力混凝土构件有足够的抗裂度和刚度,应对预应力损失值规定最低限值。当计算出的预应力总损失值小于下列数值时,应按下列数值取用。

①先张法构件:100 MPa。

②后张法构件:80 MPa。

3.5　混凝土梁板结构

混凝土梁板结构是建(构)筑物中常用的结构,例如楼(屋)盖、阳台、雨篷、楼梯、扶壁式挡土墙、筏片式基础等,如图 3-55 所示。

建筑工程中的楼(屋)盖是最典型的梁板结构,主要承担楼(屋)面上的使用荷载,并将荷载传至承重结构(梁、墙及柱),再由承重结构传至基础及地基。

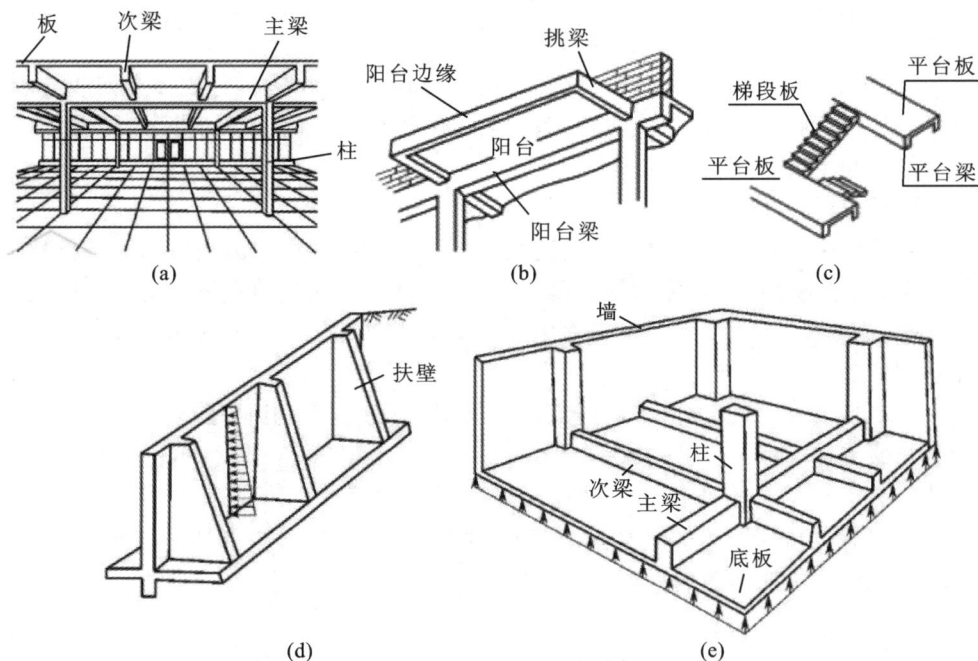

图 3-55　混凝土梁板结构
(a)肋梁楼盖;(b)梁式阳台;(c)板式楼梯;(d)扶壁式挡土墙;(e)筏片式基础

在实际工程中,钢筋混凝土楼盖的造价占土建总造价的 20%～30%;在钢筋混凝土高层建筑中,混凝土楼盖的自重占总自重的 50%～60%。因此,楼盖的设计是否合理对能否降低整个建筑物的造价是很重要的;而减小混凝土楼盖的结构设计高度,可以增大建筑净空,从而降低建筑层高,对建筑工程具有很大的经济意义;混凝土楼盖设计对于建筑隔声、隔热和美观等建筑效果有直接影响,对保证建筑物的承载力、刚度、耐久性,以及提高抗风、抗震性能等也有重要的作用。

3.5.1　楼盖的设计要求及结构类型

1. 楼盖结构设计要求

在楼盖的结构设计时,应该满足下列要求:

①在竖向荷载作用下,满足承载力和竖向刚度的要求;

②在楼盖自身水平面内要有足够的水平刚度和整体性;

③与竖向构件有可靠的连接,以保证竖向力和水平力的传递。

2. 楼盖的结构类型

1) 现浇钢筋混凝土楼盖

现浇钢筋混凝土楼盖是先现场支模、绑扎钢筋,再浇灌混凝土,经养护而形成的楼板。该楼板整体性好、刚度大,抗震、防水性能好,梁板布置灵活,适应性较强,可适用于形状不规则的建筑平面或具有较复杂孔洞的特殊布置情况,特别适用于荷载较大或荷载作用形式复杂、有抗震设防要求的多层、高层房屋和对楼板的整体性有特殊要求等情况。但其模板用量大,材料的耗量大,工人劳动强度大,施工进度慢,且受施工季节的影响较大。它是目前土木工程中应用最广泛的一种楼盖形式。

(1)肋梁楼盖

由梁和板组成的现浇楼盖称为肋梁楼盖。肋梁楼盖中,梁将楼板分成多个四边支承的板区格,根据矩形板区格的长边跨度与短边跨度比值的不同,又分为单向板肋梁楼盖和双向板肋梁楼盖。肋梁楼盖的主要分类及特点如下。

①主次梁楼盖。

主次梁楼盖是由板、主梁、次梁构成的肋梁楼盖。力的传递过程为板将荷载传给次梁,次梁将荷载传给主梁,主梁将荷载再传给柱或墙,最后传到基础。这类楼盖体系的特点是受力明确、施工方便、建筑造价低,在钢筋混凝土工程中被广泛采用,如图 3-56(a)所示。

②井字梁楼盖。

井字梁楼盖是由板、纵横方向等高截面的交叉梁(不分主次,共同承受传来的荷载)形成的肋梁楼盖。力的传递过程为板将荷载沿两个方向分别传给纵横交叉梁,再由梁传给柱或墙,最后传到基础。与主次梁楼盖相比,井字梁楼盖的梁截面高度小、自重轻、造型好。但用钢量大,不经济,适用于跨度较大(可达 10～35 m)且柱网为正方形的结构,例如中小型公共建筑中门厅、会议厅的大空间等,如图 3-56(b)、(c)所示。

③密肋楼盖。

密肋楼盖是由薄板、肋距较小但纵横方向等高的交叉梁形成的肋梁楼盖。密肋楼盖的传力过程同井字梁楼盖,可视为井字梁楼盖的特例。这类楼盖的特点是结构自重轻,可采用轻质材料填充密肋之间的空格,改善隔热和隔声性能以满足装修要求。肋梁跨度一般小于 1.5 m,截面宽度 60～120 mm,板厚一般为 50 mm。常采用塑料模壳来解决施工支模困难问题,楼盖造型好、造价低,如图 3-56(d)所示。

(2)无梁楼盖

无梁楼盖是指整个楼盖不设梁,将板直接支撑在柱上。楼板上的荷载通过柱帽传到柱或墙上,再传至基础。无梁楼盖的特点是楼板直接支承在柱上(或柱帽上),具有平整的天棚,结构构件占用的空间小,建筑净空高,无卫生、采光死角,通风条件好,支模简单,但用钢量大,常用于商场、图书馆的书库、仓库、冷藏库,以及地下水池的顶盖等建筑中,可节省模板,简化施工,如图 3-56(e)所示。

2) 装配式楼盖

装配式楼盖是采用预制楼板和梁在现场拼装而成的楼盖。其特点是构件尺寸误差小,节约

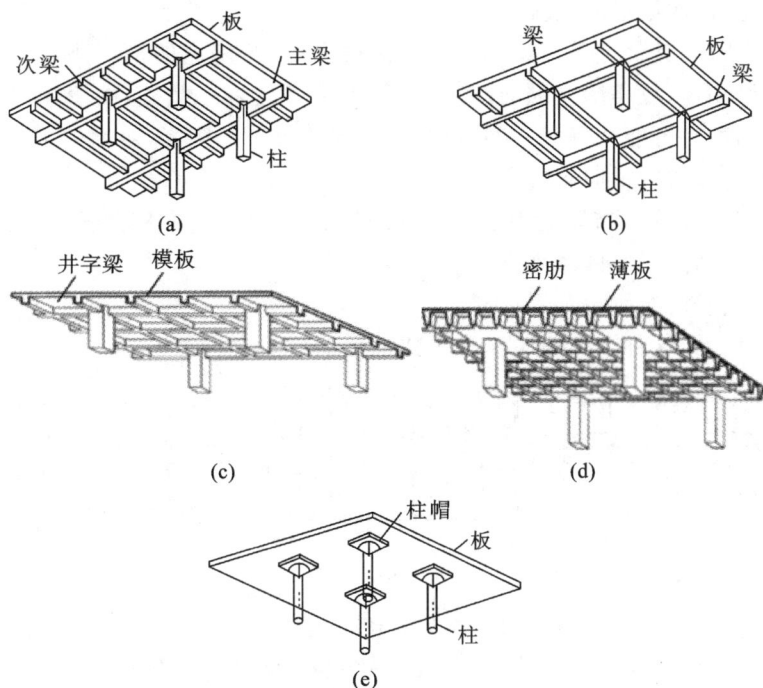

图 3-56 现浇钢筋混凝土楼盖

劳动力及材料,由于构件预先制作,不占工期,因此可减少季节和天气的影响,加快施工进度,便于工业化生产和机械化施工。但装配式楼板的整体性较差,楼盖平面刚度小,要求建筑平面规整,施工吊装条件高,且受城市市容的影响,市内的构件运输有困难。

3) 预应力混凝土楼盖

预应力混凝土楼盖可有效减轻结构自重,降低建筑层高,增大楼板跨度,减少裂缝的产生和发展。目前高层建筑和大跨度楼盖中,较多使用后张无黏结预应力混凝土平板楼盖。

本书仅详细介绍现浇钢筋混凝土单向板肋梁楼盖的设计方法。

3.5.2 现浇钢筋混凝土单向板肋梁楼盖

1. 单向板肋梁楼盖的结构平面布置

（1）梁板布置

现浇式楼盖结构平面布置就是在建筑平面上进行梁、板的布置。梁、板布置应力求对称、等跨、等截面,并符合模数。

对于单向板肋梁楼盖,其次梁的间距决定板的跨度,主梁的间距决定次梁的跨度,柱网尺寸决定主梁的跨度。工程中梁、板常用经济跨度如下。

单向板:1.8～2.7 m,荷载较大时取较小值,一般不宜超过 3 m。

次梁:4～6 m。

主梁:5～8 m。

单向板肋梁楼盖的结构平面布置方案有以下三种。

①主梁横向布置,次梁纵向布置。

如图 3-57(a)所示,其优点是主梁和柱可形成横向框架,房屋的横向刚度大,而各榀横向框架间由纵向的次梁相连,故房屋的纵向刚度也大,整体性较好。此外,由于主梁与外纵墙垂直,使外纵墙上窗的高度有可能开得大一些,也减少了天棚处梁的阴影,对室内采光有利。

②主梁纵向布置,次梁横向布置。

如图 3-57(b)所示,这种布置适用于横向柱距比纵向柱距大得多的情况。它的优点是减小了主梁的截面高度,增大了室内净高。

③主梁纵、横向双向布置。

如图 3-57(c)所示,这种布置适用于有中间走道的楼盖。

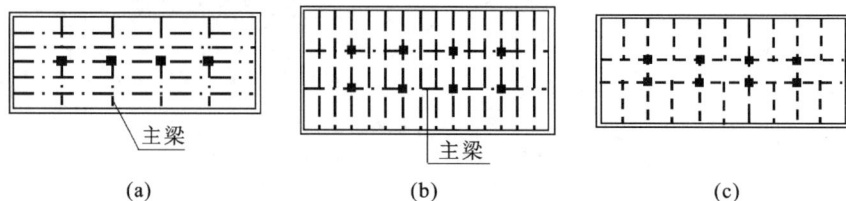

图 3-57　单向板楼盖布置

(a)主梁沿横向布置;(b)主梁沿纵向布置;(c)主梁纵、横向布置

(2)楼盖结构平面布置应注意的问题

①要考虑建筑效果。例如应避免把梁,特别是主梁,搁置在门、窗过梁上,否则将增大过梁的负担,也影响建筑效果。

②要考虑其他各专业的要求。例如,需设置管线检查井时,若次梁不能贯通,则需在检查井两端放置两根小梁。

③在楼面、屋面上有机器设备、冷却塔、悬吊装置和隔墙等荷载较大的部位,宜设置次梁。

④主梁跨内最好不要只放置一根次梁,以减小主梁跨内弯矩分布的不均匀性。

⑤对于不封闭的阳台、厨房、卫生间的板面及采用地板采暖时,当此处结构标高要求低于相邻板面 30~130 mm 时,应注意板结构标高不同时的结构处理。

⑥楼板上开有较大尺寸(大于 1000 mm)的洞口时,应在洞边设置小梁。

2. 混凝土板的计算原则

《混凝土标准》中关于混凝土板的计算原则规定如下。

①两对边支承的板应均按单向板计算。

②四边支承的板应按下列规定计算:

a. 当长边与短边长度之比不大于 2.0 时,应按双向板计算;

b. 当长边与短边长度之比大于 2.0,但小于 3.0 时,宜按双向板计算;

c. 当长边与短边长度之比不小于 3.0 时,宜按沿短边方向受力的单向板计算,并应沿长边方向布置构造钢筋。

3. 单向板的类型及单向板上的荷载传递

单向板是指主要沿一个方向受力的板,从支撑方式上主要包括以下几种情况。

1）悬臂板

如一边支承的板式阳台或雨篷等,如图 3-58(a)所示。

2）两对边支承板

如两对边支承的装配式楼板[见图 3-58(b)]。

3）多边支承板

如两相邻边支承的空调板[见图 3-58(c)]、三边或四边支承的走廊中的走道板等[见图 3-58 (d)、(e)]。

从板面荷载角度出发,可以是均布荷载、局部荷载或线性分布荷载;从板的平面形状角度出发,可以是矩形、圆形、三角形、梯形等。现浇钢筋混凝土单向板肋梁楼盖中的单向板一般为均布荷载作用下四边支撑的矩形单向板。

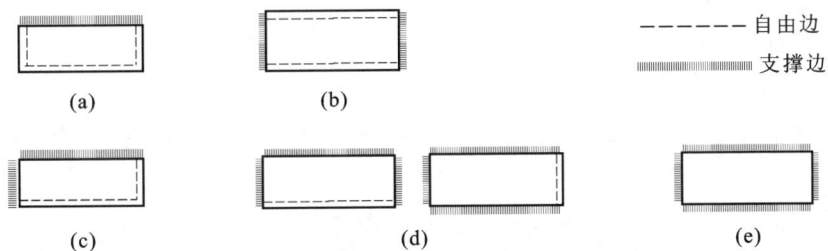

图 3-58　单向板

(a)悬臂板;(b)对边支撑板;(c)邻边支撑板;(d)三边支撑板;(e)四边支撑板

现以一块四边简支单向板为例分析板的受力状况,如图 3-59、图 3-60 所示。

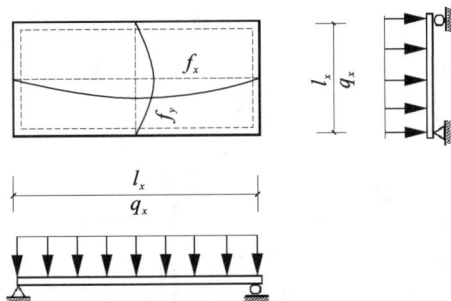

图 3-59　单向板受力

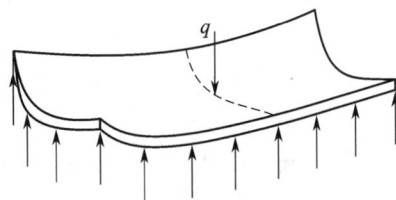

图 3-60　单向板变形图

四边简支板上承受的均布荷载为 q,向两边传递的荷载分别为 q_x、q_y,l_x、l_y 分别为板区格的长边与短边。

经分析(过程从略),四边支承单向板上的荷载,主要通过两个方向的弯曲把荷载传递下去,且短跨方向承担绝大部分荷载,故在单向板设计中可忽略荷载沿长跨方向上的传递,仅考虑短跨方向上力的传递,同时在构造上对长跨方向的受弯配筋做适当处理。

4. 计算简图

楼盖设计中,主要对板、次梁和主梁进行内力计算和配筋计算,计算方法可用弹性理论计算或塑性理论计算,但计算前必须确定结构的计算简图。

（1）板、次梁的计算简图

跨数超过五跨的连续梁(板)，当各跨荷载相同且跨度相差小于10％时，按五跨连续梁(板)计算。

①当边支座为砖墙或梁时，墙对梁或梁对板的约束作用很小，为便于简化计算，假定为铰支座。

②对于中间支座，板或次梁的支承是次梁或主梁，忽略次梁对板、主梁对次梁的转动约束，均简化为铰支座。

因此，板的计算简图为支承在次梁上的连续板，次梁的计算简图为支承在主梁上的连续梁。

（2）主梁的计算简图

主梁的计算简图取决于主梁与柱的线刚度之比。设 i_b 为梁的线刚度，i_c 为柱的线刚度，则

当 $i_b/i_c \geqslant 5$ 时，按连续梁计算；

当 $i_b/i_c < 5$ 时，按梁与柱刚接的框架计算。

主、次梁的截面形状都是两端带翼缘(板)的 T 形截面。

当按弹性理论计算时，梁(板)的计算跨度一般取支承中心线之间的距离，对边跨要考虑支承不同进行修正。

当按塑性理论计算时，梁(板)的计算跨度一般取净跨(扣除支座宽度)，对边跨也要考虑支承不同进行修正。

5. 荷载计算单元

作用在楼盖上的荷载有恒载及活载。恒载包括结构自重、装修及保温层、固定设备等重量。活荷载包括人群、堆料、移动设备等重量。工程设计时，板按单位宽度(1 m 宽)范围内的均布荷载计算，次梁的荷载按均布线荷载计算，主梁一般按次梁传来的集中荷载计算(由于主梁的自重所占比例不大，为了计算方便，可将其换算成集中荷载加到次梁传来的集中荷载内)。板、次梁及主梁的荷载计算范围和计算简图见图 3-61。

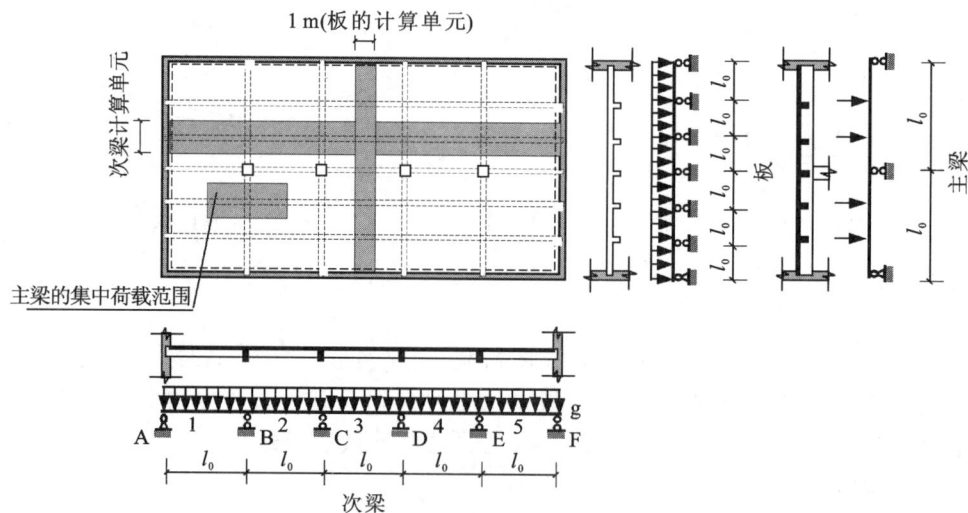

图 3-61 单向板肋梁楼盖的板和梁的荷载计算单元、计算简图

6. 连续梁、板按弹性理论的内力计算

按弹性理论的计算是指在进行板、梁的内力分析时,假定板、梁是理想的弹性构件,计算方法完全按结构力学的方法进行。由于楼盖上活荷载位置是可变的,而荷载位置的变动对梁的内力分布影响较大,并不是所有荷载均满布在梁上时,梁的各个截面内力一定是最大的。在设计时对于多跨连续梁应考虑活荷载最不利的布置时对结构产生的效应,分析各种活荷载布置时构件内力的变化规律,进行荷载效应组合。

梁、板的内力计算可查阅有关力学计算手册。

图 3-62 介绍关于五跨连续梁恒载满布、活荷载的位置不同时,在跨中、支座截面出现的最大弯矩、最大剪力的情况。

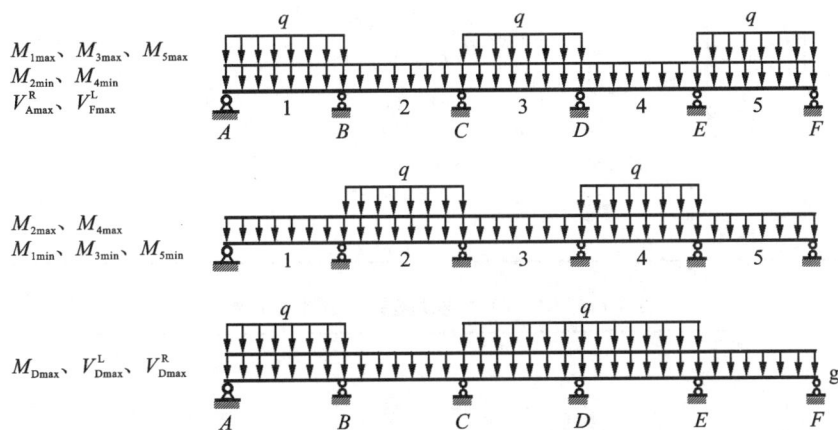

图 3-62　五跨连续梁各种最不利荷载组成

7. 连续梁、板按塑性理论的内力计算

钢筋混凝土是弹塑性材料,钢筋在达到其屈服强度后,仍有很大的塑性变形。钢筋混凝土受弯构件在荷载作用下,受拉区混凝土开裂、裂缝开展、钢筋屈服后的变形过程中,构件仍能继续承担弯矩。显然对于允许出现裂缝的连续梁、板构件,结构的内力与变形计算明显不同于弹性理论计算。考虑钢筋混凝土塑性变形的内力计算方法,在实际工程中直接按下式计算:

$$M = \alpha_M(g+q)l_0^2 \tag{3.98}$$

$$V = \alpha_V(g+q)l_n \tag{3.99}$$

式中:M——弯矩设计值;

V——剪力设计值;

α_M——连续梁、板的弯矩系数,见表 3-11;

α_V——连续梁、板的剪力系数,见表 3-12;

g、q——梁、板单位长度上的恒荷载及活荷载设计值;

l_0——梁、板的计算跨度;

l_n——梁、板的净跨度。

8. 截面计算要点及配筋构造要求

内力求出后,可进行截面承载力的计算,计算方法见第3.3节。对于单向板肋梁楼盖,整体设计时应注意以下几点。

表 3-11　均布荷载连续梁、板的弯矩计算系数 α_M

支 承 情 况	截 面 位 置					
	端支座	边跨跨内	第二支座	第二跨跨内	中间支座	中间跨跨内
	A	1	B	2	C	3
梁、板搁置 在墙上	0	$\frac{1}{11}$	$-\frac{1}{10}$ (两跨连续) $-\frac{1}{11}$ (三跨以上连续)	$\frac{1}{16}$	$-\frac{1}{14}$	$\frac{1}{16}$
与梁整体连接	$-\frac{1}{16}$(板) $-\frac{1}{24}$(梁)	$\frac{1}{14}$				
梁与柱整体 浇筑连接	$-\frac{1}{16}$	$\frac{1}{14}$				

表 3-12　均布荷载连续梁的剪力计算系数 α_V

支 承 情 况	截 面 位 置				
	端支座内侧	第二支座		中间支座	
		支座左	支座右	支座左	支座右
搁置在墙上	0.45	0.60	0.55	0.55	0.55
与梁或柱整体连接	0.50	0.55			

(1) 截面计算要点

①多跨连续板在外荷载作用下,由于正、负弯矩的作用,在板跨中部下表面及板的支座附近上表面形成一系列裂缝,受拉区混凝土退出工作。此时受压区混凝土沿板跨方向形成一拱形分布,它将使作用于板上的一部分荷载通过拱的作用直接传递给次梁,如图3-63所示。计算时考虑到拱的有利影响,可把多跨连续板中间跨的跨中截面和支座截面的弯矩设计值降低20%。但对边跨以及离端第二支座截面的计算弯矩,由于边梁不能提供足够的反推力,为安全起见不予降低。

图 3-63　单向板的拱作用

②进行梁正截面承载力计算时,跨中按 T 形截面,支座按矩形截面。

③主梁与次梁相交处,次梁在负弯矩作用下,在主梁侧面的上部将会引起开裂,而次梁传给

主梁的集中力只能通过次梁下部受压区混凝土以剪力的形式传至主梁腹中,有可能引起主梁下部混凝土产生八字形裂缝。为了防止主梁斜向裂缝的发生而引起局部破坏,应在主梁与次梁相交处设置附加钢筋,附加钢筋包括附加吊筋和附加箍筋。附加钢筋应布置在长度 $s = 2h_1 + 3b$ 的范围内,如图 3-64 所示。

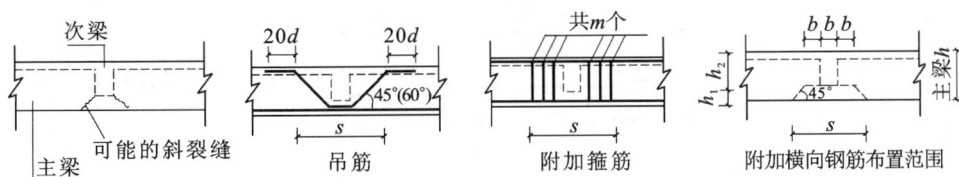

图 3-64　附加钢筋的布置

同时配置附加吊筋和附加箍筋时,应按下式验算。

$$F \leqslant 2nf_y A_{sb1} \sin\alpha + mn f_{yv} A_{sv1} \tag{3.100}$$

式中:F——次梁传给主梁的集中荷载设计值;

　　n——同一截面内附加箍筋的肢数或附加吊筋的根数;

　　f_y、f_{yv}——附加吊筋、附加箍筋的抗拉强度设计值;

　　m——在宽度 s 范围内附加箍筋的个数;

　　A_{sb1}——单根附加吊筋的截面面积;

　　α——附加吊筋的弯起段与梁轴线的夹角;

　　A_{sv1}——单肢附加箍筋的截面面积。

在式(3.100)中,第一部分为附加吊筋所能抵抗的集中荷载,第二部分为附加箍筋所能抵抗的集中荷载。

(2) 配筋构造要求

① 板中的受力钢筋。

板中承受跨中正弯矩的受力钢筋一般称为正钢筋,放置在板底。承受支座负弯矩的受力钢筋为负钢筋,放置在板顶。板中受力钢筋的直径一般为 6 mm、8 mm、10 mm 和 12 mm。为了防止施工时踩塌板面负钢筋,其直径不宜太细。当板的跨度大于 4 m 时,正钢筋的直径最好在 10 mm 以上。

当板厚 $h \leqslant 150$ mm 时,钢筋间距不应大于 200 mm;当 $h > 150$ mm 时,钢筋间距不应大于 1.5 h,且不应大于 250 mm。伸入支座的钢筋,间距应不大于 400 mm,其截面面积不小于跨中受力钢筋截面面积的 1/3。

板的跨中受力钢筋可弯起 1/3～1/2 来承受负弯矩,弯起角度多采用 30°,当板厚大于 120 mm 时,可用 45°。为了施工方便,在选择板的正、负钢筋时,直径种类不宜多于两种。

连续板中受力钢筋的配置可采用分离式或弯起式(见图 3-65、图 3-66)。

图 3-65、图 3-66 中 a 值的确定如下:

当 $p/g \leqslant 3$ 时

$$a = \frac{1}{4} l_0$$

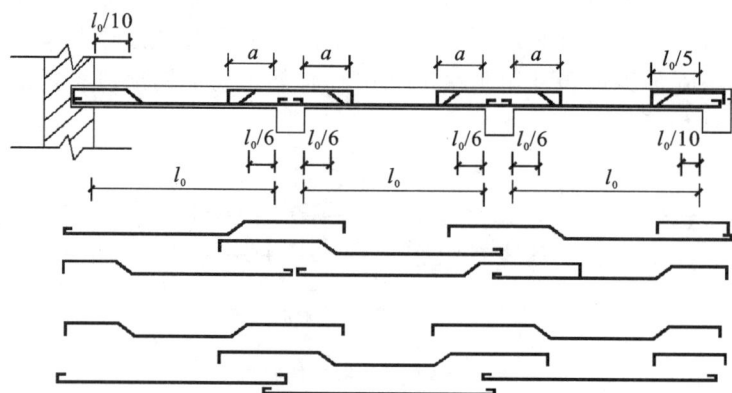

图 3-65　弯起式配筋

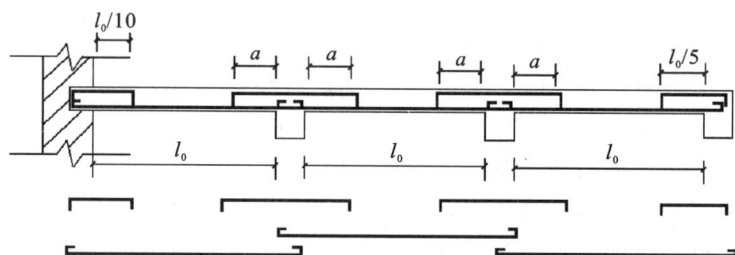

图 3-66　分离式配筋

当 $p/g>3$ 时

$$a=\frac{1}{3}l_0$$

式中：p——均布活载设计值；

　　　g——均布恒载设计值。

分离式配筋锚固性能稍差,耗钢量略大,但施工方便,是工程中常用的配筋方式。弯起式配筋锚固性能好,节约钢材,但施工较复杂,工程中采用极少。当板厚超过 120 mm 或经常承受动力荷载时,可选用此配筋方案。

②板中的构造钢筋。

在连续板中除了按计算配置受力钢筋,还需在板与支承墙处、板与主梁相交处、板的相邻两边嵌入墙内的板角处设置板面附加钢筋,以抵抗未计算的负弯矩;在与板的受力钢筋垂直的方向上设置分布钢筋。分布钢筋的作用为:承受混凝土收缩和温度变化所产生的内力、承受板上局部荷载所产生的内力、承受板沿长度方向实际存在但在计算时被忽略的正弯矩并固定受力钢筋的位置(见图 3-67)。

③连续次梁和主梁的配筋构造要求。

梁中纵向受力钢筋的弯起和截断,应按各种最不利弯矩的组合图确定。承受均布荷载的等跨连续梁,纵向受力钢筋的弯起和截断位置可按图 3-68 确定。

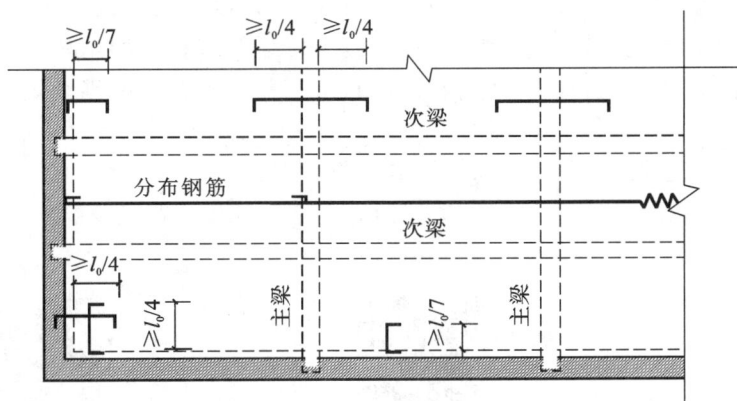

图 3-67　板中构造钢筋的布置

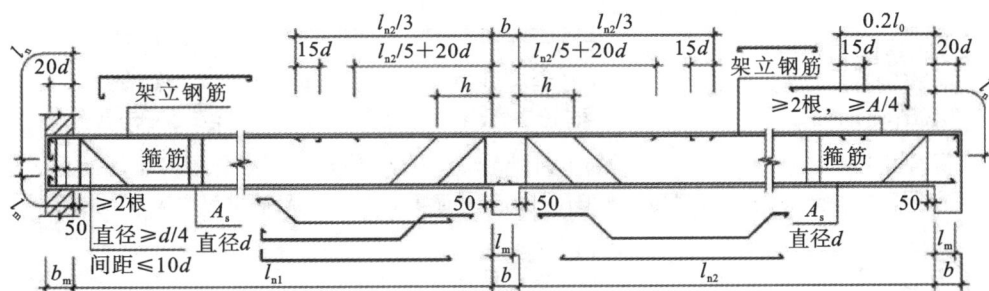

图 3-68　主、次梁的配筋构造要求

【本章要点】

①普通热轧钢筋是目前工程上常用的钢筋类型,按强度由低到高分为 300 MPa、400 MPa和 500 MPa,按单调受拉的特点又分为有明显流幅的钢筋和无明显流幅的钢筋。表征钢筋物理力学性能的指标有四个,即屈服强度 f_y、极限强度 f_u、均匀伸长率和冷弯性能。

②常用的混凝土强度可分为立方体抗压强度、轴心抗压强度和轴心抗拉强度。《混凝土标准》将混凝土强度等级按立方体抗压强度标准值 $f_{cu,k}$ 划分为 13 级,即 C20、C25、C30、C35、C40、C45、C50、C55、C60、C65、C70、C75 和 C80。

③随纵向受拉钢筋配筋率的不同,受弯构件正截面可能产生三种不同的破坏形式:少筋破坏、超筋破坏和适筋破坏。

④受弯构件斜截面的破坏形态分为斜压破坏、斜拉破坏、剪压破坏三类。

⑤影响斜截面破坏形态的主要因素有剪跨比、配箍率和箍筋强度、混凝土的强度和纵筋配筋率。

⑥偏心受压构件的破坏形态分为大偏心受压破坏和小偏心受压破坏。

⑦掌握受弯构件正截面承载力、斜截面承载力,以及受压构件正截面承载力的计算方法;熟悉梁、板、柱的配筋构造要求。

⑧普通混凝土构件施加预应力,是克服其自重大、抗裂度低的有效方法。由于预应力混凝土结构的优点,在实际结构中,尤其是大跨、重荷载及抗裂要求较高的结构,多采用预应力混凝土结构。预应力损失是预应力混凝土结构特有的,引起预应力损失的因素较多,应采取措施尽量减小预应力损失。

⑨钢筋混凝土楼盖的结构形式及布置对其可靠性和经济性有重要的意义,因此,应熟悉实际工程中常见楼盖结构形式的传力方式和破坏形态,掌握其构造特点及要求。

【拓展阅读】

拓展阅读 3-1
高延性混凝土

拓展阅读 3-2
高性能混凝土(HPC)及其应用

拓展阅读 3-3
超高性能混凝土(UHPC)的应用

拓展阅读 3-4
螺旋箍筋柱

拓展阅读 3-5
工字形截面偏压柱的正截面承载力

拓展阅读 3-6
趣味讲解预应力结构原理

拓展阅读 3-7
其他楼盖形式简介

拓展阅读 3-8
楼梯、阳台、雨篷的设计

【思考和练习】

3-1 什么是钢筋的强度标准值?什么是钢筋的强度设计值?两者的关系如何?

3-2 绘出软钢和硬钢的应力-应变图形,并分别说明二者的强度取值有何不同?

3-3 检验热轧钢筋物理力学性能的指标有哪几个?

3-4 画出混凝土棱柱体单轴受压时的应力-应变关系曲线,在曲线上注明 f_c、ε_0,并说明符号的意义。

3-5 什么是混凝土的徐变和收缩?徐变和收缩对混凝土结构会产生哪些不利影响?

3-6 钢筋和混凝土共同工作的原因是什么?

3-7 适筋梁的受弯全过程经历了哪几个阶段?各阶段的主要特征是什么?与计算或验算有何联系?

3-8 什么是纵向受拉钢筋的配筋率?它对梁的正截面受弯承载力有何影响?

3-9 少筋梁、适筋梁与超筋梁的破坏特征有何区别?为什么实际工程中应避免少筋梁与超筋梁?

3-10 什么是混凝土保护层?混凝土最小保护层的确定与哪几个因素有关?

3-11 什么叫相对界限受压区高度 ξ_b?它在承载力计算中的作用是什么?

3-12 什么情况下采用双筋梁？其计算应力图形如何确定？在双筋矩形截面中受压钢筋的作用是什么？为什么双筋截面必须要用封闭箍筋？

3-13 梁斜截面受剪承载力主要与哪些因素有关？

3-14 梁斜截面受剪破坏的主要形态有哪几种？在设计中如何防止这些破坏？

3-15 梁内箍筋有哪些作用？其主要构造要求有哪些？

3-16 计算梁斜截面受剪承载力时应取哪些计算截面？

3-17 在轴心受压柱中配置纵向钢筋的作用是什么？为什么要控制纵向钢筋的最小配筋率？

3-18 普通箍筋柱中箍筋的作用是什么？在螺旋箍筋柱中的螺旋箍筋又有什么作用？

3-19 轴心受压长柱与短柱的破坏特点有何不同？计算中如何考虑长柱的影响？

3-20 偏心受压构件可能发生几种破坏？其破坏特点是什么？

3-21 怎样区分大小偏心受压破坏？

3-22 偏心受压构件正截面承载力计算时为什么要考虑 $P\text{-}\delta$ 效应？

3-23 在偏心受压构件中，为何有时采用对称配筋方式？它与非对称配筋方式在承载力计算时有何不同？

3-24 某矩形截面钢筋混凝土简支梁，截面尺寸为 $b \times h = 200 \text{ mm} \times 500 \text{ mm}$，采用 C25 混凝土，HRB400 级纵向钢筋，控制截面的弯矩设计值 $M = 150 \text{ kN} \cdot \text{m}$，环境类别为一类。试确定截面受拉区纵向受力钢筋的截面面积。

3-25 某矩形截面钢筋混凝土简支梁，计算跨度 $l_0 = 6 \text{ m}$，控制截面的弯矩设计值 $M = 160 \text{ kN} \cdot \text{m}$，采用 C20 混凝土，HRB400 级纵向钢筋，试按正截面承载力计算的要求确定截面尺寸及受拉区纵向受力钢筋。

3-26 某矩形截面钢筋混凝土简支梁，截面尺寸为 $b \times h = 200 \text{ mm} \times 600 \text{ mm}$，采用 C25 混凝土，HRB400 级纵向钢筋，截面受拉区配有 4⏀25 的受力筋，试确定该梁所能承受的最大弯矩设计值。

3-27 已知某矩形截面梁的尺寸为 $b \times h = 200 \text{ mm} \times 450 \text{ mm}$，采用 C30 混凝土，HRB400 级纵向钢筋，截面受拉区配有 4⏀16 钢筋，若承受弯矩设计值 $M = 70 \text{ kN} \cdot \text{m}$，试验算该梁是否安全。

3-28 某矩形截面钢筋混凝土简支梁，截面尺寸为 $b \times h = 200 \text{ mm} \times 500 \text{ mm}$，采用 C20 混凝土，HRB400 级纵向钢筋，控制截面的弯矩设计值 $M = 210 \text{ kN} \cdot \text{m}$，受压区已配有 2⏀18 的钢筋，试确定受拉区所需的纵向受力钢筋。

3-29 某 T 形截面钢筋混凝土独立梁，截面尺寸为 $b \times h = 200 \text{ mm} \times 500 \text{ mm}$，$b_f' = 600 \text{ mm}$，$h_{kf}' = 100 \text{ mm}$，采用 C20 混凝土，HRB400 级纵向钢筋，控制截面的弯矩设计值 $M = 300 \text{ kN} \cdot \text{m}$，试确定受拉区所需的纵向受力钢筋。

3-30 某矩形截面钢筋混凝土简支梁，截面尺寸为 $b \times h = 200 \text{ mm} \times 500 \text{ mm}$，采用 C30 混凝土，承受剪力设计值 $V = 1.4 \times 10^5 \text{ N}$，试确定所需受剪箍筋。

3-31 某矩形截面钢筋混凝土简支梁，计算跨度 $l_0 = 6 \text{ m}$，净跨 $l_n = 5.760 \text{ m}$，截面尺寸为 $b \times h = 250 \text{ mm} \times 600 \text{ mm}$，采用 C20 混凝土，受力纵筋为 HRB400 级，箍筋为 HPB300 级，构件

的安全等级为二级,若已知梁的纵筋为 4Φ25,试问:当采用ϕ6@200和ϕ8@200的双肢箍时,梁所能承受的均布荷载分别为多少?

3-32 某轴心受压柱,截面尺寸为 $b=350$ mm,$h=350$ mm,计算长度 $l_0=4.2$ m,采用 C30 混凝土,HRB400 级纵向钢筋,若该柱承受轴向力设计值 $N=1900$ kN,试设计柱子的配筋。

3-33 某矩形截面偏心受压柱,承受轴向力设计值 $N=800$ kN,柱端弯矩设计值 $M_1=-380$ kN·m、$M_2=400$ kN·m,计算长度 $l_0=6$ m,截面尺寸为 $b\times h=400$ mm$\times$600 mm,采用 C35 混凝土,HRB400 级纵向钢筋,$a_s=a_s'=40$ mm,试求钢筋截面面积 A_s、A_s'。

3-34 已知矩形截面偏心受压柱,截面尺寸为 $b\times h=300$ mm$\times$500 mm,承受轴向力设计值 $N=2000$ kN,柱端弯矩设计值 $M_1=-46$ kN·m,$M_2=64$ kN·m,计算长度 $l_0=5.5$ m,采用 C30 混凝土,HRB400 级纵向钢筋,$a_s=a_s'=40$ mm,试求钢筋截面面积 A_s、A_s'。

3-35 若条件同习题 3-33,计算对称配筋时 $A_s=A_s'$ 值。

3-36 若条件同习题 3-34,计算对称配筋时 $A_s=A_s'$ 值。

3-37 预应力混凝土结构的优点、缺点分别是什么?

3-38 为什么预应力混凝土构件所选用的材料均要求有较高的强度?

3-39 什么是张拉控制应力 σ_{con}?张拉控制应力为何不能取得太高,也不能取得太低?为何先张法的张拉控制应力略高于后张法的张拉控制应力?

3-40 预应力损失有哪几种?简述预应力损失产生的原因及减小措施。

3-41 钢筋混凝土楼盖的结构类型有哪几种?说明它们各自的受力特点和应用范围。

3-42 现浇钢筋混凝土肋梁楼盖中的单向板和双向板是如何划分的?各自的受力特点如何?

3-43 钢筋混凝土五等跨连续梁,为使第三跨跨中出现最大弯矩,活荷载应布置在什么位置?

3-44 为什么要在主、次梁相交处的主梁中设置附加钢筋?

3-45 连续主(次)梁正截面受弯承载力计算时,为什么跨中按 T 形截面、支座处按矩形截面?

3-46 一个 12 m$\times$12 m 的建筑平面,采用钢筋混凝土现浇楼盖,柱沿周边按 3 m 间距布置,为取得最大的净空,应如何进行结构布置(要求绘制结构布置简图,且中部不设柱,标出板、梁截面尺寸)?

第4章 钢 结 构

钢结构是以钢构件为主要承重骨架的结构。本章主要介绍钢结构的材料、钢结构的应用、钢结构的基本构件和钢结构的连接。

钢结构凭借其高强度、高性能的卓越特性,以及施工工业化程度高、绿色环保等诸多优点,在建筑工程中得到了广泛应用,已成为当前最具生命力的结构形式之一。在结构体系的发展过程中,从钢框架结构逐步发展形成框架-支撑结构、简体结构、巨型结构等复杂的结构形式;也从简单的平面桁架结构逐渐发展到空间桁架结构、空间网架结构、网壳结构、张弦结构等现代的结构形式,充分展现了钢结构在设计和施工上的高度灵活性和创新性。

4.1 概述

钢结构是目前应用较多的建筑结构类型之一。钢结构由于其经济和技术的优越性,并能实现低碳减排、工业化和产业化生产,与其他结构相比更易满足当前我国经济建设需要。目前我国粗钢产量可保证钢结构所需的原材料能得到稳定供应。我国钢结构产业在近年发展迅速,已成为全球用量最大、制造施工能力最强、产业规模第一的钢结构大国。

4.1.1 钢结构的特点

与钢筋混凝土结构、砌体结构和木结构相比较,钢结构具有以下特点。

①材料强度高,构件自重轻。钢材与混凝土、木材相比,其密度与屈服强度的比值相对较低,在同样的受力条件下钢结构的构件截面小、自重轻。另外,由于钢结构的构件截面小、板件厚度小,引起的钢结构稳定问题不容忽视。

②材质均匀,结构可靠性高。钢材冶炼、成型等均为工厂化生产,质量能得到保证。钢材内部组织结构均匀,近于各向同性匀质体,钢结构的实际工作性能比较符合计算理论。同时,钢材具有良好的塑性和韧性,通过合理设计就能保证构件发生塑形破坏。在地震发生时,结构能吸收较多能量而呈现良好的抗震性能。

③制造安装机械化程度高。钢结构构件在工厂制造、工地拼装,构件成品精度高、拼装速度快、工期短。

④低碳、节能、绿色环保,可重复利用。钢结构建筑拆除几乎不会产生建筑垃圾,钢材可以回收再利用。

⑤钢结构耐热不耐火。当温度在 150 ℃以下时,钢材性质变化很小。但当温度到 600 ℃时,钢材的强度几乎将至于零。因而钢结构适用于热车间,但温度超过 100 ℃时要采用隔热板加以保护。在有特殊防火需求的建筑中,钢结构必须采用耐火材料加以保护,以提高耐火等级。

⑥钢结构耐腐蚀性差。特别是在潮湿和腐蚀性介质的环境中,钢结构容易锈蚀。一般钢结构要除锈、镀锌或涂料,且应定期维护。对处于海水中的海洋平台结构,需采用"锌块阳极保护"等特殊措施以防腐蚀。

4.1.2 钢结构的应用

钢结构以不可替代的独特优势,在工业厂房、文教体育建设、市政基础设施建设、电力、桥梁、海洋石油工程、航空航天等行业得到了广泛的应用。另外,随着国家对装配式住宅的推广,钢结构正逐步进入住宅建设领域。目前钢结构被广泛应用于以下工程中。

①工业厂房的承重骨架(见图4-1)。大型炼钢、轧钢、火力发电厂及重型机械制造厂等设备车间,其跨度大、高度高,且有重级工作制的大吨位吊车和有较大振动的生产设备,有些车间承重骨架还要承受较高的热辐射,一般均采用钢结构。

②门式刚架轻型房屋钢结构(见图4-2)。轻型钢结构建筑采用轻质屋面、轻质墙体和高效型材(如热轧H型钢、冷弯薄壁型钢、钢管、低合金高强度钢材等),单位面积用钢量较低的单层和多层轻型房屋钢结构体系,因适应建筑市场标准化、模数化、系列化及构件工厂化、生产化的要求,被广泛应用于厂房、车间、超市、办公楼、仓库等。

图4-1 钢结构厂房

图4-2 门式刚架超市

③大跨度钢结构(见图4-3)。随着我国经济的快速发展,需要建造体育馆、文化馆、火车站、航空港、飞机库等大空间或超大空间建筑物,以满足人们对建筑功能和建筑造型多样化的要求。钢材以其轻质高强、易加工、塑性良好等特性在大跨度空间结构中得到广泛的应用。平板网架结构、网壳结构、悬索结构、张拉式膜结构等新颖的结构形式被建筑师和结构工程师用来建造功能各异、新颖别致的建筑。

④多层和高层钢结构(见图4-4)。考虑减轻结构自重、降低基础工程造价、减少建筑中结构支撑骨架所占的面积等因素,而且钢结构的抗震性能优于钢筋混凝土结构,施工周期短,高层(特别是200 m以上的超高层)建筑一般采用钢结构、钢-混凝土结构。

⑤塔桅钢结构(见图4-5)。输电线路塔架、电视塔、钻井塔架、卫星和火箭发射塔、无线电广播发射桅杆等高耸结构常采用钢结构。

⑥钢筒仓结构(见图4-6)。壳体结构用于储油罐、煤气罐、输油管道及炉体结构等要求密闭承压的各种容器。

图 4-3　大跨度钢结构(天津西站)

图 4-4　高层钢结构(周大福金融中心)

图 4-5　塔桅钢结构

图 4-6　钢筒仓结构

4.1.3　钢结构对钢材性能的要求

钢结构在使用过程中会承受各种形式的荷载和作用,所以钢材应具有抵抗荷载作用而不发生破坏或者不产生过大变形的能力,这种能力被称为钢材的力学性能。钢材的各种性能指标是钢结构设计的重要依据。

1. 强度

钢材的强度性能包括屈服强度和抗拉强度,见附表 18。

①屈服强度 f_y。屈服强度是衡量材料承载能力和确定强度设计值的重要指标。钢材强度设计值一般根据钢材屈服强度来确定,钢材强度设计值 $f = \dfrac{f_y}{\gamma_R}$,其中 γ_R 为钢材强度分项系数。

②抗拉强度 f_u。抗拉强度是钢材破坏前所能承受的最大应力,是衡量钢材抵抗拉断的性能指标,同时还能反映钢材内部组织的优劣。抗拉强度 f_u 高,表示钢材具有较充足的强度储备。结构用钢要求 $f_y/f_u \leqslant 0.9$。

2. 塑性

钢材的塑性一般指应力超过屈服点后,具有显著的塑性变形而不断裂的性质。衡量钢材塑性变形能力的主要指标是伸长率 δ 和断面收缩率 ψ。

3. 冷弯性能

钢材的冷弯性能是其塑形性能的一个重要指标,也是衡量钢材质量的一个综合指标。钢材冷弯性能的优劣是以钢材试件在常温下进行冷弯试验(见图4-7),并以其能承受的弯曲程度来评价。钢试件的弯曲程度一般用弯曲角度和弯心直径 d 对试件厚度 a 的比值来衡量。弯曲角度越大,弯心直径对试件厚度的比值越小,试件的弯曲程度就越大,钢材的冷弯性能就越好。当试件弯曲到规定角度后检查试件弯曲部位的外拱面、内里面和两侧面,如无裂纹、断裂或分层,即认为试件冷弯试验合格。

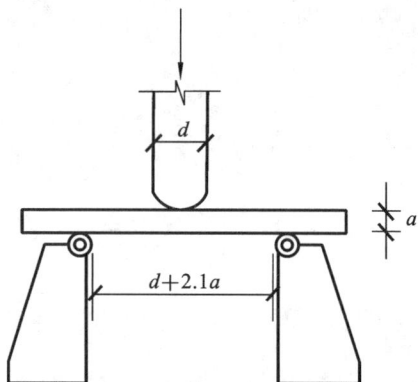

图 4-7 冷弯试验示意图

4. 冲击韧性

冲击韧性是钢材抵抗冲击荷载而不破坏的能力,工程中常用冲击韧性来衡量钢材抗脆断的性能和承受动力荷载的性能。根据《碳素结构钢》的规定,冲击韧性试验(见图 4-8)采用国际通用的夏比(Charpy)V 形缺口试件在夏比试验机进行试验。试件断口处折断所需单位面积上的功即为冲击韧性值,用 A_{kv} 表示,单位为焦耳 J。

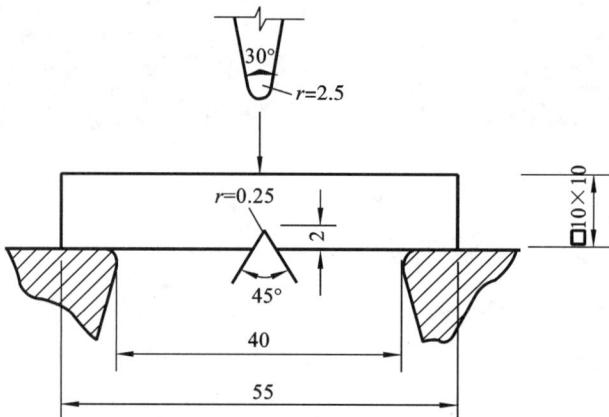

图 4-8 钢材的冲击韧性试验

除钢材的内部组织和成分外,低温对冲击韧性有显著影响,温度低于某值时,冲击韧性值将急剧降低,容易导致钢材的脆性破坏,这种现象称为冷脆。因此寒冷地区的重要结构,尤其承受动力荷载的结构,不仅要求保证常温[(20±5)℃]的冲击韧性,还要保证负温(−20 ℃、−40 ℃

或－60 ℃)的冲击韧性。承受动力荷载及抗震设防的主要承重构件所用钢材均应保证合格的冲击功值。

冲击韧性是钢材质量等级划分的重要依据。

5．焊接性能

焊接性能是指钢材在一定的焊接工艺条件下,获得质量良好焊接节点的性能。焊接的质量取决于焊接工艺、焊接材料及钢材的焊接性能。《钢结构焊接规范》根据钢材碳当量数值将钢结构工程焊接难度划分为 4 个等级。随着含碳量(碳当量)数值增加,钢材的焊接性能下降,因此焊接结构用钢材要严格限制含碳量(碳当量)。

6．钢材的 Z 向性能(层状撕裂)

钢材的性能还与轧制过程有关。钢板在顺轧制方向的性能比垂直轧制方向(横向)的性能要好,而厚度方向性能最差。厚钢板较薄钢板辊轧的次数少,垂直厚度方向拉力作用容易引起钢板的层状撕裂。因此钢结构设计标准规定当采用厚度大于 40 mm 的钢板时,应符合《厚度方向性能钢板》的相应等级要求。

4.1.4　钢材的种类和规格

钢材的种类很多,但适用于钢结构的只有少数几种。

1．钢材的种类

我国建筑结构用钢主要有碳素结构钢和低合金钢两类。

在钢结构工程中最常用的碳素结构钢为 Q235,分为 A、B、C、D 四个等级,以等级 A 为最低,等级 D 为最高。

低合金高强度结构钢是在钢中加入适量的合金元素,如锰、钒、硅等,使其晶粒变细、均匀,从而提高钢材的强度,又不降低其塑性及冲击韧性。《钢结构设计标准》推荐采用的低合金高强度钢为 Q355、Q390、Q420、Q460 和 Q345GJ,质量等级分为 B、C、D、E、F 五个等级。

质量等级 A 没有冲击韧性要求,质量等级 B、C、D、E、F 分别要求＋20 ℃、0 ℃、－20 ℃、－40 ℃、－60 ℃的冲击韧性。

按脱氧方法,碳素钢分为沸腾钢(符号 F)、镇静钢(符号 Z)和特殊镇静钢(符号 TZ)。镇静钢脱氧充分,沸腾钢脱氧较差,钢结构一般采用镇静钢。

结构钢的钢材牌号由代表屈服点"屈"字的汉语拼音首字母 Q、屈服强度数值、质量等级符号和脱氧方法符号四部分按顺序组成。如"Q235A•F"表示屈服强度为 235 MPa,质量等级为 A 级,脱氧方法为沸腾钢。在钢材牌号表示方法中镇静钢和特殊镇静钢的符号可以省去。如"Q355C•TZ"表示屈服强度为 355 MPa,质量等级为 C 级,脱氧方法为特殊镇静钢,一般写作"Q355C"。

2．钢材的规格

钢结构所用钢材品种包括钢板、型钢和冷弯薄壁型钢等。

(1) 钢板

如"－12×800×1200",表示钢板厚度为 12 mm,宽度为 800 mm,长度为 1200 mm。

（2）型钢

①热轧型钢。

热轧型钢中最常用的是热轧 H 型钢和剖分 T 型钢［见图 4-9(a)、(b)］，与普通工字钢相比，其翼缘内外两表面平行，便于与其他构件连接。热轧 H 型钢分为宽翼缘（HW）、中翼缘（HM）、窄翼缘（HN）与薄壁 H 型钢（HT）四个系列，剖分 T 型钢系列分为宽翼缘（TW）、中翼缘（TM）、窄翼缘（TN）三个系列。如"HW350×350"表示热轧宽翼缘 H 型钢高度为 350 mm，宽度为 350 mm。

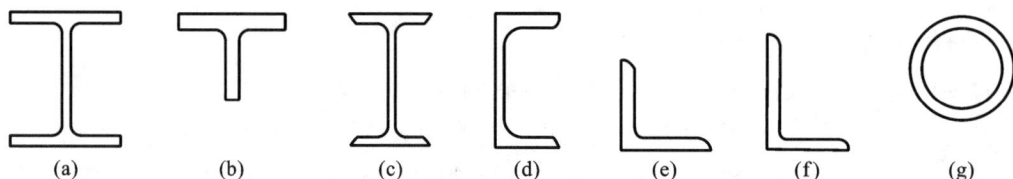

图 4-9 型钢种类

(a)H 型钢；(b)剖分 T 型钢；(c)工字钢；(d)槽钢；(e)等边角钢；(f)不等边角钢；(g)钢管

热轧型钢还有热轧工字钢［见图 4-9(c)］、槽钢［见图 4-9(d)］、等边与不等边角钢［见图 4-9(e)、(f)］。工字钢和槽钢以截面高度厘米数编号，根据腹板厚度分为 a、b、c 三类，a 类腹板较薄。如"[36b"表示热轧普通槽钢高度为 360 mm，腹板厚度为 b 类，截面具体尺寸可查型钢表。角钢如"L100×80×10"表示不等边角钢长肢宽度为 100 mm，短肢宽度为 80 mm，厚度为 10 mm。

②焊接 H 型钢。

焊接 H 型钢可以根据实际需要选择截面板件尺寸，广泛应用于工业与民用建筑、构筑物及非标准设备钢结构中。

③钢管［见图 4-9(g)］。

钢管根据截面形状可分为圆管、方管和矩形钢管。如"ϕ95×5"表示钢管外径为 95 mm，壁厚为 5 mm。

（2）冷弯薄壁型钢

建筑结构中常用的冷弯薄壁型钢是由薄钢板（厚 1.5～6 mm）经冷弯或模压而成的。截面形式有角钢、槽钢、Z 形钢、帽形钢、钢管等（见图 4-10）。此外还有广泛用于墙面和屋面材料的彩色压型钢板（厚 0.4～2 mm）。

图 4-10 冷弯薄壁型钢

冷弯薄壁型钢厚度小，制成的构件截面开展、惯性矩大，在轻型房屋建筑中可以用作梁构件、柱构件、墙架、檩条等，这些构件应按《冷弯薄壁型钢结构技术规范》进行设计。

4.2 钢结构的构件

根据截面形式不同,钢结构的构件可分为实腹式和格构式两大类。本节主要介绍实腹式钢构件。

根据受力情况不同,钢结构的构件分为三种,分别是轴心受力构件、受弯构件和拉弯(同时承受轴向拉力和弯矩的构件)、压弯构件(同时承受轴向压力和弯矩的构件)。如框架-支撑结构体系(见图 4-11)中,柱间支撑为轴心受力构件,梁为受弯构件,柱一般为压弯构件。

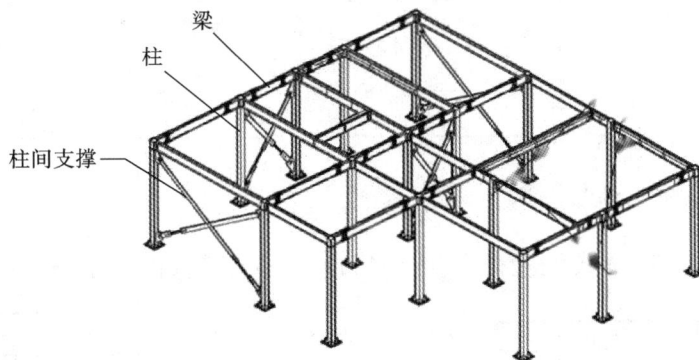

图 4-11 框架-支撑结构

结构中构件的受力应根据实际情况进行分析计算。如钢桁架(见图 4-12)无节间荷载,则杆件均为轴心受力;但如果有节间荷载(见图 4-13)作用,则上弦杆为压弯构件,下弦杆为拉弯构件。

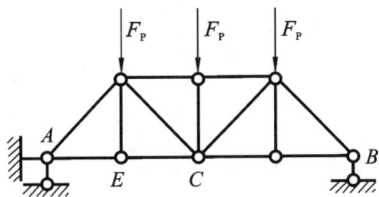

图 4-12 钢桁架(无节间荷载)

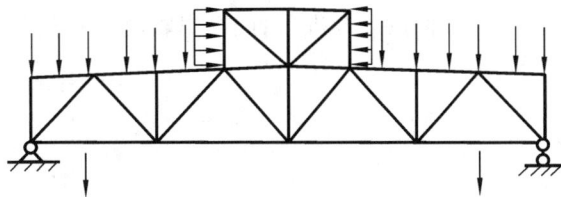

图 4-13 钢桁架(有节间荷载)

设计三种构件时均应满足承载能力和正常使用两种极限状态(表 4-1)的要求。

表 4-1 钢结构构件的设计内容

构件		设计内容	
		承载能力极限状态	正常使用极限状态
轴心受力构件	受拉	强度	刚度(长细比 λ)
	受压	强度	刚度(长细比 λ)
		整体稳定	
		局部稳定	

续表

构件		设计内容		
		承载能力极限状态		正常使用极限状态
受弯构件		强度		刚度(挠度)
		整体稳定		
		局部稳定		
拉弯、压弯构件	拉弯	强度		刚度(长细比 λ)
	压弯	强度		刚度(长细比 λ)
		整体稳定	平面内	
			平面外	
		局部稳定		

4.2.1　轴心受力构件

轴心受力构件包括轴心受拉构件(见图 4-14)和轴心受压构件(见图 4-15)。

图 4-14　轴心受拉

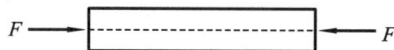

图 4-15　轴心受压

1. 轴心受拉构件

(1)强度

轴心受拉构件的承载能力极限状态可能是全截面应力均匀达到屈服强度,也可能是净截面被拉断。《钢结构设计标准》由此给出轴心受拉构件强度计算公式。

$$\sigma = \frac{N}{A} \leqslant f \tag{4.1}$$

$$\sigma = \frac{N}{A_n} \leqslant 0.7 f_u \tag{4.2}$$

式中:N——所计算截面的拉力设计值;

A——构件的毛截面面积;

A_n——构件的净截面面积;

f——钢材的抗拉强度设计值(附表 18);

f_u——钢材的抗拉强度(附表 18)。

①若截面无削弱,合并式(4.1)、式(4.2)为 $\sigma = \frac{N}{A} \leqslant \min\{f, 0.7 f_u\}$,对于 Q235、Q355、Q390 钢材,因为 $f \leqslant 0.7 f_u$,强度按式(4.1)计算即可。

②若截面有削弱,如有螺栓孔洞,则需按式(4.1)、式(4.2)分别进行强度计算。

(2)刚度

为满足结构的正常使用要求,轴心受力构件应具有一定的刚度,以保证构件在运输和安装过程中不会产生弯曲或过大的变形,在使用期间不会因自重产生明显下挠,在动力荷载作用下也不会发生较大的振动。

轴心受拉构件的刚度是通过限制其长细比来保证的。《钢结构设计标准》(GB 50017—2017)根据构件的重要性和荷载情况,规定了轴心受拉构件长细比容许值[附表 19(a)]。

$$\lambda = \frac{l_0}{i} \leqslant [\lambda] \tag{4.3}$$

式中:λ——构件的长细比;

l_0——构件的计算长度;

i——构件截面的回转半径;

$[\lambda]$——构件的长细比容许值[附表 19(a)]。

按式(4.3)进行长细比验算时,构件两主轴方向长细比均需满足要求,即 $\max\{\lambda_x, \lambda_y\} \leqslant [\lambda]$。

【例 4-1】 桁架下弦杆轴心拉力设计值 $N = 520$ kN(静力荷载),构件计算长度 $l_{0x} = l_{0y} = 3000$ mm,截面形式为 HW100×100×6×8[附表 20(b)],钢材为 Q235B。试验算此下弦杆是否满足要求。

【解】

查表得:$f = 215$ N/mm²,$[\lambda] = 350$,$A = 21.90$ cm²,$i_x = 4.18$ cm,$i_y = 2.47$ cm

(1)强度验算

$$\frac{N}{A} = \frac{420 \times 10^3}{21.90 \times 10^2} \text{ N/mm}^2 = 191.8 \text{ N/mm}^2 < f = 215 \text{ N/mm}^2$$

(2)刚度验算

$$\lambda_x = \frac{l_{0x}}{i_x} = \frac{3000}{41.8} = 71.77 < [\lambda] = 350$$

$$\lambda_y = \frac{l_{0y}}{i_y} = \frac{3000}{24.7} = 121.5 < [\lambda] = 350$$

该下弦杆满足要求。

2. 轴心受压构件

(1)强度计算

轴心受压构件发生强度破坏时,全截面应力均匀达到屈服强度。轴心受压构件强度按式(4.1)计算。

(2)整体稳定计算

一般情况下,当轴心受压构件的长细比较大而截面又无孔洞削弱时,在截面应力达到屈服强度之前,构件会在其刚度较小方向产生较大变形而进入屈曲状态,即构件在强度破坏之前会丧失整体稳定。整体稳定是轴心受压构件截面设计的控制因素。

①理想轴心受压构件的屈曲临界力。

理想轴心受压构件就是假设构件完全挺直,荷载沿构件形心作用,在承受荷载之前构件无初始应力、初弯曲和初偏心等缺陷,截面沿构件长度均匀。当压力达到临界值时,理想轴心受压构件可能有三种屈曲形式。

a. 弯曲屈曲[见图 4-16(a)]。构件截面只绕一个主轴旋转,构件纵轴由直线变为曲线,这是双轴对称(如 H 形、工字形)截面构件最常见的屈曲形式。

b. 扭转屈曲[见图 4-16(b)]。构件除支承端外的各截面均绕纵轴扭转,如十字形截面构件一般发生扭转屈曲。

c. 弯扭屈曲[见图 4-16(c)]。单轴对称截面构件绕对称轴屈曲时,在发生弯曲的同时伴随着扭转,如 T 形截面构件绕对称轴发生的弯扭屈曲。

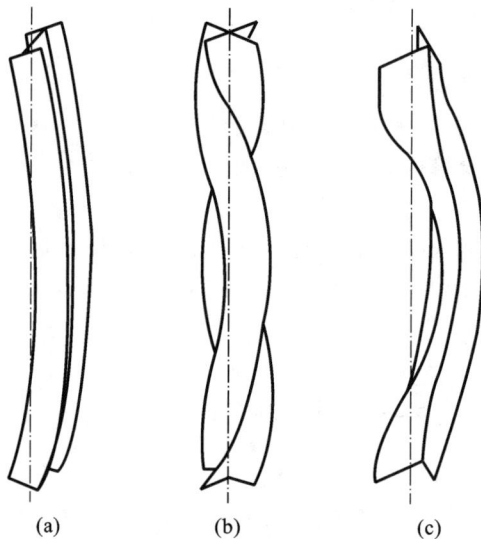

图 4-16 轴心受压构件的屈曲形式
(a)弯曲;(b)扭转;(c)弯扭

长度为 l、两端铰接的等截面理想轴心受压构件,当轴力 N 达到临界值时,构件处于微弯状态,其弹性弯曲屈曲临界力 $N_{cr} = \dfrac{\pi^2 EI}{l^2}$。实际工程中,轴心受压构件端部不可能都为铰接,考虑构件实际支承情况,则屈曲临界力为 $N_{cr} = \dfrac{\pi^2 EI}{(\mu l)^2}$。式中 μ 为构件计算长度系数(单根轴心受压构件计算长度系数见表 4-2)。

表 4-2 轴心受压构件计算长度系数 μ

简　　图						
μ 的理论值	0.50	0.70	1.0	1.0	2.0	2.0
μ 的建议值	0.65	0.80	1.0	1.2	2.1	2.0
端部支承条件符号说明	无转动 无侧移		无转动 自由侧移		自由转动 无侧移	自由转动 自由侧移

扭转屈曲、弯扭屈曲临界力本书不做介绍。

②轴心受压构件的整体稳定计算。

构件不发生整体失稳,即在轴心力作用下构件的应力不应大于失稳时的临界应力,考虑抗力分项系数 γ_R,则:

$$\sigma = \frac{N}{A} \leqslant \frac{N_{cr}}{A \cdot \gamma_R} = \frac{\sigma_{cr}}{\gamma_R} = \frac{\sigma_{cr}}{f_y} \cdot \frac{f_y}{\gamma_R} = \varphi \cdot f$$

《钢结构设计标准》规定:除可考虑屈服后强度(本书不做介绍)的实腹式构件外,轴心受压构件的整体稳定采用下式计算:

$$\frac{N}{\varphi A f} \leqslant 1.0 \tag{4.4}$$

式中: φ——轴心受压构件的整体稳定系数,取截面两主轴稳定系数中的较小者,即 $\varphi = \min\{\varphi_x, \varphi_y\}$。

实际工程中,构件不可避免地存在初弯曲、荷载初偏心和残余应力等初始缺陷,构件屈曲也可能会发生在弹塑性阶段,这些因素都会影响轴心受压构件的稳定承载力,必须加以考虑。

《钢结构设计标准》在理论分析的基础上,综合考虑各种因素,结合工程实际,给出计算整体稳定系数 φ 的表格(附表 22),表中钢号修正系数 $\varepsilon_k = \sqrt{235/f_y}$。

整体稳定系数 φ 与构件长细比、钢材屈服强度和截面分类(附表 21)有关。

【例 4-2】　某轴心受压构件,钢材为 Q355C,截面为轧制 HW200×200×8×12(附表 20),两主轴方向计算长度分别为 $l_{0x} = 3000$ mm, $l_{0y} = 1500$ mm。计算该构件整体稳定系数 φ。

【解】　查附表 18 得, $f_y = 355$ N/mm², 则 $\varepsilon_k = \sqrt{\dfrac{235}{355}} = 0.814$

查附表 20 得, $i_x = 8.61$ cm, $i_y = 2.40$ cm

则　　　　　　$\lambda_x = \dfrac{l_{0x}}{i_x} = \dfrac{3000}{86.1} = 34.84$, 　$\lambda_y = \dfrac{l_{0y}}{i_y} = \dfrac{1500}{24.0} = 62.50$

则　　　　　　$\dfrac{\lambda_x}{\varepsilon_k} = \dfrac{34.84}{0.814} = 42.80$, 　$\dfrac{\lambda_y}{\varepsilon_k} = \dfrac{62.50}{0.814} = 76.78$

$\dfrac{b}{h} = \dfrac{200}{200} = 1.0 > 0.8$,查附表 20 得,对 x 轴, a^* 类截面;对 y 轴, b^* 类截面。由附表 21 注① 可知,Q355 钢对 x 轴取 a 类,对 y 轴取 b 类。

查附表 22(a)得:　　　　　　　　　$\varphi_x = 0.935$

查附表 22(b)得:　　　　　　　　　$\varphi_y = 0.708$

∴ $\varphi = \min\{\varphi_x, \varphi_y\} = \varphi_y = 0.708$

【例 4-3】　某车间工作平台柱高 2.5 m,按两端铰接的轴心受压柱考虑,即计算长度为 $l_{0x} = l_{0y} = 2500$ mm。如果柱采用 Ⅰ 16,试计算:

①钢材采用 Q235C 时,设计承载力为多少?

②改用 Q355C 钢时,设计承载力是否显著提高?

③如果轴心压力设计值为 330 kN, Ⅰ 16 能否满足要求? 如不满足,从构造上采取什么措施可满足要求?

【解】

查附表 20 得：$A=26.1\ \text{cm}^2$，$I_x=1130\ \text{cm}^4$，$I_y=93\ \text{cm}^4$，$i_x=6.58\ \text{cm}$，$i_y=1.89\ \text{cm}$

$$b=88\ \text{mm}, \quad h=160\ \text{mm}, \quad \frac{b}{h}=\frac{88}{160}=0.55<0.8$$

由附表 21，对 x 轴，a 类截面；对 y 轴，b 类截面

$$l_{0x}=l_{0y}=\mu l=1.0\times2600=2600\ \text{mm}$$

$$\lambda_x=\frac{l_{0x}}{i_x}=\frac{2600}{65.8}=39.5$$

$$\lambda_y=\frac{l_{0y}}{i_y}=\frac{2600}{18.9}=137.6$$

① 钢材采用 Q235C，由附表 18 得 $f=215\ \text{N/mm}^2$

查附表 22(a)得： $\varphi_x=0.940$

查附表 22(b)得： $\varphi_y=0.355$

根据式(4.4)可得

$$N=\varphi\cdot A\cdot f=\min\{\varphi_x,\varphi_y\}\cdot A\cdot f=\varphi_y\cdot A\cdot f$$
$$=0.355\times26.1\times10^2\times215\ \text{N}$$
$$=199208\ \text{N}=199.2\ \text{kN}$$

∴ 设计承载力 $N=199.2\ \text{kN}$

② 钢材采用 Q355C，由附表 18 得 $f=305\ \text{N/mm}^2$，$\varepsilon_k=\sqrt{\dfrac{235}{355}}=0.814$

$$\frac{\lambda_x}{\varepsilon_k}=\frac{39.5}{0.814}=48.5$$

$$\frac{\lambda_y}{\varepsilon_k}=\frac{137.6}{0.814}=169.0$$

查附表 22(a)得： $\varphi_x=0.920$

查附表 22(b)得： $\varphi_y=0.251$

根据式(4.4)得：

$$N=\varphi\cdot A\cdot f=\min\{\varphi_x,\varphi_y\}\cdot A\cdot f=\varphi_y\cdot A\cdot f$$
$$=0.251\times26.1\times10^2\times305\ \text{N}$$
$$=199809\ \text{N}=199.8\ \text{kN}$$

∴ 设计承载力 $N=199.8\ \text{kN}$

③ 给弱轴（y 轴）方向设置支撑，减小构件该方向计算长度，则

$$l_{0y}=1.0\times\frac{2600}{2}=1300\ \text{mm}$$

$\lambda_y=\dfrac{l_{0y}}{i_y}=\dfrac{1300}{18.9}=68.8$，钢材仍采用 Q235C，查附表 22(b)得：$\varphi_y=0.758$

$$N=\varphi_y\cdot A\cdot f=0.758\times26.1\times10^2\times215\ \text{N}=425352\ \text{N}=425.4\ \text{kN}>330\ \text{kN}$$

∴ 设置支撑，能使构件承载能力达到 425 kN。

通过计算结果可知：①提高钢材强度并不能明显提高轴心受压构件承载能力；②工字形截

面两个方向回转半径相差较大,当两个方向计算长度相等时,构件承载能力取决于弱轴(回转半径较小)方向承载能力,造成强轴(回转半径较大)方向承载能力的浪费;③给弱轴方向设置支撑,减少其计算长度,能明显提高构件的承载能力;④轴心受压构件截面设计时,最经济合理的截面形式是使构件两个方向同时屈曲,即设计时尽量保证两个主轴方向等稳定。

【**例 4-4**】 两种组合截面(焊接截面,翼缘为焰切边)(见图 4-17)的截面积相等,钢材均为 Q235B,当用作长度为 10 m 的两端铰接轴心受压柱时,是否能安全承受设计荷载 2800 kN?

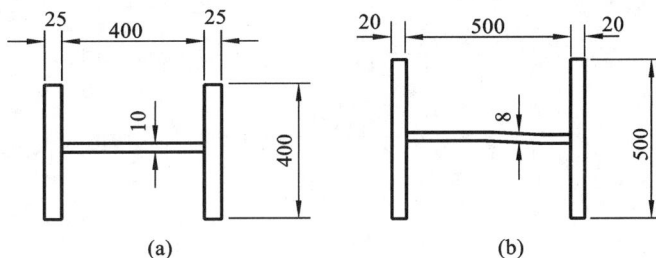

图 4-17 例题 4-4 图

【**解**】

查附表 18 得 $f=205$ N/mm²(按较厚板件查强度设计值)

$$A=(400\times10+2\times400\times25)\,\text{mm}^2=24000\;\text{mm}^2$$

由表 4-2 得 $\mu=1.0$,则 $l_{0x}=l_{0y}=\mu\cdot l=1.0\times10000$ mm$=10000$ mm

(1) 截面(a)构件承载能力计算

$$I_x=\frac{1}{12}\times400\times(400+2\times25)^3\;\text{mm}^4-\frac{1}{12}\times(400-10)\times400^3\;\text{mm}^4=957500000\;\text{mm}^4$$

$$I_y=2\times\frac{1}{12}\times25\times400^3\;\text{mm}^4+\frac{1}{12}\times400\times10^3\;\text{mm}^4=266700000\;\text{mm}^4$$

$$i_x=\sqrt{\frac{I_x}{A}}=\sqrt{\frac{957500000}{24000}}\;\text{mm}=199.7\;\text{mm}$$

$$i_y=\sqrt{\frac{I_y}{A}}=\sqrt{\frac{266700000}{24000}}\;\text{mm}=105.4\;\text{mm}$$

$$\lambda_x=\frac{l_{0x}}{i_x}=\frac{10000}{199.7}=50.1$$

$$\lambda_y=\frac{l_{0y}}{i_y}=\frac{10000}{105.4}=94.9$$

由附表 21 得:对 x 轴,b 类截面;对 y 轴,c 类截面

查附表 22(b)得: $\varphi_x=0.856$

查附表 22(c)得: $\varphi_y=0.488$

根据式(4.4)

$$N=\varphi\cdot A\cdot f=\min\{\varphi_x,\varphi_y\}\cdot A\cdot f=\varphi_y\cdot A\cdot f$$
$$=0.488\times24000\times205\;\text{N}$$
$$=2400960\;\text{N}=2401\;\text{kN}$$

∵ $N=2401$ kN$<$2800 kN

∴ 截面(a)不能安全承受设计荷载 2800 kN。

(2) 截面(b)构件承载能力计算

$$I_x=\frac{1}{12}\times500\times(500+2\times20)^3\ \text{mm}^4-\frac{1}{12}\times(500-8)\times500^3\ \text{mm}^4=1436000000\ \text{mm}^4$$

$$I_y=2\times\frac{1}{12}\times20\times500^3\ \text{mm}^4+\frac{1}{12}\times500\times8^3\ \text{mm}^4=416688000\ \text{mm}^4$$

$$i_x=\sqrt{\frac{I_x}{A}}=\sqrt{\frac{1436000000}{24000}}\ \text{mm}=244.6\ \text{mm}$$

$$i_y=\sqrt{\frac{I_y}{A}}=\sqrt{\frac{416688000}{24000}}\ \text{mm}=131.8\ \text{mm}$$

$$\lambda_x=\frac{l_{0x}}{i_x}=\frac{10000}{244.6}=40.9$$

$$\lambda_y=\frac{l_{0y}}{i_y}=\frac{10000}{131.8}=75.9$$

由附表 21 得:对 x 轴,b 类截面;对 y 轴,c 类截面

查附表 22(b)得: $\varphi_x=0.895$

查附表 22(c)得: $\varphi_y=0.603$

根据式(4.4)

$$N=\varphi\cdot A\cdot f=\min\{\varphi_x,\varphi_y\}\cdot A\cdot f=\varphi_y\cdot A\cdot f$$
$$=0.603\times24000\times205\ \text{N}$$
$$=2966760\ \text{N}=2966.8\ \text{kN}$$

∵ $N=2966.8$ kN$>$2800 kN

∴ 截面(b)能安全承受设计荷载 2800 kN。

通过计算结果可知:①轴心受压构件截面面积相同,构件截面越开展(截面面积远离截面形心),其整体稳定承载能力越高;②轴心受压构件承载能力由绕弱轴方向的整体稳定承载能力决定。

(3) 局部稳定计算

为了提高轴心受压构件的整体稳定承载力,一般组成构件的板件宽(高)厚比都较大。板件过薄,在压力作用下板件将离开平面位置而发生凸曲现象,这种现象称为构件丧失局部稳定。构件丧失局部稳定后还可能继续维持平衡状态,但由于部分板件屈曲后退出工作,使构件有效截面减少,将加速构件整体失稳而使构件丧失承载能力。

根据弹性力学小挠度理论,在单向压力(见图 4-18)作用下,板件的临界应力 σ_{cr1} 与板件$(t/b)^2$成正比,可表示为 $\sigma_{cr1}=K\cdot(t/b)^2$,其中 K 为系数,与板端支承条件、屈曲是发生在弹性阶段还是弹塑性阶段等因素有关。

板件不发生局部失稳,则板件的屈曲不先于构件的整体失稳,即板件临界应力 $\sigma_{cr1}\geqslant$ 构件临界应力 σ_{cr},可表示为 $K\cdot(t/b)^2\geqslant\varphi\cdot f$,据此可推导出保证构件局部稳定时其板件宽(高)厚比的限值。下面介绍工程中常用截面形式板件宽(高)厚比限值。

①H 形(工字形)截面(见图 4-19)。

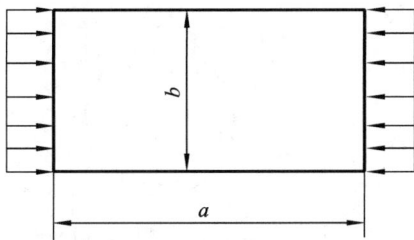

图 4-18　板单向受压示意图

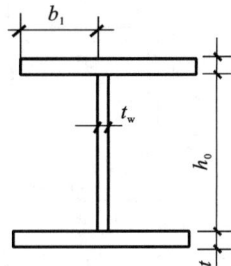

图 4-19　H 形(工字形)截面

a. 翼缘。

翼缘可视为三边简支、一边自由的均匀受压板件,可求出系数 K,从而得到翼缘外伸部分的宽厚比 b_1/t 与构件长细比 λ 的关系式。此关系式较为复杂,为了便于应用,《钢结构设计标准》采用简单的直线式表达如下:

$$\frac{b_1}{t} \leqslant (10 + 0.1\lambda) \cdot \varepsilon_k \tag{4.5}$$

式中:λ——构件两个方向长细比的较大值,当 $\lambda < 30$ 时,取 $\lambda = 30$;当 $\lambda > 100$ 时,取 $\lambda = 100$;

　　b_1, t——翼缘自由外伸宽度和厚度。

b. 腹板。

腹板可视为四边简支的单向均匀受压板。《钢结构设计标准》给出腹板高厚比限值表达式如下:

$$\frac{h_0}{t_w} \leqslant (25 + 0.5\lambda) \cdot \varepsilon_k \tag{4.6}$$

式中:λ——取值同翼缘;

　　h_0, t_w——腹板计算高度和厚度。

②箱形截面(见图 4-20)。

箱形截面轴心受压构件的翼缘与腹板均为四边简支的单向均匀受压板。《钢结构设计标准》给出翼缘宽厚比、腹板高厚比限值表达式分别如下:

$$\frac{b_0}{t} \leqslant 40\varepsilon_k \tag{4.7}$$

$$\frac{h_0}{t_w} \leqslant 40\varepsilon_k \tag{4.8}$$

式中:b_0, t——腹板之间翼缘的宽度和厚度。

③圆钢管截面(见图 4-21)。

《钢结构设计标准》给出圆钢管径厚比限值表达式如下:

$$\frac{D}{t} \leqslant 100\varepsilon_k^2 \tag{4.9}$$

式中:D, t——圆钢管的外直径和壁厚。

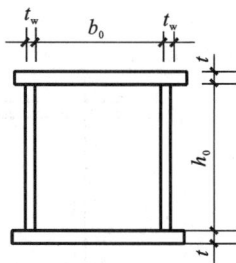

图 4-20 箱形截面

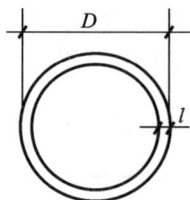

图 4-21 圆钢管截面

轴心受压构件的局部稳定是限制其组成板件的宽(高)厚比来保证的。对于热轧型钢截面,由于其板件的宽厚比较小,一般能满足要求,无须进行局部稳定验算。对于组合截面,则应对板件的宽(高)厚比进行验算。

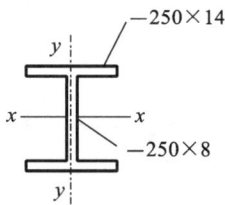

图 4-22 例题 4-5 图

【**例 4-5**】 某轴心受压构件(截面见图 4-22),钢材为 Q235B,构件两个方向长细比分别为 $\lambda_x = 25.0, \lambda_y = 105.0$。试验算该构件板件的局部稳定是否满足要求。

【**解**】

$$\varepsilon_k = \sqrt{\frac{235}{f_y}} = \sqrt{\frac{235}{235}} = 1.0$$

(1)翼缘

$$\frac{b_1}{t} = \frac{(250-8)/2}{14} = 8.64$$

$$< (10+0.1\lambda) \cdot \varepsilon_k = (10+0.1 \times 100) \times 1.0 = 20$$

∴满足翼缘板宽厚比要求。

(2)腹板

$$\frac{h_0}{t_w} = \frac{250}{8} = 31.25$$

$$< (25+0.5\lambda) \cdot \varepsilon_k = (25+0.5 \times 100) \times 1.0 = 75$$

∴满足腹板高厚比要求。

(4)刚度计算

轴心受压构件的刚度也是通过限制其长细比来保证的,按式(4.3)计算。《钢结构设计标准》根据构件的重要性和荷载情况,规定了轴心受压构件长细比容许值[附表 19(b)]。

与轴心受拉构件不同的是,对于轴心受压构件,刚度过小会显著降低其稳定承载力。

【**例 4-6**】 某焊接箱形截面(见图 4-23)轴心受压柱,轴心压力设计值为 $N = 5100$ kN(静力荷载),柱两端铰接,计算长度 $l_{0x} = l_{0y} = 8900$ mm,钢材为 Q235B,验算该柱是否满足设计要求。

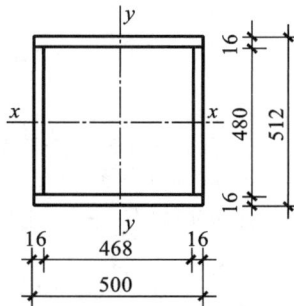

图 4-23 例题 4-6 图

【解】

查附表 18 得 $f = 205$ N/mm²

$$A = 2 \times 500 \times 16 \text{ mm}^2 + 2 \times 480 \times 16 \text{ mm}^2 = 31360 \text{ mm}^2$$

（1）强度验算

截面无削弱，不需要进行强度验算。

（2）整体稳定验算

$$I_x = \frac{1}{12} \times 500 \times 512^3 \text{ mm}^4 - \frac{1}{12} \times 468 \times 480^3 \text{ mm}^4 = 1279317333 \text{ mm}^4$$

$$I_y = \frac{1}{12} \times 512 \times 500^3 \text{ mm}^4 - \frac{1}{12} \times 480 \times 468^3 \text{ mm}^4 = 1233204053 \text{ mm}^4$$

$$i_x = \sqrt{\frac{I_x}{A}} = \sqrt{\frac{1279317333}{31360}} \text{ mm} = 202.0 \text{ mm}$$

$$i_y = \sqrt{\frac{I_y}{A}} = \sqrt{\frac{1233204053}{31360}} \text{ mm} = 198.3 \text{ mm}$$

$$\lambda_x = \frac{l_{0x}}{i_x} = \frac{8900}{202.0} = 44.1$$

$$\lambda_y = \frac{l_{0y}}{i_y} = \frac{8900}{198.3} = 44.9$$

焊接箱形截面，翼缘板件宽厚比 $\dfrac{b_0}{t} = \dfrac{468}{16} = 29.25 > 20$

由附表 21 得：对 x 轴，b 类截面；对 y 轴，b 类截面

查附表 22(b) 得：　　　　　$\varphi_x = 0.882$，　$\varphi_y = 0.878$

根据式（4.4）可得

$$\frac{N}{\varphi \cdot A \cdot f} = \frac{5100 \times 10^3}{0.878 \times 31360 \times 205} = 0.904 < 1.0$$

∴整体稳定满足要求。

（3）局部稳定验算

$$\varepsilon_k = \sqrt{\frac{235}{f_y}} = 1.0$$

根据式（4.7）可得，翼缘板宽厚比 $\dfrac{b_0}{t} = 29.25 < 40$，满足要求。

根据式（4.8）可得，腹板高厚比 $\dfrac{h_0}{t_w} = \dfrac{480}{16} = 30 < 40$，满足要求。

（4）刚度验算

查附表 19(b)：$[\lambda] = 150$

$$\max\{\lambda_x, \lambda_y\} = \lambda_y = 44.9 < [\lambda] = 150$$

∴刚度满足要求。

∴该轴心受压构件满足设计要求。

4.2.2 受弯构件

1. 受弯构件的类型

实腹式受弯构件通常称为梁,在土木工程中应用广泛,例如楼盖梁、屋盖梁、工作平台梁、吊车梁、屋面檩条和墙面檩条等。

按制作方法钢梁可分为型钢梁和组合梁两种。

型钢梁加工简单,应优先采用。型钢梁通常采用热轧工字钢、H 型钢和槽钢(见图 4-24),其中 H 型钢截面分布最合理,翼缘内外两表面平行,与其他构件连接较方便,用于梁的 H 型钢宜为窄翼缘型(HN 型)。

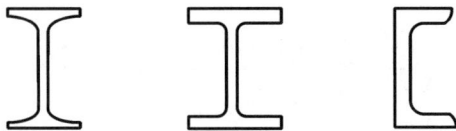

图 4-24　型钢梁

由于轧制条件的限制,热轧型钢的腹板较厚,用钢量较多,檩条和墙架横梁等受弯构件通常采用冷弯薄壁型钢(见图 4-25)更经济,但防腐要求高。

图 4-25　冷弯薄壁型钢

当荷载较大或梁跨度较大时,由于型钢受到截面尺寸的限制,不能满足承载力和刚度的要求,须采用组合梁(见图 4-26)。组合梁由钢板或型钢连接而成,最常采用的是三块钢板焊接而成的工字形截面。当焊接梁翼缘需要很厚时,可采用两层翼缘板。荷载很大而高度受到限制或梁的抗扭要求较高时,可采用箱形截面梁。组合梁的截面组成比较灵活,可使材料在截面上分布更为合理,节省钢材。

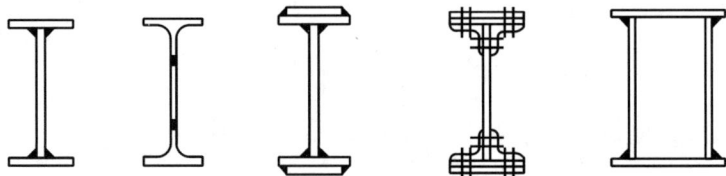

图 4-26　组合梁

梁可设计为简支梁、连续梁和悬臂梁等。简支梁用钢量较多,但其制造、安装和拆换方便,且不受温度变化和支座沉陷的影响,因而得到广泛的应用。

梁根据受力情况,可分为单向受弯梁和双向受弯梁,本章介绍单向受弯梁。

2. 梁的截面板件宽(高)厚比等级及限值

根据截面承载力和塑性转动变形能力的不同,《钢结构设计标准》将截面板件宽(高)厚比分为五个等级(表 4-3)。

表 4-3　梁的截面板件宽(高)厚比等级及限值

截面板件宽(高)厚比等级		S1 级	S2 级	S3 级	S4 级	S5 级
工字形(H 形)截面	翼缘 b_1/t	$9\varepsilon_k$	$11\varepsilon_k$	$13\varepsilon_k$	$15\varepsilon_k$	20
	腹板 h_0/t_w	$65\varepsilon_k$	$72\varepsilon_k$	$93\varepsilon_k$	$124\varepsilon_k$	250
箱形截面	腹板间翼缘 b_0/t	$25\varepsilon_k$	$32\varepsilon_k$	$37\varepsilon_k$	$42\varepsilon_k$	—
	腹板 h_0/t_w	$65\varepsilon_k$	$72\varepsilon_k$	$93\varepsilon_k$	$124\varepsilon_k$	250

S1 级截面:可达到全截面塑性,保证塑性铰具有塑性设计要求的转动能力,且在转动过程中承载力不降低,称为一级塑性截面或塑性转动截面。

S2 级截面:可达到全截面塑性,但由于截面局部屈曲,塑性铰转动能力有限,称为二级塑性截面。

S3 级截面:截面翼缘全部屈服,腹板可发展不超过四分之一截面高度的塑性,称为弹塑性截面。

S4 级截面:截面边缘纤维可达到屈服强度,但由于截面局部屈曲不能发展塑性,称为弹性截面。

S5 级截面:截面边缘纤维达到屈服前,腹板可能发生局部屈曲,称为薄壁截面。

塑性截面可达到全截面塑性,一级截面比二级截面的宽(高)厚比更小,因而在截面屈服后能发展更大的塑性变形而板件不发生屈曲。

3. 梁截面的强度计算

梁的截面强度包括受弯强度、受剪强度、局部承压强度和折算应力。本章梁均不考虑腹板屈曲后强度。

(1) 受弯强度

梁承受的荷载不断增加时,梁截面弯曲应力的发展可分为三个阶段,以双轴对称工字形截面梁(见图 4-27)为例介绍如下。

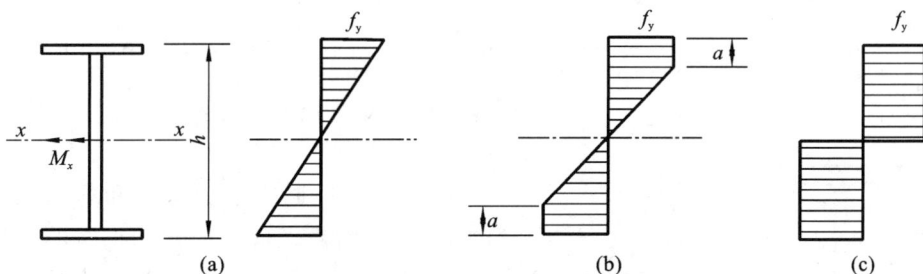

图 4-27　截面弯曲应力发展过程
(a)弹性阶段;(b)弹塑性阶段;(c)塑性阶段

①弹性阶段[见图 4-27(a)]。

荷载较小时,截面上各点的弯曲应力均小于钢材屈服强度 f_y,荷载继续增加,直至边缘纤维应力达到 f_y。

②弹塑性阶段[见图 4-27(b)]。

荷载继续增加,截面高度上、下各有一个高度为 a 的区域应力达到钢材屈服限度 f_y。截面中间区域仍为弹性。

③塑性阶段[见图 4-27(c)]。

荷载再继续增加,梁截面塑性区不断向截面内部发展,弹性区域不断变小。当弹性区域完全消失时,荷载不再增加,变形继续增大,形成"塑性铰",梁的承载能力达到极限状态。

计算梁的受弯强度时,虽然考虑截面塑性发展更经济,但若按截面形成塑性铰进行设计,梁产生的挠度可能过大。因此,《钢结构设计标准》只是有限制地利用塑性,取截面塑性发展深度 $a \leq 0.125h$,梁受弯强度按下式计算。

$$\frac{M_x}{\gamma_x \cdot W_{nx}} \leq f \tag{4.10}$$

式中:M_x——计算截面处绕 x 轴的弯矩设计值;

$\quad\quad W_{nx}$——对 x 轴的净截面模量;

$\quad\quad \gamma_x$——对 x 轴的截面塑性发展系数,当截面板件宽厚比等级为 S1、S2 和 S3 级时,按附表 23 选用;当截面板件宽厚比等级为 S4 或 S5 级时 $\gamma_x = 1.0$;需要计算疲劳的梁,宜取 $\gamma_x = 1.0$;

$\quad\quad f$——钢材的抗弯强度设计值(附表 18)。

当梁的受弯强度不满足设计要求时,增大梁的高度最有效。

【例 4-7】 某钢结构平台中次梁,两端铰接,跨度为 4 m,截面选用 I 32a,钢材为 Q355C,均布荷载设计值为 105 kN/m。验算该次梁受弯强度是否满足要求?

【解】

查附表 18 得,$f = 305$ N/mm²

查附表 20 得,$W_x = 692$ cm³

梁截面为 I 32a,可发展塑形。查附表 23 得,$\gamma_x = 1.05$

梁跨中最大弯矩 $M = \frac{1}{8}ql^2 = \frac{1}{8} \times 105 \times 4^2$ kN·m = 210 kN·m

$$\frac{M_x}{\gamma_x \cdot W_{nx}} = \frac{210 \times 10^6}{1.05 \times 692 \times 10^3} \text{ N/mm}^2 = 289.0 \text{ N/mm}^2 < f = 305 \text{ N/mm}^2$$

∴该次梁受弯强度满足要求。

(2)受剪强度

一般情况下,梁同时承受弯矩和剪力。在主平面受弯的梁,以截面最大剪应力达到钢材的抗剪屈服强度为承载力极限状态。截面最大剪应力位于腹板中和轴处,如双轴对称 H 型钢截面梁腹板的最大剪应力位于截面形心轴处(见图 4-28)。

梁受剪强度按下式计算:

$$\frac{V \cdot S}{I \cdot t_w} \leq f_v \tag{4.11}$$

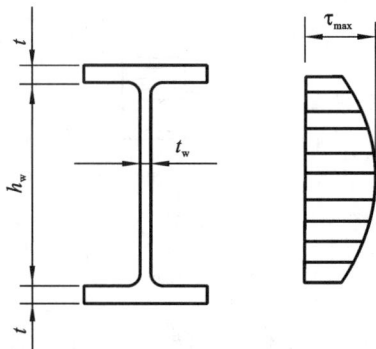

图 4-28 H 型钢腹板剪应力分布

式中：V——计算截面沿腹板平面作用的剪力设计值；

　　　S——计算剪应力处以上（或以下）梁的毛截面对中和轴的面积矩；

　　　I——梁的毛截面惯性矩；

　　　t_w——腹板厚度；

　　　f_v——钢材的抗剪强度设计值（附表18）。

一般情况梁均能满足式（4.11）要求，因此只在最大剪力截面处有较大削弱时，才需要进行受剪强度的计算。

（3）局部承压强度

当梁翼缘承受沿腹板平面作用的固定集中荷载（包括支座反力）且该荷载处又未设置支承加劲肋，或承受移动集中荷载（吊车的轮压）时，应计算腹板计算高度边缘处的局部承压强度。局部承压强度计算方法从略。

当局部承压强度不满足计算要求时，在固定集中荷载处（包括支座处）应配置支承加劲肋，并对支承加劲肋进行计算。对移动集中荷载，则应加大腹板厚度。

（4）折算应力

如前所述受弯强度、受剪强度、局部承压强度的计算，均是针对构件截面某一位置出现的最大单一应力进行验算的。在实际工程中，梁一些截面的某些位置还可能同时存在几种应力（如连续梁支座处截面翼缘与腹板相交处，同时存在较大正应力和较大剪应力），这些应力虽然不是最大值，但由于几种较大应力共同作用，可能使构件截面出现强度破坏。

在梁的腹板计算高度边缘处，若同时存在较大的正应力、剪应力和局部压应力，或同时存在较大的正应力和剪应力时，应验算该处的折算应力，具体计算方法从略。

4. 梁的整体稳定计算

梁主要用于承受弯矩，为了充分发挥钢材强度，梁截面通常设计得高而窄。工字形截面梁（见图4-29），荷载作用在最大刚度平面内，当荷载较小时，仅在弯矩作用平面内弯曲，当荷载增大到某一数值后，梁在弯矩作用平面内弯曲的同时，将突然发生侧向弯曲和扭转（弯扭屈曲），并丧失继续承载的能力，这种现象称为梁的整体失稳。梁维持其稳定平衡状态所承受的最大弯矩，称为临界弯矩 M_{cr}。

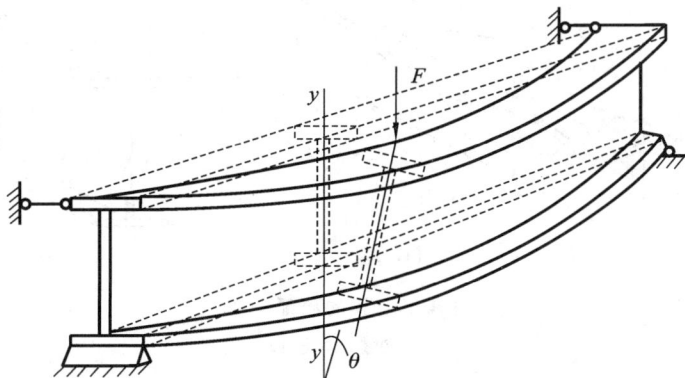

图 4-29　梁的整体失稳

若梁不发生整体失稳,则梁的最大正应力 σ 不大于梁的整体稳定临界应力 σ_{cr}:

$$\sigma = \frac{M_x}{W_x} \leqslant \sigma_{cr} = \frac{\sigma_{cr}}{f_y} \cdot \frac{f_y}{\gamma_R} = \varphi_b \cdot f$$

《钢结构设计标准》(GB 50017—2017)给出梁整体稳定按下式计算:

$$\frac{M_x}{\varphi_b \cdot W_x \cdot f} \leqslant 1.0 \tag{4.12}$$

式中:φ_b——梁的整体稳定系数;

W_x——按受压最大纤维确定的梁截面模量。

梁整体稳定系数 φ_b 与梁的跨度、截面形式、支承条件、荷载作用形式和位置等因素有关,其推导过程烦琐复杂。为简化计算,《钢结构设计标准》给出了整体稳定系数近似计算公式,此处不再赘述。

梁的整体失稳是由于受压翼缘的侧向位移引起的,如能限制受压翼缘发生侧向位移,则梁不会发生整体失稳。如楼盖梁,当梁受压翼缘与楼面板牢固连接时,楼面板能限制梁受压翼缘侧向位移。《钢结构设计标准》规定,符合下列情况之一时,梁的整体稳定可以得到保证,不必计算。

①当刚性铺板密铺在梁的受压翼缘上并与其牢固连接,能阻止梁受压翼缘的侧向位移。

②箱形截面简支梁,其截面尺寸(见图 4-20)满足 $h/b_0 \leqslant 6$,且 $l_1/b_0 \leqslant 95\varepsilon_k^2$,$h$ 为截面高度,l_1 为受压翼缘侧向支承点的间距。

当梁的整体稳定承载力不满足设计要求时,一般采用加大梁截面尺寸(以增大受压翼缘宽度最有效)或增加受压翼缘侧向支撑的方法来解决。

5. 梁的局部稳定计算

焊接截面梁一般由翼缘和腹板焊接而成,为充分发挥钢材强度和提高梁整体稳定承载能力,采用的板件宽(高)而薄,板中压应力或剪应力达到某数值后,受压翼缘[见图 4-30(a)]或腹板[见图 4-30(b)]可能偏离其平面位置,出现凸曲波形,这种现象称为梁丧失局部稳定。

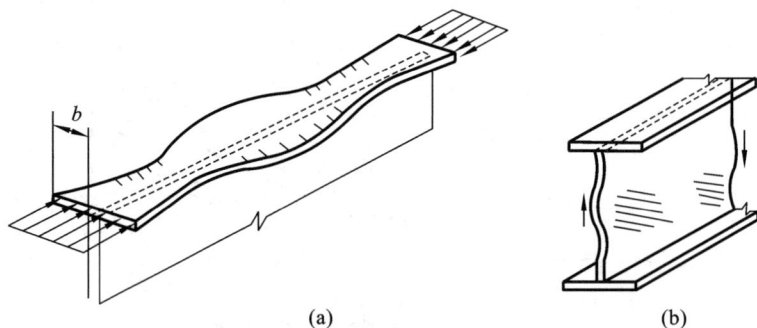

图 4-30 梁的局部失稳

(a)翼缘;(b)腹板

对于热轧型钢梁,其板件宽(高)厚比一般都较小,能够满足梁的局部稳定要求。

（1）受压翼缘

梁的受压翼缘主要承受均布压应力，为了充分发挥钢材强度，在受压翼缘发生强度破坏之前不致局部失稳，即其屈曲临界应力 σ_{cr1} 不小于钢材的屈服强度 f_y，从而保证受压翼缘不发生屈曲。一般采用限制宽厚比的方法来保证梁受压翼缘的稳定。

由表 4-3 可知，当受压翼缘宽厚比等级满足 S4 级要求时，不会发生屈曲。如工字形截面焊接梁，受压翼缘宽厚比应满足 $b_1/t \leqslant 15\varepsilon_k$。

（2）腹板

对于焊接截面梁，承受静力荷载和间接承受动力荷载时可考虑腹板屈曲后强度；不考虑腹板屈曲后强度时，当 $h_0/t_w > 80\varepsilon_k$ 时，宜配置横向加劲肋并应计算腹板的稳定性。

焊接截面梁腹板高厚比不宜超过 250，即 $h_0/t_w \leqslant 250$。

6. 梁的刚度计算

梁的刚度验算即梁的挠度验算。楼盖梁挠度超过某一限值时，会给人们不舒服和不安全的感觉，同时可能使其上部的楼面及下部的抹灰开裂，影响结构的使用功能。吊车梁挠度过大，会加大吊车运行时的冲击力和振动，甚至使吊车运行困难等。因此，应按下式验算梁的挠度。

$$\upsilon \leqslant [\upsilon] \tag{4.13}$$

式中：υ——由荷载标准值计算的梁的最大挠度；

$[\upsilon]$——梁的挠度容许值（附表 24）。

【例 4-8】 焊接截面（见图 4-31）简支次梁（抹灰顶棚）跨度为 9 m，钢材采用 Q235C，自重标准值为 0.9 kN/m，承受竖直向下均布荷载作用，其中恒荷载标准值 $q_G = 20$ kN/m，活荷载标准值 $q_Q = 10$ kN/m。梁上翼缘与钢筋混凝土楼板可靠连接。验算该梁是否满足设计要求（不需验算局部承压强度和折算应力）。

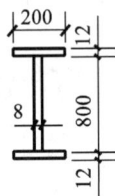

【解】

查附表 18 得 $f = 215$ N/mm^2，$f_v = 125$ N/mm^2

翼缘板宽厚比 $\dfrac{b_1}{t} = \dfrac{(200-8)/2}{12} = 8 < 9\varepsilon_k$，

由表 4-3 得翼缘板宽厚比等级为 S1 级，查附表 23 得 $\gamma_x = 1.05$

$$I_x = \frac{1}{12} \times 200 \times (800+2\times12)^3 \text{ mm}^4 - \frac{1}{12} \times (200-8) \times 800^3 \text{ mm}^4 = 1132603733 \text{ mm}^4$$

$$W_x = \frac{I_x}{y} = \frac{1132603733}{(800+2\times12)/2} \text{ mm}^3 = 2749038.2 \text{ mm}^3$$

$$S = 200 \times 12 \times \left(\frac{800+12}{2}\right) \text{ mm}^3 + \frac{800}{2} \times 8 \times \frac{800}{2\times2} \text{ mm}^3 = 1614400 \text{ mm}^3$$

梁跨中最大弯矩设计值

$$M_x = \frac{1}{8} \times [1.3\times(20+0.9)+1.5\times10] \times 9^2 \text{ kN·m} = 427.0 \text{ kN·m}$$

梁支座处最大剪力设计值

$$V = \frac{1}{2} \times [1.3\times(20+0.9)+1.5\times10] \times 9 \text{ kN} = 189.8 \text{ kN}$$

图 4-31　例题 4-8 图

（1）强度验算

①受弯强度。

$$\frac{M_x}{\gamma_x W_{nx}} = \frac{427.0 \times 10^6}{1.05 \times 2749038.2} \text{ N/mm}^2 = 147.9 \text{ N/mm}^2 < f，满足要求。$$

②受剪强度。

$$\frac{V \cdot S}{I_x \cdot t} = \frac{189.8 \times 10^3 \times 1614400}{1132603733 \times 8} \text{ N/mm}^2 = 33.8 \text{ N/mm}^2 < f_v，满足要求。$$

（2）整体稳定验算

简支梁承受竖直向下荷载，上翼缘为受压翼缘，上翼缘与钢筋混凝土楼板可靠连接，则不需要验算整体稳定。

（3）局部稳定

①翼缘板宽厚比 $\frac{b_1}{t} = \frac{(200-8)/2}{12} = 8 < 9\varepsilon_k$，满足要求。

②腹板高厚比 $80\varepsilon_k < \frac{h_0}{t_w} = \frac{800}{8} = 100 < 250$，满足要求，但应配置加劲肋。

（4）刚度验算

由附表 24 得：$[v_T] = \frac{l}{250} = \frac{9000}{250}$ mm = 36 mm，$[v_Q] = \frac{l}{350} = \frac{9000}{350}$ mm = 25.8 mm

均布荷载标准值 $q_k = 20$ kN/m + 0.9 kN/m + 10 kN/m = 30.9 kN/m

则 $v_T = \frac{5q_k l^4}{384EI_x} = \frac{5 \times 30.9 \times 9000^4}{384 \times 2.06 \times 10^5 \times 1132603733}$ mm = 11.3 mm < $[v_T]$

$$v_Q = \frac{5q_Q l^4}{384EI_x} = \frac{5 \times 20 \times 9000^4}{384 \times 2.06 \times 10^5 \times 1132603733} \text{ mm} = 7.3 \text{ mm} < [v_Q]$$

∴挠度满足要求。

∴该次梁满足设计要求。

4.2.3 拉弯和压弯构件

拉弯、压弯构件中弯矩可能由偏心轴力[见图 4-32(a)]、端弯矩[见图 4-32(b)]或横向荷载[见图 4-32(c)]等作用产生。

钢结构中压弯构件的应用十分广泛，例如框架柱(见图 4-33)、天窗架的侧立柱。

拉弯构件也有一些应用，例如有节间荷载作用的桁架下弦杆。

拉弯、压弯构件的设计应满足承载能力极限状态和正常使用极限状态的要求。拉弯构件需计算截面强度和刚度(长细比)；压弯构件需要计算截面强度、整体稳定(弯矩作用平面内和平面外整体稳定)、局部稳定和刚度(长细比)；构件的长细比应满足轴心受力构件长细比容许值的要求。

拉弯、压弯构件计算方法从略。

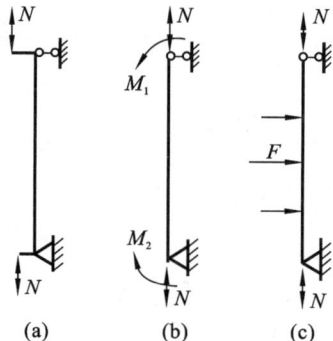

图 4-32 不同荷载产生的弯矩

(a)偏心轴力；(b)端弯矩；(c)横向荷载

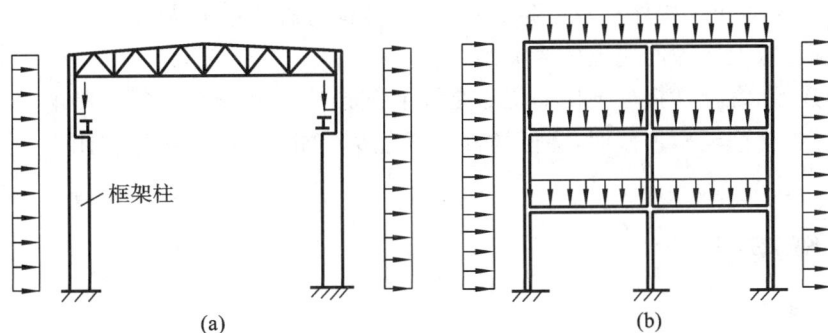

图 4-33 框架柱
(a)单层厂房框架柱;(b)多层框架框架柱

4.3 钢结构的连接

钢结构连接节点的计算和构造是钢结构设计工作中的重要环节。连接节点的设计是否得当,对保证钢结构的强度、稳定和变形,对制造安装的质量和进度,对整个建设周期和成本都有着直接的影响。钢结构的连接设计要遵循以下原则。

①在节点处内力传递简捷明确,安全可靠。

②确保连接节点有足够的强度和刚度;当有抗震设防时,节点的承载力应按有关规定大于杆件的承载力。

③节点加工简单、施工安装方便。

④应该是经济合理的。

4.3.1 钢结构的连接方法

钢结构的连接方法有焊缝连接[见图 4-34(a)]、铆钉连接[见图 4-34(b)]和螺栓连接[见图 4-34(c)]。其中铆钉连接的钉孔削弱截面,制孔和打铆费料费工,且要求技术水平高,劳动条件差,目前在钢结构连接中已极少应用。

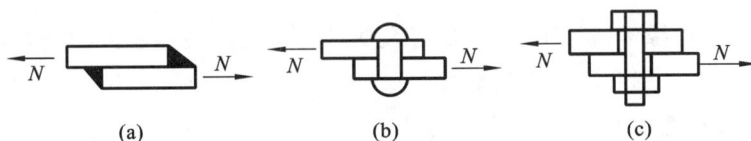

图 4-34 钢结构的连接方法
(a)焊缝连接;(b)铆钉连接;(c)螺栓连接

焊缝连接和螺栓连接是目前钢结构最主要的连接方法。

焊缝接连接的优点:①焊件间可以直接相连,构造简单,制作加工方便;②不削弱截面,节省材料;③连接的密闭性好,结构刚度大;④可实现自动化操作,提高焊接结构的质量。但焊接连接也存在很多的缺点:①焊缝附近热影响区母材的金相组织发生改变,导致材质变脆;②焊接残余应力和残余变形使受压构件承载力降低;③焊接结构对裂纹很敏感,局部裂纹一旦产生,容易扩展至整个截面,低温冷脆问题也较为突出。

相比焊缝连接,螺栓连接最突出的优点是没有残余应力和残余变形的影响,但螺栓连接由于存在螺栓孔洞,会削弱构件截面,降低构件承载能力。此外,螺栓连接密闭性、结构刚度均次于焊缝连接。

4.3.2 焊缝连接

1. 焊缝的种类

焊缝的种类有角焊缝(见图 4-35)和对接焊缝(见图 4-36)。

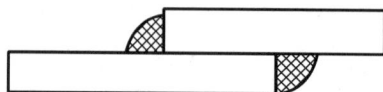

图 4-35 角焊缝

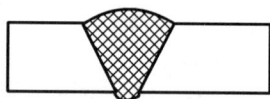

图 4-36 对接焊缝

(1)角焊缝

角焊缝按其截面形式可分为直角角焊缝(见图 4-37)和斜角角焊缝(见图 4-38)。两焊脚边夹角为 $90°$ 的焊缝称为直角角焊缝。直角边边长 h_f 称为角焊缝的焊脚尺寸,$h_e \approx 0.7h_f$,称为直角角焊缝的计算厚度。

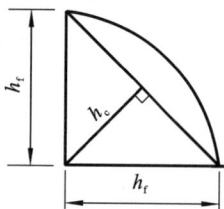

图 4-37 直角角焊缝

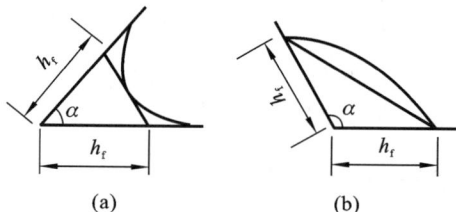

图 4-38 斜角角焊缝

(a)锐角;(b)钝角

(2)对接焊缝

对接焊缝的焊件边缘常需加工坡口,焊缝金属填充在两焊件接触面的间隙内。根据焊缝填充情况,分为焊透对接焊缝和部分焊透对接焊缝。

2. 焊缝连接的形式

焊接连接的形式是根据被连接板件的相互位置划分的,一般分为平接、搭接、T 形连接和角接四种形式(见图 4-39)。

3. 焊缝的施焊位置

按焊缝施焊的空间位置分为平焊[见图 4-40(a)]、横焊[见图 4-40(b)]、立焊[见图 4-40(c)]和仰焊[见图 4-40(d)]。平焊施焊方便。横焊和立焊要求焊工的操作水平比平焊高。仰焊的操作条件最差,焊缝质量不易保证,因此应尽量避免采用。

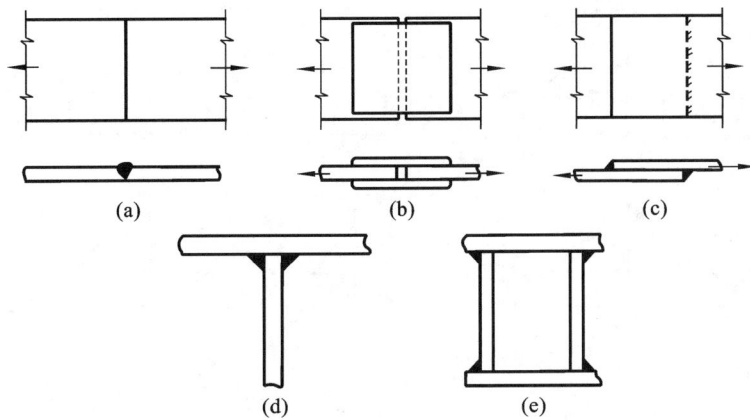

图 4-39　焊缝连接的形式

(a)平接(对接焊缝);(b)平接(角焊缝);(c)搭接(角焊缝);(d)T形连接(角焊缝);(e)角接(角焊缝)

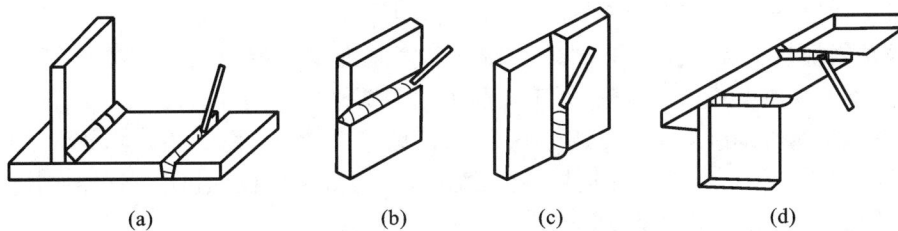

图 4-40　焊接施焊位置

(a)平焊;(b)横焊;(c)立焊;(d)仰焊

4. 焊缝的质量检验

(1)焊缝的缺陷

焊缝的缺陷(见图 4-41)是指焊接过程中产生于焊缝金属或附近热影响区母材表面或内部的缺陷。常见的缺陷包括裂纹、焊瘤、烧穿、弧坑、气孔、夹渣、咬边、未熔合和未焊透等,其中裂纹是焊缝最危险的缺陷。

(2)焊缝的质量等级

焊缝缺陷的存在将削弱焊缝的受力面积,在缺陷处引起应力集中,对连接的强度、冲击韧性及冷弯性能等均造成不利影响。因此,焊缝质量检验极为重要。

《钢结构工程施工质量验收标准》规定焊缝质量等级分为一级、二级和三级。三级焊缝只要求对全部焊缝做外观检查且符合三级质量标准;一级、二级焊缝除外观检查外,还分别要求100%和不少于20%的无损检验并符合相应级别的质量标准。

4.3.3　螺栓连接

1. 螺栓的分类

螺栓连接分普通螺栓连接和高强度螺栓连接两大类。普通螺栓连接和高强度螺栓连接的主要区别在于拧紧螺帽时,普通螺栓栓杆产生的预拉力很小(可以忽略不计),而高强度螺栓栓

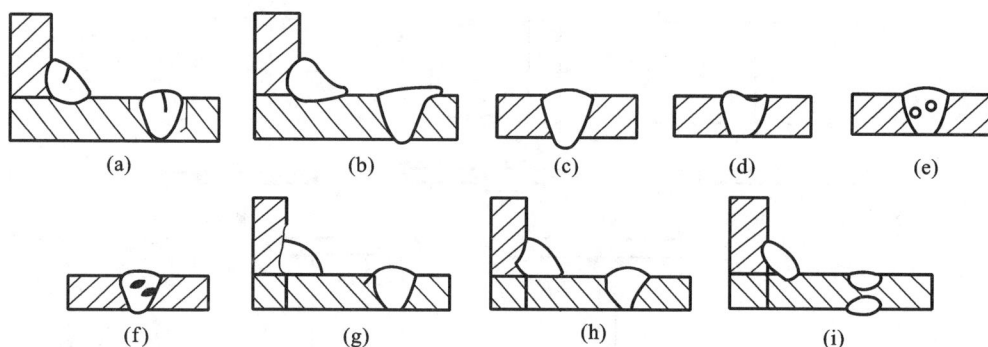

图 4-41 焊缝缺陷

(a)裂纹;(b)焊瘤;(c)烧穿;(d)弧坑;(e)气孔;(f)夹渣;(g)咬边;(h)未熔合;(i)未焊透

杆则被施加了很大的预拉力。

(1)普通螺栓连接

普通螺栓分为 A、B、C 三级。A 级与 B 级为精制螺栓,C 级为粗制螺栓。

A、B 级精制螺栓与螺栓孔壁间隙很小,制作和安装都较复杂,安装时需要扩孔,费工费料,价格较高,常用于机械设备行业,很少在工业与民用钢结构中采用。

C 级螺栓与孔壁之间有较大的间隙,承受剪力(见图 4-42)作用时,将产生较大的剪切滑移,连接的变形大。但采用 C 级螺栓的连接,施工简单,结构拆装方便,且能有效传递拉力,故一般宜用于沿螺栓轴向受拉(见图 4-43)的连接。

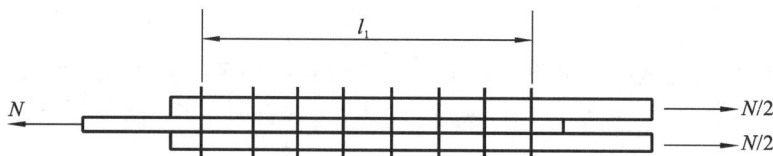

图 4-42 螺栓承受剪力的连接

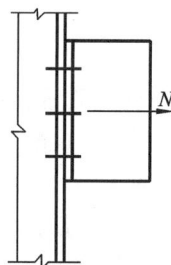

图 4-43 螺栓承受拉力的连接

C 级螺栓性能等级为 4.6 级或 4.8 级。螺栓的性能等级"$m \cdot n$ 级",小数点前的数字表示螺栓成品的抗拉强度不小于 $m \times 100$ N/mm²,小数点及小数点后的数字表示螺栓材料的屈强比,即屈服强度与抗拉强度的比值。

(2)高强度螺栓连接

高强度螺栓性能等级包括 8.8 级和 10.9 级。

高强度螺栓连接包括摩擦型连接和承压型连接两种类型。

①摩擦型连接。

摩擦型连接只依靠被连接板件间的摩擦力来承受外力,以摩擦力被克服作为连接承载能力的极限状态。

由于螺栓栓杆存在预拉力,摩擦型连接中板件连接紧密,剪切变形小,弹性性能好,安装简单,传力均匀,抗疲劳能力强,特别适用于直接承受动力荷载的结构。

②承压型连接。

承压型连接允许被连接板件的接触面发生相对滑移,以螺栓栓杆被剪坏或被连接板件承压破坏作为连接承载能力的极限状态。

承压型连接的承载力比摩擦型连接高,可节约螺栓,但螺栓达到最大承载力时,连接产生微量滑移,不能用于直接承受动力荷载的结构中。

2. 螺栓的排列

螺栓在构件上宜布置紧凑(见图 4-44),连接中心与被连接构件的截面形心相一致,应考虑以下要求。

①受力要求。垂直于受力方向:对于受拉构件,各排螺栓的中距及边距不能过小,以免使螺栓周围应力集中。此外螺栓间距过小,钢板截面削弱过多,会降低钢板承载力。在顺力作用方向:被连接板件在端部不致被螺栓冲剪破坏,端距不应小于 $2d_0$(d_0 为螺栓孔径)。

②构造要求。中距及边距不宜过大,否则被连接板件容易发生鼓曲现象,板件间不能紧密贴合。

③施工要求。保证有一定空间,便于采用扳手拧紧螺帽。根据扳手尺寸和施工经验,规定最小中距为 $3d_0$。

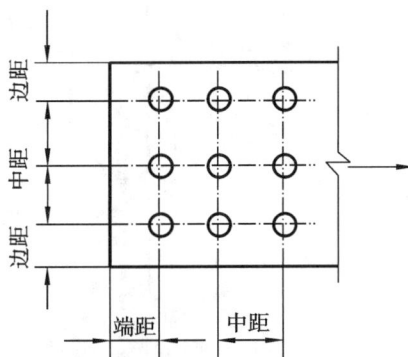

图 4-44 螺栓的排列

4.3.4 常见钢结构连接节点

随着新型结构体系出现以及装配式建筑的推广应用,构件的连接节点形式越来越多样。本章以多、高层钢结构连接节点(见图 4-45)为例,说明常见连接节点的构造组成。

1. 梁柱连接节点

梁与柱的连接,按梁对柱的约束刚度大致可分为三类,即铰接连接(见图 4-46)、半刚性连接(见图 4-47)、刚性连接(见图 4-48)。

梁与柱的铰接连接和半刚性连接,在实际工程中多用于一些比较次要的连接上;对高层建筑钢结构的框架梁和框架柱主要连接,应采用刚性连接。

2. 主次梁连接

主梁与次梁连接时,通常有两种做法。

①主梁作为次梁的支点,将次梁的两端与主梁的连接作为铰接连接(见图 4-50),即次梁为简支梁[见图 4-49(a)]。

②主梁作为次梁的支点,将次梁的两端与主梁的连接作为刚性连接(见图 4-51),即次梁为连续梁[见图 4-49(b)]。

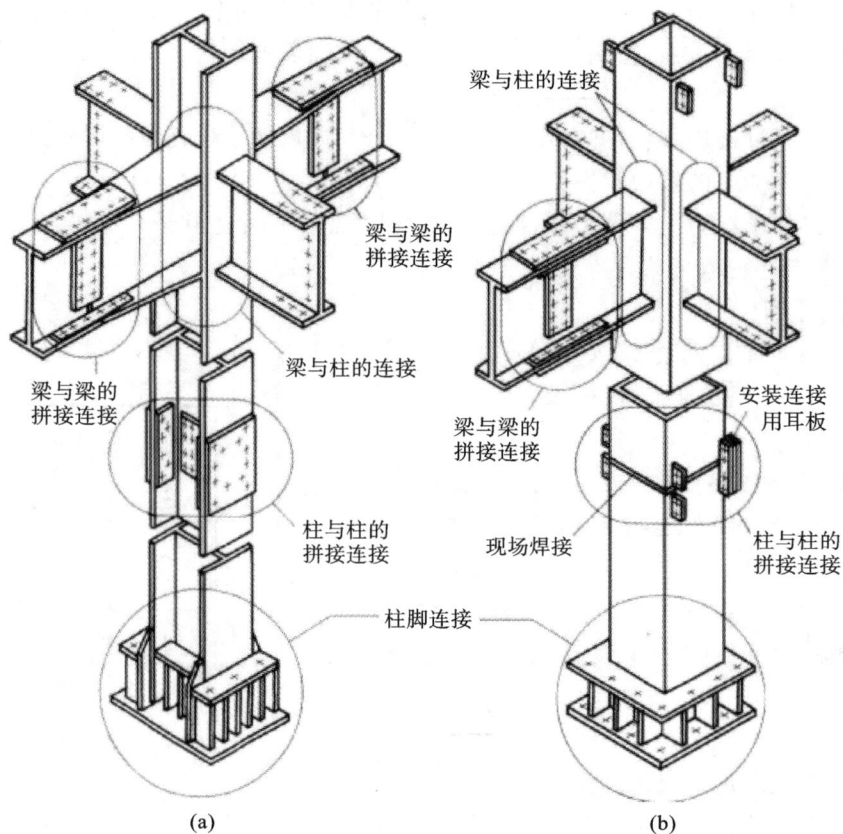

图 4-45　多、高层钢结构连接节点示意图

(a)梁柱均为 H 形(或工字形)截面；(b)梁为 H 形(或工字形)截面,柱为箱形截面

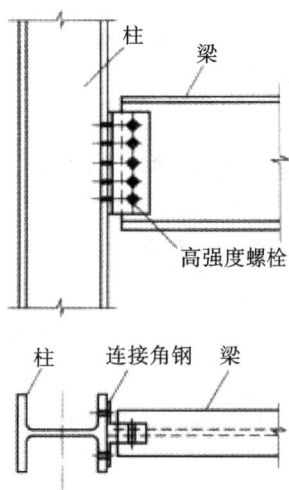

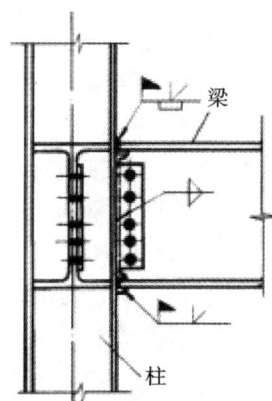

图 4-46　梁柱铰接连接节点　　**图 4-47　梁柱半刚接连接节点**　　**图 4-48　梁柱刚接连接节点**

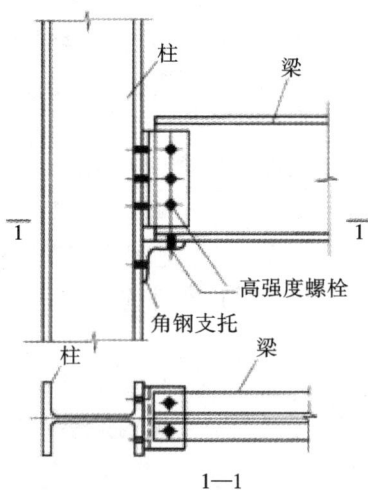

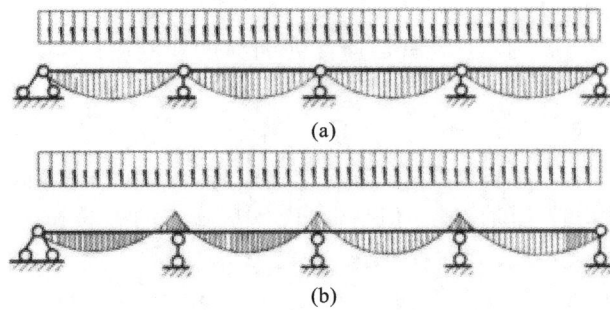

图 4-49　次梁计算简图示意

(a)简支梁形式;(b)连续梁形式

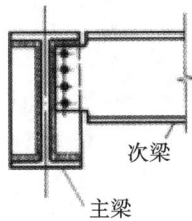

图 4-50　主次梁铰接

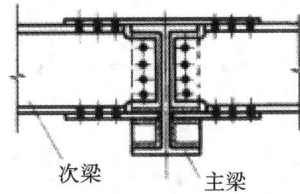

图 4-51　主次梁刚接

3. 柱脚

钢结构的柱脚也是钢柱与钢筋混凝土基础或基础梁的连接节点,一般分为铰接柱脚(见图 4-52)和刚接柱脚(见图 4-53)。但在工程实际应用中,常有介于两者之间的半刚性固定柱脚,即使作为铰接柱脚和刚接柱脚的处理,实际上也并不是理想的铰接和完全的刚接。

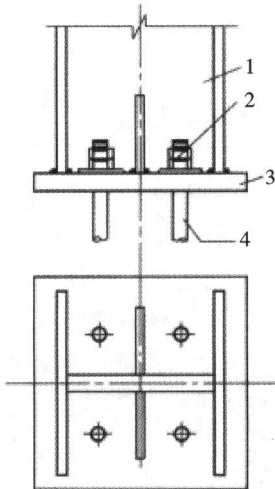

图 4-52　铰接柱脚

1—柱;2—双螺母及垫板;3—底板;4—锚栓

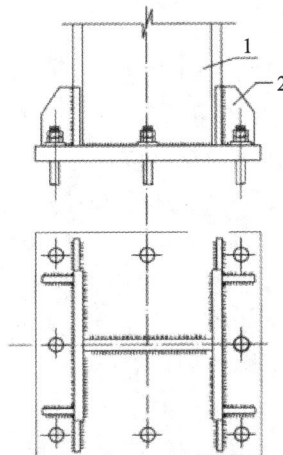

图 4-53　刚接柱脚

1—柱;2—加劲板

4. 梁的拼接

梁的拼接连接(见图 4-54)除了应满足连接处的强度和刚度的要求,还应考虑施工安装的方便。

5. 柱的拼接

柱与柱的拼接连接节点(见图 4-55)位置应根据起重、运输、吊装等机械设备能力来确定,理想的情况应是设置在内力较小的位置。但是,在现场从施工的难易和提高安装效率方面考虑,通常框架柱的拼接连接接头宜设置在框架梁上方 1.3 m 附近。

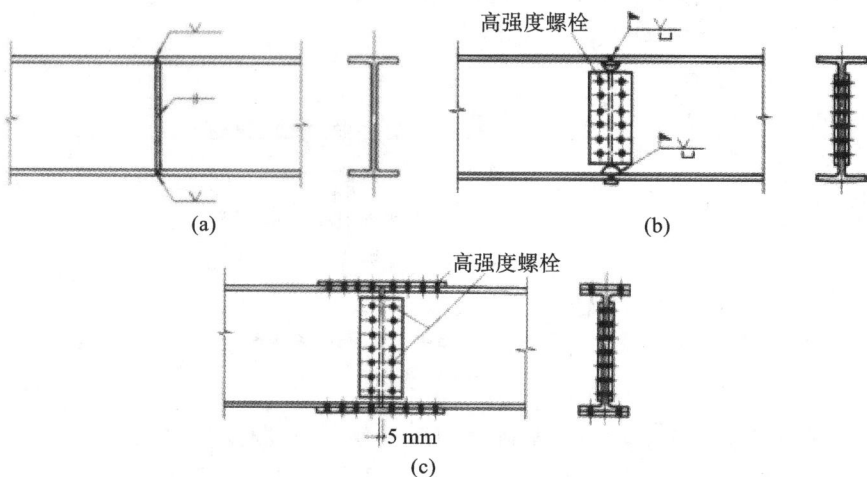

图 4-54 梁的拼接连接节点
(a)焊缝连接;(b)栓焊混合连接;(c)高强度螺栓连接

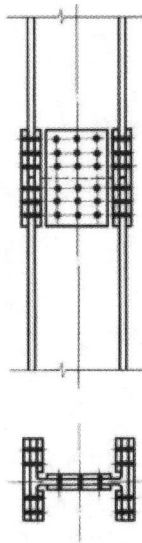

图 4-55 柱拼接示例图(采用高强度螺栓连接)

【本章要点】

①钢结构具有材料强度高、构件自重轻、材质均匀、制造安装机械化程度高和可重复利用等优点,但也有耐热不耐火、耐腐蚀性差等缺点。

②钢结构使用的钢材应具有足够的强度、良好的变形性能、较好的加工性能。规范推荐使用 Q235、Q355、Q390、Q420、Q460 等。

③轴心受拉构件的设计内容包括强度计算、长细比计算。轴心受拉构件强度极限状态为毛截面屈服和净截面断裂;采用长细比量化构件刚度,即长细比不应超过其限值。

④轴心受压构件的设计内容包括强度计算、整体稳定计算、局部稳定计算和长细比计算。无孔洞削弱的轴心受压构件,由整体稳定控制其承载能力;整体稳定的影响因素包括钢材强度、截面类型和长细比。一般采用优化截面、增加支撑等方式提高整体稳定;为防止板件局部失稳,应验算截面板件的宽(高)厚比;采用长细比量化构件刚度,即长细比不应超过其限值。

⑤受弯构件的设计内容包括强度计算、整体稳定计算、局部稳定计算和挠度计算。强度计算包括抗弯强度、抗剪强度、局部承压强度和折算应力;刚度计算指构件挠度的验算;对于受压翼缘侧向位移受到限制的受弯构件,可不验算整体稳定。

⑥受弯构件的承载能力可能由抗弯强度、整体稳定两个因素决定。由抗弯强度控制承载能力的受弯构件,通过增加截面高度来提高构件承载能力;由整体稳定控制承载能力的受弯构件,通过加大受压翼缘或者增加受压翼缘的侧向支撑来提高构件承载能力。

⑦钢结构常见的连接形式为焊缝连接和螺栓连接,焊缝连接刚度大但是存在残余应力、残余变形的不利影响,螺栓连接虽然没有残余应力和残余变形,但是螺栓孔洞会削弱构件截面,而且螺栓连接的刚度次于焊缝连接。

【拓展阅读】

拓展阅读 4-1 钢结构典型工程事故	拓展阅读 4-2 常见钢结构体系	拓展阅读 4-3 大跨度结构
拓展阅读 4-4 钢-混凝土组合结构简介	拓展阅读 4-5 卡塔尔世界杯体育场馆简介	

【思考和练习】

4-1　钢结构有哪些优点?为什么大跨度结构、高层或超高层建筑多采用钢结构?

4-2　钢结构有哪些缺点?工程中一般如何解决?

4-3　为什么说钢材为绿色环保建筑材料?

4-4　钢材的焊接性能由哪个指标来衡量?

4-5　什么情况下对钢材有 Z 向性能指标要求?

4-6　钢材的主要力学性能指标有哪些?

4-7　温度升高或降低时钢材强度发生怎样的变化?

4-8　Q235A・F、Q235B、Q235C、Q235D 各表示什么含义?

4-9　钢构件应进行哪两种极限状态的计算?

4-10　轴心受拉构件的设计内容包括哪些?

4-11　为什么要限制轴心受拉构件长细比?

4-12　构件计算长度和几何长度有什么区别?

4-13　为什么无孔洞削弱的轴心受压构件可不进行强度验算?

4-14　轴心受压构件有几种屈曲形式?

4-15　如何求得轴心受压构件的整体稳定系数?

4-16　提高轴心受压构件的整体稳定承载力的措施有哪些?

4-17　为什么轴心受力构件的截面越开展,其整体稳定承载能力越高?

4-18　为什么提高钢材强度并不能明显提高轴心受压构件稳定承载力?

4-19　如何理解轴心受压构件的等稳定设计?

4-20 轴心受压构件局部稳定为什么与构件长细比有关系?

4-21 受弯构件强度验算包括哪些内容?

4-22 受弯构件为什么以弹塑性阶段作为受弯强度的验算依据?

4-23 受弯构件受弯强度计算公式中若 $\gamma_x = 1.0$ 表示什么含义?

4-24 受弯构件受弯强度的验算位置在哪里? 如果受弯强度不满足要求,如何处理?

4-25 受弯构件受剪强度验算位置在哪里?

4-26 受弯构件什么情况需要验算折算应力? 验算位置在哪里?

4-27 受弯构件整体稳定承载力受哪些因素影响?

4-28 哪些情况不需要验算受弯构件整体稳定? 为什么?

4-29 梁挠度验算是采用荷载设计值还是标准值?

4-30 为什么工程中梁截面一般高而窄?

4-31 梁截面形式与柱截面形式有何不同之处? 原因是什么?

4-32 钢结构目前主要的连接方法有哪些?

4-33 焊缝连接的优缺点有哪些?

4-34 螺栓连接的优缺点有哪些?

4-35 焊缝的质量等级是如何确定的?

4-36 工程中常用的焊缝形式有几种?

4-37 螺栓分为哪几类? 目前工程中常用的螺栓种类有哪些?

4-38 普通螺栓连接与高强度螺栓连接的区别有哪些?

4-39 高强度螺栓连接分为哪两种? 有何区别?

4-40 高强螺栓 8.8 级、10.9 级表示什么意义?

4-41 某轴心受压构件(截面见图 4-56,板件厚度均小于 16 mm),两端铰接,$I_x = 12000$ cm^4,$A = 95$ cm^2。轴向荷载设计值为 $N = 1500$ kN,钢材采用 Q235B。试验算该构件绕 x 轴(截面类型为 b 类)的整体稳定是否满足要求。

4-42 某简支梁(见图 4-57),该梁采用 I25a 制作,承受弯矩设计值 $M_x = 62.5$ kN·m,钢材采用 Q235B。试验算此梁的受弯强度是否满足要求(计算时忽略自重)。

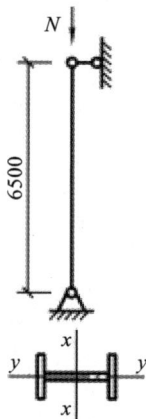

图 4-56 习题 4-41 图

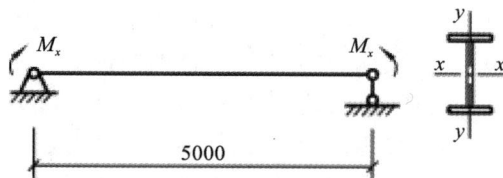

图 4-57 习题 4-42 图

第5章　木　结　构

木结构指以木材作为承重构件,并通过金属连接件或榫卯手段进行连接和固定形成的结构。本章主要介绍木结构构件的特点、常见木结构体系和节点构造。

中国是较早应用木结构的国家之一,梁柱式木构架自重轻,扬木材受压和受弯之长,避受拉和受剪之短,具有良好的抗震性能。木材作为一种永恒的建材,古老又现代,天然材质赋予建筑一种特别的亲和力,尽管在钢筋混凝土材料高度普及的今天,木材也被视为具备独特东方建筑文化价值的特殊材料。

5.1　木结构的特点与应用

5.1.1　木材的受力性能

木材是一种自然生长的材料,其受力性能受树木生长速度、生长条件、树种、材料含水率以及缺陷等许多因素的影响,如树木生长有年轮,其材料力学性能沿纵向、横向完全不同,为各向异性体。

木材强度一般包括顺纹抗拉、顺纹抗压及承压、抗弯、抗剪等强度,顺纹强度最高,横纹强度最低。

1. 顺纹抗拉强度

木材顺纹受拉的应力应变曲线接近直线,因此受拉破坏前并无明显的塑性变形阶段,表现为脆性破坏。木材顺纹抗拉强度极限较高,但横纹抗拉强度很低,仅为顺纹抗拉强度的 $1/40\sim 1/10$,因此在受力构件中不允许木材横纹受拉。

木材缺陷对顺纹抗拉强度的影响很大。有斜纹时,由于木纹方向与拉力方向不一致,产生横纹方向的分力,而使受拉构件的强度降低,木纹斜率越大,强度降低得越多。干缩裂缝沿斜率较大的木纹开展时,对受拉构件的危害极大,甚至导致断裂。因此应严格限制受拉构件木纹的斜率。

木节对受拉构件承载能力的影响也很大。木节与周围木质之间的联系很差,削弱了截面,并使截面偏心受力;木节旁存在涡纹使该处形成斜纹受拉;木节边缘产生局部的应力集中,由于木材受拉工作的脆性特点,这种应力集中一直到木材破坏仍得不到缓和;木节在构件截面上的位置对构件承载力影响也很大,试验表明:当木节的尺寸等于构件宽度的 1/4,且位于边缘部分时,构件的承载能力只相当于同样尺寸无节试件的 30%~40%。

2. 顺纹抗压强度

木材顺纹受压破坏时,纤维失稳而屈曲。顺纹受压和顺纹受拉相比,前者具有较好的塑性,使局部的应力集中趋于缓和,木节、斜纹的影响也远小于受拉。因此,木构件的受压工作比受拉工作可靠得多。

3. 抗弯强度

木材的抗弯强度极限介于抗拉和抗压强度极限之间。由于木材受弯时既有受压区又有受拉区,因此木节和斜纹对强度的影响介于受压和受拉之间。

4. 承压强度

构件连接处的木材通常承压受力。按受力方向与木纹所成角度的不同,木材承压可分为顺纹、横纹和斜纹三种情况,见图 5-1。

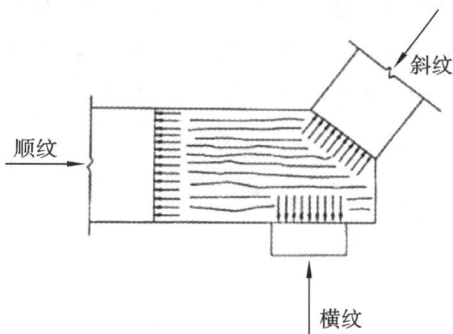

图 5-1 木材承压的三种方向

顺纹承压强度稍小于顺纹抗压强度,这是因为承压面不可能完全平整。但差别很小,故标准中对顺纹抗压强度设计值和顺纹承压强度设计值不作区别。

木材横纹承压在开始时是细胞壁的弹性压缩阶段,当应力超过比例极限以后细胞壁失去稳定,细胞腔被压扁,这时荷载虽然增加很少,但变形却增长很快。最后,当所有的细胞腔压扁以后,其变形横纹逐渐减少,而应力急剧上升,直到无法加压时停止。木材横纹承压变形较大,在实际使用中不希望在构件的连接处产生过大的局部变形,因此,一般由比例极限确定木材横纹承压强度。

5. 抗剪强度

木材受剪破坏时变形很小,表现为脆性特点,且其抗剪强度很低,应尽可能避免。

6. 受拉、受压、受剪及弯曲弹性模量

木材顺纹受压和顺纹受拉弹性模量基本相等,记作 E_L。横纹弹性模量分为径向 E_R 和切向 E_T,(见图 5-2),它们与顺纹弹性模量的比值随木材的树种不同而变化,可由附表 27、附表 28 查得;当缺乏试验数据时,也可近似取:$E_T/E_L \approx 0.05$,$E_R/E_L \approx 0.1$。木材顺纹弹性模量近似地比木材静力弯曲弹性模量提高 10%。

图 5-2 木材正交三向轴和三向切面

L—纵向;RT—横切面;R—径向;LR—径切面;T—弦向;LT—弦切面

木材受剪弹性模量 G(也称剪变模量),随产生剪切变形的方向而变化。G_{LT} 表示变形发生在在纵向和切向所组成的平面(弦切面)上的剪变模量;G_{LR} 表示变形发生在纵向和径向所组成的面(径切面)上的剪变模量;G_{RT} 表示变形发生在径向和切向所组成的面(横切面)上的剪变模量。木材剪变模量也随树种、木材密度等因素变化,具有近似关系式:$G_{LT}/E_L \approx 0.06$、$G_{LR}/E_L \approx 0.075$ 和 $G_{RT}/E_L \approx 0.018$。

7. 木材的强度设计值

木材的强度等级应根据选用的树种按【拓展阅读 5-3】中的附表 1 和附表 2 确定。

木材的强度设计值及弹性模量应按【拓展阅读 5-3】中的附表 3 取值,并根据不同使用条件和设计工作年限做适当调整,见【拓展阅读 5-3】中的附表 4 和附表 5。

5.1.2 木结构的优缺点

与其他材料建造的结构相比,木结构具有资源再生、绿色环保、保温隔热、轻质、美观、易于装配化、抗震和耐久等许多优点。

①资源再生产容易。木材依靠太阳能而周期性地自然生长,只要合理种植、开采,相对于其他建筑材料如砖石、混凝土和钢材等,木材最易再生产,一般周期为 50～100 年;随着林业、木材加工业的发展,很多速生材也可用于建筑结构中,大大缩短林业资源的再生产周期。

②绿色环保。木结构建筑是公认的唯一能称得上真正绿色环保的建筑,其材料透气好、易于保持室内空气清新。与传统的砖石材料、钢材和混凝土材料相比,木材生产所需的能源少、对环境的负面影响小、再利用率高,如表 5-1 所示。

表 5-1 主要建材的环境影响比较

材料分类	对水污染	能源消耗	温室效应	空气污染指数	固体废弃物
木材	1.0	1.0	1.00	1.00	1.00
钢材	120.0	1.9	1.47	1.44	1.37
水泥	0.9	1.5	1.88	1.69	1.95

③较好的保温隔热性能。木材导热系数较小,具有良好的保温隔热性能,有研究表明:若达到同样的保温效果,木材需要的厚度是混凝土的 1/15,是钢材的 1/400;在同样厚度的条件下,木材的隔热值比混凝土高 16 倍,比钢材高 400 倍,比铝材高 1600 倍。在冬天室外温度完全相同的条件下,木结构建筑室内温度比混凝土建筑要高 6 摄氏度,夏天正好相反。木结构建筑就像一座天然的空气调节器,做到了真正意义上的"冬暖夏凉"。

④自重较轻。木材的密度比传统建筑材料小,合理设计的木结构建筑总体上重量较轻。

⑤建筑美观。木结构建筑的纹理自然,让人感到亲切。住在木结构的建筑中使人有一种回归自然的感觉,有利于身心健康。

⑥易于装配化建造。木材加工容易,可锯切成各种形状,预制化程度高。木结构构件相对轻巧,运输和安装都较容易。

⑦良好的抗震性能。首先,木结构自重轻,利于抗震。其次,木材是柔性材料,在外力作用下较易变形,但在一定程度上又有恢复变形的能力。同时,木结构所用斗拱和榫卯又都属柔性连接,地震时能消耗一部分地震能量,因此可减少结构破损程度,"墙倒柱立屋不塌"形象地表达了这种结构的特点。如天津蓟县独乐寺观音阁、山西应县木塔、北京故宫太和殿等,经受多次地震冲击,一直保持结构的稳定性,生动地说明了古代木结构所具有的优越抗震性能。

⑧一定的耐久性。如果木结构设计合理,具有较好的防潮构造、合理的防火措施,则其耐久性也较好。如现存的我国五台山南禅寺大殿和佛光寺大殿均已有 1200 年左右的历史。挪威一

座建于 12 世纪的木结构教堂,由于其出色的设计和精心的保养,历经 800 年的风雨依然完好如初。无数北美和欧洲 19 世纪建造的木结构建筑物,均经受住了时间的考验。

⑨生命周期能耗低。木材在开采、制造、运输、施工等过程中所消耗的能量较低。相比之下,钢、铜等金属材料由于在生产过程中要消耗大量能量,其材料本身内含能量要比木材高的多。例如,生产 1 吨木材所消耗的电量为 453 kW·h,而生产 1 吨钢材则需耗费 3780 kW·h。

当然木结构也有如下缺点。

①各向异性。如前所述,木材沿纵向和横向的力学性能完全不同,其中顺纹抗压、抗弯的强度较高。因此木结构设计应尽可能使构件承受压力,避免承受拉力,尤其要避免横纹受拉。此外,尽可能采用简单、传力直接的连接构造,避免应力集中和复杂的应力状态。

②容易腐蚀。木材腐蚀主要是由附着于木材上的木腐菌的生长和传播引起的,但木腐菌生长需要有一定的温度、湿度条件,因此控制湿度是阻止木腐菌生长的唯一办法。使用干燥的木材,做好建筑物的通风、防潮,都是避免木材腐蚀的有效措施;当然,长期可能受到潮气侵入的地方,如与基础连接的木构件、直接暴露于风雨中的构件等,可采用具有天然防腐性的木材或对木材进行化学防腐处理。同时,木结构中使用的钢材、连接件与紧固件也应采取防腐保护措施。

③易于受虫害侵蚀。侵害木材的虫类很多,如白蚁、甲虫等,切实做好木材防潮是减少或避免虫害的主要措施;在房屋建造前,应对建房场地及四周土壤清理树根、腐木,设置土壤化学屏障等;木结构一旦遭受虫害,需及时用药物处理。

④易于燃烧。木材是一种可燃性材料,但研究和事实表明:房屋的防火安全性与建筑物使用材料的可燃性之间并无太多关联,很大程度上取决于使用者对火灾的防范意识、室内装饰材料的可燃性以及防火措施得当与否。因此,按防火规范做好木结构的防火设计很有必要,适当的防火间距、安全疏散通道、烟感报警装置的设置等都是防止火灾的必要措施。此外,现代木结构大多采用大尺寸的工程木产品进行建造,大尺寸的木构件不易燃烧,且能够通过表面木材的碳化保护内部木材,以满足建筑耐火时间的设计要求。

5.1.3 木结构的应用与发展趋势

1. 木结构在我国的应用

我国现代木结构建筑的应用十分广泛,常见于以下几类建筑。

①住宅:包括独立住宅(别墅)、联体别墅、私人住宅。木结构别墅(见图 5-3)占已建木结构建筑的 51%,仍是目前木结构建筑应用的主要市场。此外在"平改坡"项目中木结构屋顶(见图5-4)也有良好的市场前景。

②寺庙建筑:木结构建筑在传统建筑修复和重建中发挥着重要作用。虽然采用现代木结构建造的寺庙、祠堂等一般采用现代连接技术,但是在建筑形式以及整体风貌等方面最大限度保留了传统建筑的风格,继承和发扬了传统建筑文化,如杭州市香积寺重建的大雄宝殿(见图 5-5)和上海法华学问寺大殿(见图 5-6)。

③综合建筑:包括会议中心、多功能场馆、展览馆、体育场馆、游乐场馆等。具有代表性的有苏州园博会的胶合木结构多功能馆(见图 5-7)和贵州百里杜鹃风景区多功能馆(见图 5-8)。

④旅游休闲建筑:包括度假别墅、酒店、敬老院、俱乐部会所、休闲会所等,见图 5-9 和图 5-10。

(a) 木结构别墅

(b) 轻型木结构住宅

图 5-3　常见住宅类型

图 5-4　石家庄平改坡项目

图 5-5　杭州香积寺大雄宝殿

图 5-6　上海法华学问寺大殿

图 5-7　苏州园博会的胶合木结构多功能馆

图 5-8 贵州百里杜鹃风景区多功能馆

图 5-9 木结构会所

图 5-10 青岛万科小珠山游客中心

⑤文体建筑:目前,这类建筑采用木结构建造还比较少见,但最有发展前景。图 5-11 为四川都江堰向峨小学。

图 5-11 四川都江堰向峨小学

⑥桥梁:大跨胶合木桥梁具有性能好、外观优美、生态环保、安装方便、维修费用低等优点,目前在我国的应用以人行桥为主。滨州飞虹桥(见图 5-12)采用胶合木桁架拱的结构形式,跨度达到 100 m,是目前国内跨度最大的木结构单拱桥。

2. 木结构的发展趋势

面向未来,在全球倡导绿色低碳发展的大背景下,随着我国对"碳达峰、碳中和"(即"双碳")战略目标的积极践行,以及建筑装配式技术的大力推动,木结构越来越多地受到建设方和建筑师的青睐,公众对木结构的认识不断提高,木结构将迎来全新的发展阶段。2016 年 6 月,国家发改委和住建部联合印发了《城市适应气候变化行动方案》,要求"推广钢结构、预制装配式混凝

图 5-12　滨州飞虹桥

土结构及混合结构,在地震多发地区积极发展钢结构和木结构建筑,鼓励大型公共建筑采用钢结构,大跨度工业厂房全面采用钢结构,政府投资的学校、幼托、敬老院、园林景观等新建低层公共建筑采用木结构"。

国际上通常将"14 层或 50 米以上,以木材建造的建筑"定义为高层木结构建筑,目前全世界建成或正在建造的高层木结构建筑数量已经超过 100 栋。如 2022 年美国威斯康星州密尔沃基市建成 25 层 86.6 米的木-混凝土结构公寓楼,2019 年挪威的布伦德达尔建成 18 层 85.4 米的全木质高楼,2015 年挪威卑尔根建成 14 层 49 米的全木质公寓楼。位于南京市溧水区的江苏省康复医院即将投入使用,这是我国第一栋木-混凝土结构多高层建筑。因此,多、高层木结构建筑将是我国建筑行业需要重点关注的一个方向,发展前景广阔。

5.2　常见木结构体系

国家标准《木结构设计标准》中规定,木结构建筑按结构构件采用的主要材料类型分为三种:方木原木结构、轻型木结构和胶合木结构。

方木原木结构是指承重构件采用方木或原木制作的单层或多层木结构;轻型木结构是指用规格材及木基结构板材或石膏板制作的木构架墙体、楼板和屋盖系统构成的单层或多层建筑结构;胶合木结构是指承重构件采用胶合木制作的结构体系。

从结构体系而言,方木原木结构和胶合木结构都是通过梁和柱将荷载传递到基础,可称为梁柱结构体系;而轻型木结构体系和正交胶合木结构的抗侧力体系是墙体,竖向荷载和水平荷载通过墙体传递到基础。相对而言,轻型木结构墙体用料经济,一般用于低层和多层结构体系;而正交胶合木结构,因其墙体抗侧强度高、抗侧刚度大,常用于多层和高层木结构中。

本节主要介绍木框架结构、木楼(屋)盖等内容。

5.2.1　木框架结构

1. 结构体系特点

木框架结构,也称现代梁柱式木结构,其建筑表现力强、美观、节能,空间灵活,可广泛应用于工业、商业、学校、体育、娱乐、车库等公共建筑中。例如,某轻型木框架厂房和美国俄勒冈州比佛敦市图书馆,见图 5-13。

图 5-13 现代梁柱式木结构的应用实例
(a)某轻型木框架厂房;(b)美国俄勒冈州比佛敦市图书馆

需要注意的是,即使采用现代的螺栓钢板连接,梁柱节点处也难以避免相对转动,因此为与混凝土或钢框架结构中的刚性节点有所区别,特称其为梁柱式木结构。试验结果表明,梁柱式木结构抗侧刚度有限,为此常采用交叉支撑、K 形支撑或抗侧轻木墙、正交层板胶合木(CLT)等增加结构的整体抗侧能力。对于多高层木结构建筑,可直接采用混凝土剪力墙或混凝土筒体抵抗地震作用,胶合木柱与梁仅承受竖向荷载。

2. 结构整体设计要点

现代木结构设计应遵循建筑功能、建筑表现与结构受力共同设计的原则,在方案设计时应充分了解木结构的特点,即充分利用支撑或耗能支撑填充墙体结构,同时选择正确的连接方式,实现力与美的统一。

结构方案设计时应慎重选择结构的抗侧力体系,同时平面及竖向布置应规则、整体性好、具有良好的延性和冗余度,且应满足最大高宽比、最大高度等要求,以得到满足抗震、抗风要求的经济高效的结构体系。

木结构应能承受雪荷载、风荷载、楼(屋)面活荷载与恒荷载等外加荷载,满足规范中规定的强度与变形限值的要求。结构计算时,应根据实际的连接方式确定合适的计算简图。螺栓钢板连接的梁与柱节点一般可以按铰接假定,当梁与柱之间的连接选择铰接时,应确保在完工后尽可能达到纯铰接,避免附加的限制对节点带来的横纹受拉或横纹受剪等不利情况。当构件之间选择刚性连接时,应注意完工后的节点具有可靠的抗转动能力,有效实现弯矩的传递,以免因节点相对转动造成结构或构件过大的变形。

3. 构件与节点设计要点

与其他木结构体系相比,梁柱式木结构的构件数量相对较少,节点数量少,体系的冗余度小,因此每一个节点的设计与施工至关重要。梁与柱、柱与基础的连接一般采用螺栓连接。由于螺栓连接在受力时易导致木材的局部横纹受拉和受剪,为此,目前通常在与螺栓垂直的方向钉入自攻螺钉,以抵抗相应的拉应力和剪应力。

因为构件与连接经常故意外露,所以连接不仅要满足承载力要求,还要注意美观和耐久性设计,特别是防锈蚀和防火设计。

　　对于外露的梁柱式木结构柱底连接处应保持通风干燥,避免积水,木构件周围应留有适当的空间,并做好防腐处理。

　　木框架结构中胶合木结构的部分节点构造做法见【拓展阅读 5-4】。

5.2.2　木楼(屋)盖结构

　　下面以轻型木结构的楼(屋)盖为例说明木楼(屋)盖系统的组成,见图 5-14,详细构造特点见【拓展阅读 5-5】。

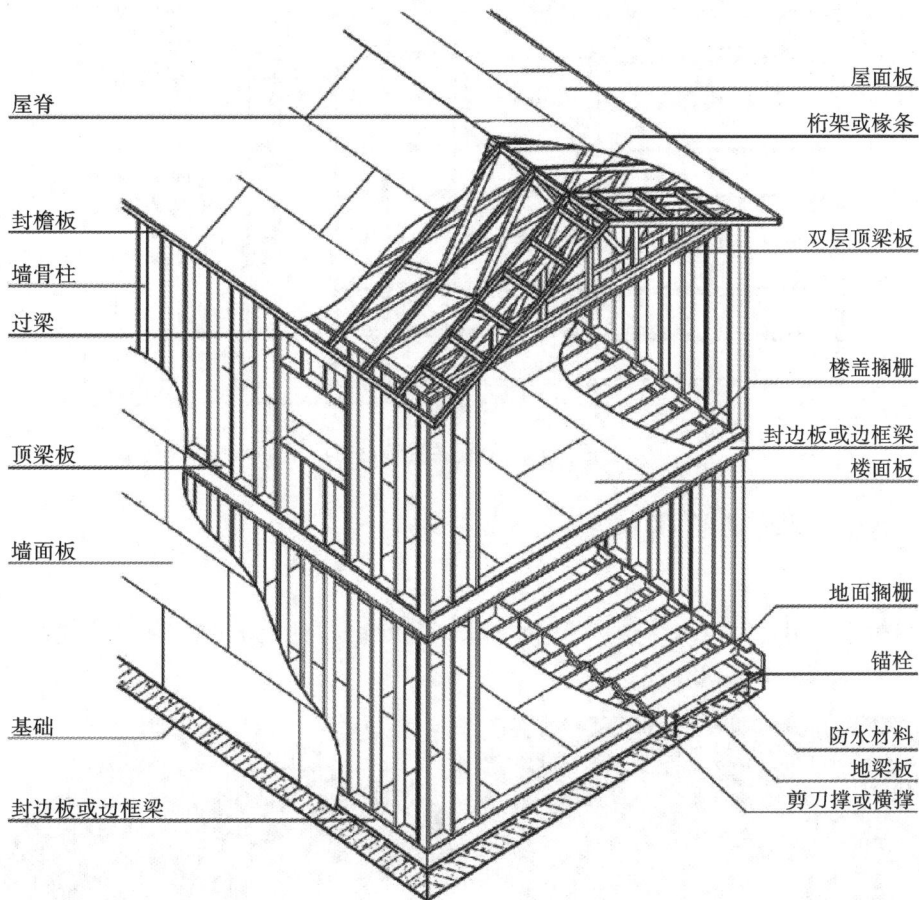

　　屋脊
　　封檐板
　　墙骨柱
　　过梁
　　顶梁板
　　墙面板
　　基础
　　封边板或边框梁

　　屋面板
　　桁架或椽条
　　双层顶梁板
　　楼盖搁栅
　　封边板或边框梁
　　楼面板
　　地面搁栅
　　锚栓
　　防水材料
　　地梁板
　　剪刀撑或横撑

图 5-14　轻型木结构的楼(屋)盖系统组成示意图

　　轻型木结构的楼盖应采用间距不大于 610 mm 的楼盖木搁栅、木基结构板的楼面结构层,以及木基结构板或石膏板铺设的吊顶。楼盖搁栅可采用规格材或工程木产品,截面尺寸由计算确定。

　　底层楼盖周边由建筑物的基础墙支承,楼盖跨中由梁或柱支承(见图 5-15)。承重木墙、砌体或混凝土墙体也可作为楼盖搁栅的跨中支承。二层以上楼盖搁栅周边通常由木墙或砌体墙支承,中间由承重木墙支承。

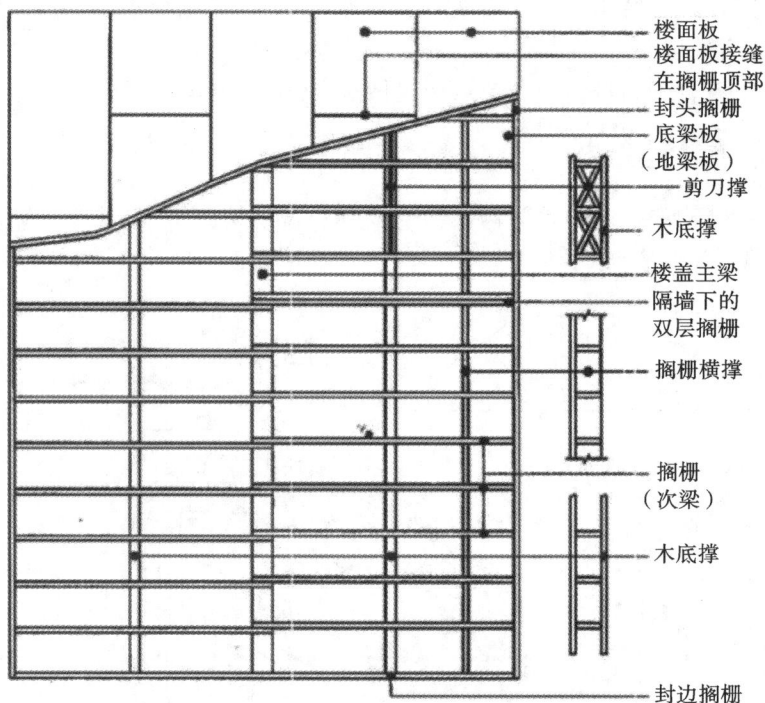

图 5-15 楼盖布置示意图

5.2.3 其他木屋盖结构体系

1. 桁架结构

桁架结构主要用于大跨木结构建筑(见图 5-16),是由杆件组成的一种格构式结构体系,一般用于超过 9 m 跨度的建筑。

图 5-16 桁架结构屋楼盖

2. 拱结构

拱结构主要用于大跨木结构建筑和桥梁,一般设计跨度 20~100 m。如美国加州 Anaheim 市迪士尼溜冰中心和 2010 年加拿大冬奥会列治文速滑馆都采用拱结构屋盖(见图 5-17)。作为 2010 年冬季奥运会杰出的建筑之一,列治文速滑馆的最大特点是其举世无双的木结构屋顶,复杂的钢木混合拱形结构,跨度约 130 m,屋面由 14 根截面高度为 1600 mm 的木梁承重,是世界上净跨度最大的木结构建筑之一。

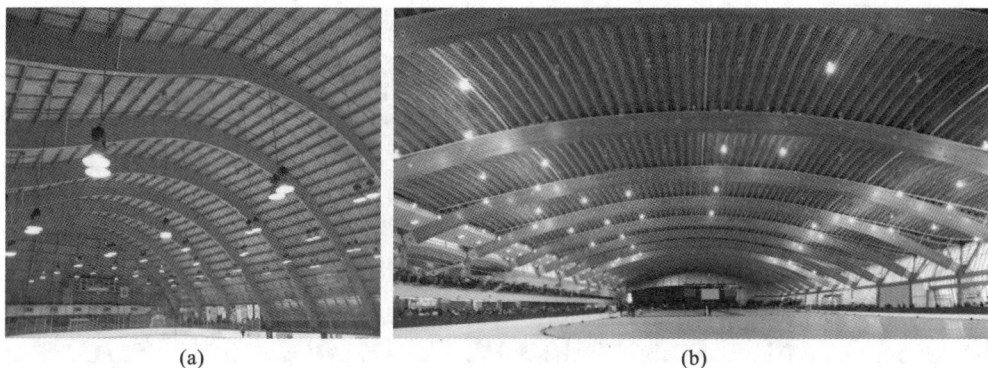

图 5-17　拱结构屋盖

(a)美国加州 Anaheim 市迪士尼溜冰中心;(b)2010 年加拿大冬奥会列治文速滑馆

3. 张弦木结构

张弦木构主要用于大跨木结构建筑和桥梁,一般设计跨度 30～60 m。如贵州省黔东南州游泳馆和加拿大西蒙弗雷泽大学(SFU)主楼的屋盖均采用张弦木结构(见图 5-18)。

图 5-18　张弦木结构屋楼盖

(a)贵州省黔东南州游泳馆;(b)加拿大西蒙弗雷泽大学主楼

贵州省黔东南州游泳馆采用大跨度木拱屋架结构形式。上部屋盖采用张弦木拱体系,跨度 50.4 m;木拱沿弧长分三段拼接,每段由 2 块截面为 170 mm(厚度)×1000 mm(高度)胶合木构件组合拼装而成,并选用 PRF 结构胶黏剂黏结,表面采用环保型木材防腐液 ACQ 和防护型木蜡油进行二次涂装,有效提高了耐久性和防潮性。通过 6 根木撑杆与主索共同形成张弦结构,与纵向索和屋面索构成完整的稳定结构体系。自平衡的张弦木拱以滑移支座支撑,消除了支座的水平推力。

4. 网壳木结构

网壳木结构主要用于大跨木结构公共建筑,一般设计跨度 50～150 m。

1980 年建于美国华盛顿州阿纳海姆市的塔科马体育馆(见图 5-19)是世界上最有影响力的

大跨木结构建筑之一,其屋顶采用了胶合木穹顶结构,该穹顶直径 162 m,距地面 45.7 m,覆盖面积达 13900 m²,最多可容纳 26000 名观众,号称世界上最大的木结构穹顶。

图 5-19　美国塔科马穹顶

5. 悬挑结构

悬挑结构空间组合灵活,建筑造型轻盈活泼。德国汉诺威世博会胶合木结构主题馆(见图 5-20)即采用悬挑结构屋盖。汉诺威世博会展棚建成于 2000 年,设计师尤利乌斯·纳特尔将 10 个伞形的屋顶悬挂在 26 m 高的木柱上,其中木塔上面的钢制金字塔式结构连接悬臂木梁与木柱,每个屋顶覆盖面积为 1600 m²,木网格壳体间彼此连接,相互支撑。

图 5-20　德国汉诺威世博会胶合木结构主题馆

【本章要点】

①木材是一种各向异性的有机建筑材料,顺纹方向强度最高,横纹方向强度最低。木材缺陷主要有木节、裂缝和斜纹,应理解其对木材各项力学性能的影响。

②常见木结构体系分别是方木原木结构、轻型木结构和胶合木结构;胶合木结构与轻型木结构是现代木结构的发展方向,应了解其各自特点。

③轻型木结构的楼盖应采用间距不大于 610 mm 的楼盖木搁栅、木基结构板的楼面结构层,以及木基结构板或石膏板铺设的吊顶。

④木结构的防火应以构造措施为主,并应限制木结构房屋的层数、长度、面积和防火间距;木结构的防护应主要从构造上考虑通风和防潮要求。

【拓展阅读】

拓展阅读 5-1
木结构的发展历史

拓展阅读 5-2
中国现存最古老木结构建筑-南禅寺大殿

拓展阅读 5-3
常见木结构构件设计

拓展阅读 5-4
木框架结构中胶合木结构的部分节点构造做法

拓展阅读 5-5
木楼(屋)盖结构介绍

【思考和练习】

5-1 我国的传统木结构,例如应县木塔、故宫等,均表现出较好的抗震性能,试分析其主要原因?

5-2 木结构有何优缺点?

5-3 木材力学性能有哪些?

5-4 简述木结构的防火设计原则和方法。

5-5 轻型木结构的楼盖系统由哪几部分组成?

5-6 轻型木结构的屋盖系统由哪几部分组成?

第6章 砌体结构

砌体主要由块材(砖、石或砌块等)和砂浆砌筑而成,是砖砌体、砌块砌体和石砌体的总称。砌体结构指采用砌体墙、柱作为建筑物主要受力构件的结构。

砌体结构在我国有着悠久的历史,"秦砖汉瓦"书写了中国古代建筑风采。殷商时期就已经出现用黏土砌成的墙,秦代的万里长城、北魏的嵩山寺砖塔、隋代的赵县安济桥、明代的南京灵谷寺,还有至今仍起灌溉作用的都江堰水利工程,所有这些都值得我们自豪和铭记。直至今日,砌体结构仍是乡村建筑的主要形式之一。

6.1 概述

6.1.1 砌体结构的特点

1. 砌体结构的优点

①与混凝土结构、钢结构和木结构相比,砌体结构材料来源广泛,取材容易,造价低廉。

②砌体结构构件具有承重和围护双重功能,且有良好的耐久性和耐火性,使用年限长,维修费用低。砌体特别是砖砌体的保温隔热性能好,节能效果明显。

③砌体结构房屋构造简单,施工方便,工程总造价低,在正确的设计计算及合理的构造措施条件下,砌体结构具有良好的整体工作性能,局部的破坏不致引起相邻构件或房屋的倒塌,对爆炸、撞击等偶然作用具有一定的抵抗能力。

④砌体结构的施工多为人工砌筑,不需要模板和特殊设备,可以节省木材和钢材。砌体一经砌筑即可承受一定荷载,因而可以连续施工。

⑤当采用砌块或大型板材做墙体时,可以减轻结构自重,加快施工进度,便于工业化生产和施工。

2. 砌体结构的缺点

①自重大。砌体材料强度较低,在一定承载力要求下,砌体墙、柱的截面尺寸较大,材料用量多,因而自重大,不利于抗震。

②砌筑砂浆和块材之间的黏结力较弱,因此无筋砌体的抗拉、抗弯及抗剪强度低,抗震及抗裂性能较差。

③砌体结构的砌筑工作繁重。砌体基本采用手工方式砌筑,劳动量大,生产效率低,且施工质量不易保证。

6.1.2 砌体结构的应用

砌体结构具有一系列独特的优点,因而在土木工程中被广泛应用。多层住宅、办公楼等民用建筑的基础、墙、柱等都可用砌体建造。无筋砌体房屋一般可建5~7层,配筋砌块剪力墙结构房屋可建8~18层;混凝土结构和钢结构房屋中,砌体被用作围护墙和填充墙等非承重构件;工业建筑中,烟囱、料斗、管道支架、对渗水性要求不高的水池等特殊构件,也可采用砌体结构;农村建筑中,如仓库、跨度不大的厂房,可用砌体结构建造;在交通运输方面,砌体结构可用于桥梁、隧道工程等,各种地下渠道、涵洞、挡土墙等也常用石材砌筑;在水利建设方面,可用石材砌筑坝、堰和渡槽等。

伴随时代的不断发展,各种新型的建筑材料层出不穷,砖作为最古老的建筑材料之一正逐渐淡出人们的视野。但当质朴的砖遇到有创意的设计师时,每块砖层层堆砌和重叠,就会拼凑出独具魅力的现代建筑艺术作品,见图6-1和图6-2。

图6-1　北京红砖美术馆(2012年)

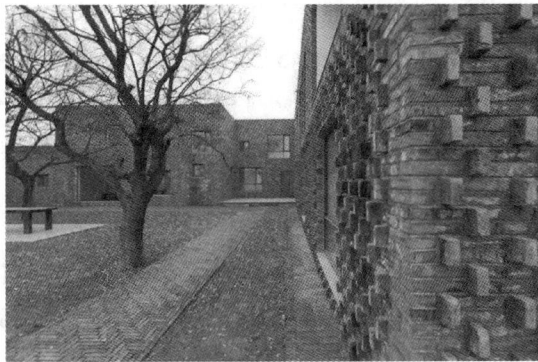

图6-2　南京高淳诗人住宅(2007年)

6.2　砌体材料及其力学性能

6.2.1　块材

1. 砖

根据孔洞率大小,砖可分为实心砖、多孔砖、空心砖三种。

根据制作工艺不同,砖可分为三大类:第一类是烧结砖,包括烧结普通砖、烧结多孔砖和烧结空心砖;第二类是蒸压砖,包括蒸压灰砂普通砖和蒸压粉煤灰普通砖;第三类是混凝土砖,包括混凝土普通砖和混凝土多孔砖。

烧结普通砖是以黏土、煤矸石、页岩或粉煤灰为主要原料,经过焙烧而成的实心砖。其按主要原料种类可分为烧结黏土砖、烧结煤矸石砖、烧结页岩砖及烧结粉煤灰砖等。正常质量的烧结砖具有较好的耐久性、抗冻性,适用于各类地面及地下砌体结构。所谓正常质量是指正常烧结质量,如果砖未烧透,那么它对于外界的冻融腐蚀和可溶性盐的结晶风化作用(盐害)的抵抗能力就会大大减弱,造成自身强度的下降。烧结普通砖的规格尺寸为240 mm×115 mm×53 mm。

烧结多孔砖以黏土、页岩、煤矸石或粉煤灰为主要原料,经焙烧而成,孔洞率不大于35%,

孔的尺寸小而数量多,简称多孔砖,主要用于承重墙体的砌筑。多孔砖分为 P 型砖与 M 型砖,P 型砖的规格尺寸为 240 mm×115 mm×90 mm,M 型砖的规格尺寸为 190 mm×190 mm×90 mm(见图 6-3)。

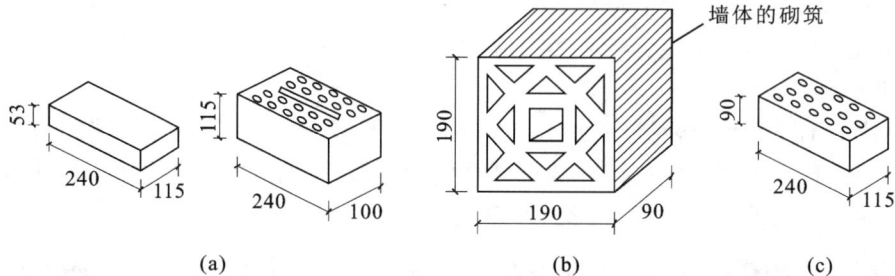

图 6-3　烧结普通砖和烧结多孔砖的外形尺寸(注:图中尺寸仅作示意)
(a)烧结普通砖;(b)M 型烧结多孔砖;(c)P 型烧结多孔砖

烧结空心砖是以黏土、页岩、煤矸石、粉煤灰为主要原料经焙烧而成的空心砖,孔的尺寸大而数量少,孔洞率大于 40%,用于建筑物的非承重部位。烧结空心砖的主要规格尺寸为 290 mm×190 mm×90 mm。

蒸压灰砂普通砖是以石灰和砂为主要原料,经坯料制备、压制排气成型、高压蒸汽养护而成的实心砖,简称灰砂砖。这种砖不适用于砌筑承受高温的砌体,如壁炉、烟囱等。

蒸压粉煤灰普通砖是以粉煤灰、石灰、砂、消石灰或水泥为主要原料,掺加适量石膏,经坯料制备、压制排气成型、高压蒸汽养护而成的实心砖,简称粉煤灰砖。这种砖抗冻性和长期强度稳定性及防水性能较黏土砖差,不宜用于地面以下或潮湿房间。灰砂砖和粉煤灰砖的规格尺寸与烧结普通砖相同。

混凝土普通砖和混凝土多孔砖是以水泥为胶结材料,以砂、石等为主要集料,加水搅拌、成型、养护制成的一种混凝土实心砖或多孔的混凝土半盲孔砖。混凝土实心砖的主要规格尺寸为 240 mm×115 mm×53 mm、240 mm×115 mm×90 mm 等,混凝土多孔砖的主要规格尺寸为 240 mm×115 mm×90 mm、240 mm×190 mm×90 mm 等。

抗压强度是块体力学性能的基本指标,我国规范根据以毛截面计算的块体抗压强度(同时考虑抗折强度的要求)平均值划分块体的强度等级。

烧结普通砖、烧结多孔砖的强度等级为 MU30、MU25、MU20、MU15 和 MU10。

烧结空心砖的强度等级为 MU10、MU7.5、MU5 和 MU3.5。

蒸压灰砂普通砖、蒸压粉煤灰普通砖的强度等级为 MU25、MU20 和 MU15。

混凝土普通砖、混凝土多孔砖的强度等级为 MU30、MU25、MU20 和 MU15。

MU 为块体(masonry unit)的缩写,其后的数字表示抗压强度值,单位为 MPa(即 N/mm²)。

2. 砌块

采用较大尺寸的砌块代替小块砖砌筑砌体,可减轻劳动量并可加快施工进度。砌块一般指混凝土空心砌块、加气混凝土砌块及硅酸盐类砌块。此外还有以黏土、煤矸石等为原料,经焙烧而制成的烧结空心砌块。

目前使用最为普遍的是混凝土小型空心砌块,由普通混凝土或轻集料混凝土制成,主要规格尺寸为 390 mm×190 mm×190 mm,空心率一般为 25%～50%。

混凝土空心砌块的强度等级是根据以毛截面计算的砌块抗压强度平均值来划分的。用于承重的混凝土砌块和轻集料混凝土砌块的强度等级为 MU20、MU15、MU10、MU7.5 和 MU5,用于非承重的轻集料混凝土砌块的强度等级为 MU10、MU7.5、MU5 和 MU3.5。

3. 石材

常用石材有花岗岩、石灰岩和凝灰岩等,按加工程度不同可分为料石和毛石。石材抗压强度高,耐久性好,多用于房屋的基础及勒脚部位。在有开采和加工石材能力的地区,也用于房屋的墙体。但石材传热性较高,当用于寒冷或炎热地区房屋的墙体时,厚度需做得较大。

石材的强度等级为 MU100、MU80、MU60、MU50、MU40、MU30 和 MU20。

6.2.2 砂浆

砂浆的主要作用是:黏结块体,使单个块体形成受力整体;找平块体间的接触面,使应力分布较为均匀;填充块体间的缝隙,减少砌体的透风性,提高砌体的隔热性能和抗冻性能。

砂浆按其组成材料的不同可分为水泥砂浆、混合砂浆、非水泥砂浆和专用砂浆。

(1) 水泥砂浆

水泥砂浆由水泥和砂加水拌和而成,其强度高、硬化快、耐久性好,但和易性和保水性差。水泥砂浆属于水硬性材料,因此适用于水中或潮湿环境中的砌体。

(2) 混合砂浆

混合砂浆指在水泥砂浆中掺入一定塑化剂的砂浆,如水泥石灰砂浆、水泥黏土砂浆。这种砂浆虽然强度会略低于水泥砂浆,但和易性和保水性都得到很大改善,有利于砌体的砌筑质量,故适用于一般地上砌体结构。

(3) 非水泥砂浆

非水泥砂浆指不含水泥的石灰砂浆、黏土砂浆、石膏砂浆等。这类砂浆强度低、硬化慢、耐久性差、抗水性差,仅适用于干燥地区的低层建筑和临时性简易建筑。

(4) 专用砂浆

专用砂浆由水泥、砂、水以及根据需要掺入的掺和料和外加剂等组分,按一定比例,采用机械拌和制成,包括砌块专用砂浆和蒸压硅酸盐砖专用砂浆。

采用普通砂浆砌筑块体高度较高的混凝土砌块(砖)时,很难保证竖向灰缝的砌筑质量,而蒸压硅酸盐砖表面光滑,与普通砂浆的黏结力较差,使砌体沿灰缝的抗剪强度降低,影响了蒸压硅酸盐砖在地震设防区的推广与应用。因此,砌筑混凝土砌块(砖)和蒸压硅酸盐砖时,应采用黏结强度更高、工作性能更好的专用砂浆。

砂浆的强度等级按边长为 70.7 mm 的立方体试块的抗压强度平均值划分。

普通砂浆的强度等级为 M15、M10、M7.5、M5 和 M2.5。

砌块(单排孔砌块)专用砂浆的强度等级为 Mb20、Mb15、Mb10、Mb7.5 和 Mb5。

蒸压硅酸盐砖专用砂浆的强度等级为 Ms15、Ms10、Ms7.5 和 Ms5。

M(或 Mb、Ms)后的数字表示抗压强度值,单位为 MPa。

6.2.3 砌体的种类

砌体是由块材和砂浆砌筑而成的整体,它之所以能作为一个整体承受荷载,除了靠砂浆与块材间的黏结作用,还需要块材在砌体中合理排列。块材的砌筑原则是:灰缝饱满,块体错缝搭砌,避免竖向通缝。因为竖向连通的灰缝会将砌体分割成彼此无联系或联系薄弱的几个部分,不能相互传递压力和其他内力,使砌体无法整体工作而提前破坏。

砌体分为无筋砌体和配筋砌体两大类。根据块体类型,无筋砌体又分为砖砌体、砌块砌体和石砌体。配筋砌体指在砌体中配置受力筋或钢筋网的砌体,《砌体结构设计规范》(GB 50003—2011)(以下简称《砌体规范》)将配筋砌体分为配筋砖砌体和配筋砌块砌体两大类。

1. 无筋砌体

(1) 砖砌体

砖砌体一般采用实砌,用于内外承重墙、围护墙及隔墙。

根据砌体砌筑原则,可采用一顺一丁、梅花丁(同一皮丁顺间砌)或三顺一丁的砌筑方式(见图 6-4)。

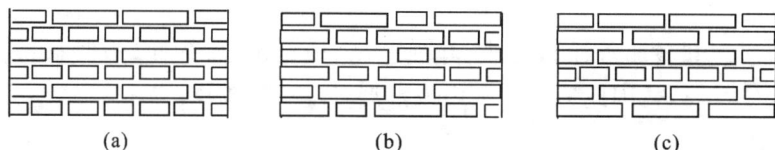

图 6-4 砖砌体的砌筑方法
(a)一顺一丁;(b)梅花丁;(c)三顺一丁

实砌砖墙的厚度应满足强度、稳定性以及保温隔热的要求,可为 120 mm(半砖,非承重)、240 mm(一砖)、370 mm(一砖半)、490 mm(二砖)、620 mm(二砖半)、740 mm(三砖)等厚度。有时为了节约材料,墙厚可按 1/4 砖进位,因此有些砖必须侧砌,构成 180 mm、300 mm 和 420 mm 等厚度。试验表明,这种砖墙的强度是完全符合要求的。

采用 P 型多孔砖砌筑砌体时,墙厚与烧结普通砖相同。M 型多孔砖由主砖及少量配砖组成,基本厚度为 190 mm。

混凝土结构及钢结构中的填充墙常采用烧结空心砖、蒸压加气混凝土砌块、轻集料混凝土小型空心砌块等砌筑,以减轻建筑物的自重。当用轻集料混凝土小型空心砌块或蒸压加气混凝土砌块时,考虑到其吸湿性大又不宜受剧烈碰撞等因素,为了提高强度和耐久性,墙体底部一定范围内应以烧结普通砖、多孔砖或普通混凝土小型空心砌块砌筑,或现浇混凝土坎台等,其高度不宜小于 200 mm。

(2) 砌块砌体

砌块砌体主要指混凝土小型空心砌块砌体,宜采用专用砂浆砌筑,并应对孔错缝搭砌,搭接长度不应小于 90 mm。需要灌实小砌块孔洞或浇筑芯柱混凝土时,宜选用高流态、低收缩和高强度的专用灌孔混凝土(强度等级符号为 Cb)。

（3）石砌体

石砌体常用作一般民用建筑的基础、墙、柱等，料石砌体还用于建造拱桥、大坝和涵洞等构筑物，毛石混凝土砌体常用于建筑物的基础。

2. 配筋砌体

（1）配筋砖砌体

为提高砖砌体强度和减小构件截面尺寸，可在砖砌体内配置适量钢筋，构成配筋砖砌体，主要有网状配筋砖砌体和组合砖砌体。

若将钢筋网配置在砌体的水平灰缝中，利用水平灰缝的黏结力，砌体受压时钢筋横向受拉，两者共同工作，从而提高砌体的抗压强度。这种砖砌体称为网状配筋砖砌体[见图 6-5(a)]。

为有效地提高砖砌体承受偏心压力的能力，可将其部分截面改用钢筋混凝土或钢筋砂浆面层，形成外包式组合砖砌体[见图 6-5(b)]。

砖砌体和钢筋混凝土构造柱组合墙中，构造柱嵌入砖墙并与砖墙共同工作，墙体承载力和抗震能力得到加强。这种砌体属于内嵌式组合砖砌体[见图 6-5(c)]。

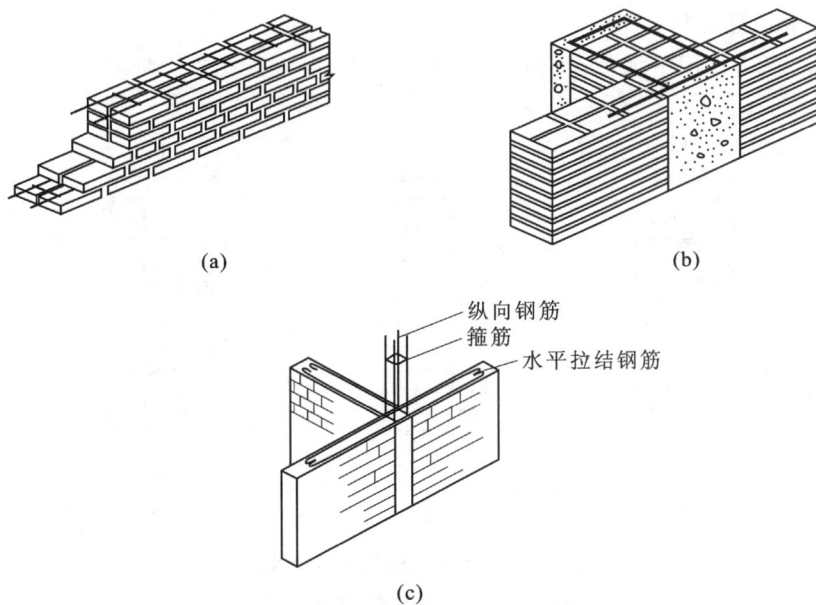

(a)　　　　　　　　　　　　(b)

(c)

图 6-5　配筋砖砌体的类型

(a)网状配筋砌体；(b)组合砌体；(c)内嵌式组合砖砌体墙

（2）配筋砌块砌体

在混凝土空心砌块的竖向孔洞中配置竖向钢筋，在砌块横肋凹槽内或水平灰缝内配置水平钢筋，然后浇筑灌孔混凝土，所形成的砌体称为配筋混凝土砌块砌体（见图 6-6）。这种砌体常用于中高层房屋中起剪力墙作用，因此又叫配筋砌块砌体剪力墙，是一种装配整体式钢筋混凝土剪力墙。这种砌体构件抗震性能好，造价低于现浇钢筋混凝土剪力墙，而且在节土、节能、减少环境污染方面有积极意义。

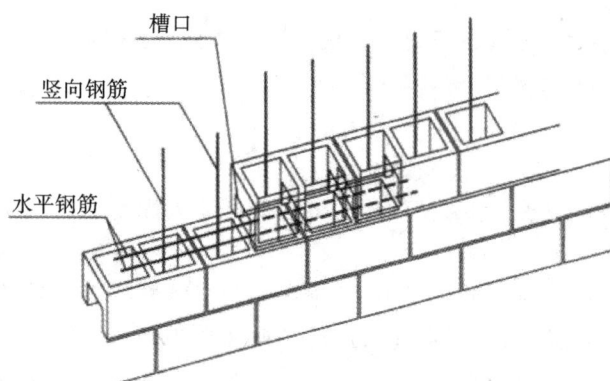

图 6-6　配筋混凝土砌块砌体

6.2.4　砌体的抗压强度

1. 砌体的受压破坏特征

砌体在轴心压力作用下加载至破坏分为三个阶段,分别如图 6-7 所示。

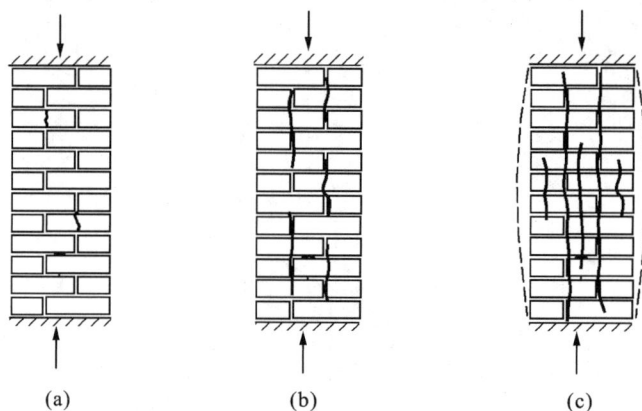

图 6-7　砖砌体标准试件受压破坏过程

(a)第Ⅰ阶段;(b)第Ⅱ阶段;(c)第Ⅲ阶段

第Ⅰ阶段:单砖开裂。

从砌体受荷开始,到轴向压力增大至破坏荷载的 50%～70% 时,砌体内某些单块砖在拉、弯、剪的复合作用下出现第一批裂缝。此阶段的裂缝细小且未能穿过砂浆层,如果停止加载,则裂缝停止扩展。该阶段砌体横向变形较小,应力-应变呈线性关系,故属弹性阶段。

第Ⅱ阶段:形成连续裂缝。

继续加载至破坏荷载的 80%～90% 时,单块砖上的个别裂缝沿竖向灰缝与相邻砖块上的裂缝贯穿,形成平行于加载方向的纵向间断裂缝。在此期间,即使荷载不增加,裂缝仍继续发展,砌体临近破坏。

第Ⅲ阶段:形成贯通裂缝,砌体完全破坏。

荷载稍有增加,裂缝迅速发展,并形成上、下贯通到底的通长裂缝,将砖砌体分割成若干个独立半砖小柱,同时发生明显的横向膨胀,最终由于小柱压碎或失稳导致砌体完全破坏。

以砌体破坏时的最大轴向压力值除以砌体截面积所得的应力即为砌体的抗压强度。试验结果表明,砌体的抗压强度远低于单块砖的抗压强度。

2. 单块砖在砌体中的受力特点

(1)砖块处于局部受压、受弯、受剪的复杂应力状态

由于砖块受压面并不平整,再加之水平灰缝厚度不均匀和不密实,单块砖在砌体内并不能均匀受压,而是处于局部受压、受弯、受剪的复杂应力状态下。由于砖的抗拉强度较低,当弯、剪引起的主拉应力超过砖的抗拉强度后,砖就会开裂(见图6-8)。

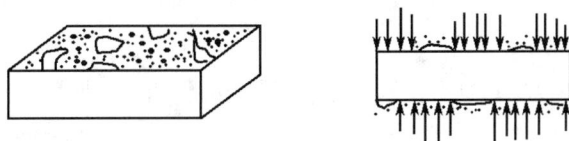

图 6-8　砌体内砖的受力状态示意

(2)由于砖和砂浆受压后的横向变形不同,砖还处于侧向受拉状态

一般情况下,砂浆的泊松比大于砖的泊松比,因此压力作用下,砂浆的横向变形大于砖的横向变形。当砖和砂浆因存在黏结力而共同变形时,砖对砂浆的横向变形起阻碍作用,砂浆对砖则形成了水平附加拉力,这种拉力也是使砖过早开裂的原因之一(见图6-9)。

(3)竖向灰缝处的应力集中

竖向灰缝不易填实,成为砌体的薄弱环节,造成砌体的不连续性和块材的应力集中,降低砌体抗压强度。

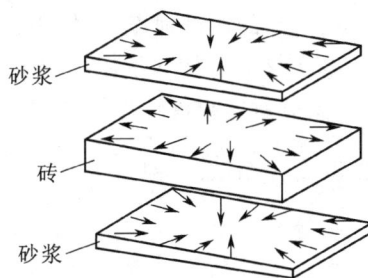

图 6-9　砂浆与砖的相互作用

3. 影响砌体抗压强度的因素

(1)块体的强度、尺寸和几何形状

块体的强度是影响砌体抗压强度的主要因素,也是确定砌体抗压强度的主要参数。块体的强度越高(对抗压强度、抗折强度均有一定要求),砌体的抗压强度越高。

块体的外形越整齐规则,则其表面越平整,受力越均匀,砌体的抗压强度也越高。另外,块体厚度增加,会增加其抗折强度,同样可以提高砌体的抗压强度。

(2)砂浆的强度、和易性和保水性

砂浆强度也是影响砌体抗压强度的主要因素,也是确定砌体抗压强度的主要参数。砂浆的强度越高,砌体的抗压强度越高。

另外,砂浆的和易性及保水性越好,则越容易铺砌均匀,从而减小块材的弯、剪应力,提高砌体的抗压强度。试验表明,与混合砂浆相比,水泥砂浆的保水性及和易性较差,所砌筑砌体的抗压强度降低5%~15%。

（3）砌筑质量的影响

砌体的砌筑质量对砌体的抗压强度影响很大。如灰缝不饱满、不密实，则块材受力不均匀；水平灰缝过厚（大于 12 mm），则砂浆横向变形增大，块体受到的横向拉应力增大；水平灰缝过薄（小于 8 mm），则不易铺砌均匀，不利于改善块体的受力状态；若砖的含水率过低，将过多吸收砂浆的水分，影响砂浆和砌体的抗压强度；若砖的含水率过高，将影响砖与砂浆的黏结力等。

另外，砌筑工人的技术水平、施工单位的管理水平等都会影响到砌筑质量，为此，我国《砌体工程施工及验收规范》中规定了砌体施工质量控制等级，并根据施工现场的质量保证体系、砂浆和混凝土强度变异程度的大小以及砌筑工人的技术等级等方面的综合水平，将施工质量控制等级分为 A、B、C 三级。施工质量控制等级主要根据设计和建设单位商定，并在工程设计图中明确说明。

4. 砌体抗压强度

（1）砌体抗压强度设计值

砌体大多用来承受压力，但也有受拉、受弯、受剪的情况，比如圆形水池池壁在侧向水压作用下的轴心拉力作用，挡土墙在侧向土压力作用下的弯矩作用，砌体过梁在自重和楼面荷载作用下的弯、剪作用及拱支座处的剪力作用等。因此，砌体有抗压强度 f、轴心抗拉强度 f_t、弯曲抗拉强度 f_{tm} 和抗剪强度 f_v 四种强度类别，全面描述砌体的承载能力。

在砌体的四种强度中，抗压强度是最重要的。砌体抗压强度又有平均值 f_m、标准值 f_k 与设计值 f 之分。砌体抗压强度平均值 f_m 是根据各类砌体轴心受压试验结果分析得到的（公式略）。砌体抗压强度标准值 f_k 的保证率为 95%，$f_k = f_m(1-1.645\delta_f)$，式中 δ_f 为各类砌体的抗压强度变异系数。砌体抗压强度设计值 $f = \dfrac{f_k}{\gamma_f}$，式中 γ_f 为砌体结构的材料性能分项系数，当施工控制等级为 B 级时取 $\gamma_f = 1.6$，A 级时取 $\gamma_f = 1.5$，C 级时取 $\gamma_f = 1.8$。

当施工控制等级按 B 级考虑时，各类砌体抗压强度设计值见附表 25～附表 27。

（2）砌体抗压强度设计值调整系数 γ_a

在某些特定情况下，砌体抗压强度设计值需要乘以调整系数。例如，截面积较小的无筋砌体及网状配筋砖砌体，由于局部破损或缺陷对承载力影响较大，要考虑承载能力的降低；砌体进行施工阶段验算时，可考虑适当放宽安全度的限制等（见表 6-1）。

表 6-1　砌体强度设计值调整系数 γ_a

使 用 情 况	γ_a
对无筋砌体，构件截面积 $A < 0.3$ m²	$0.7 + A$
对配筋砌体，构件截面积 $A < 0.2$ m²	$0.8 + A$
验算施工中房屋的构件	1.1
用小于 M5 的水泥砂浆砌筑的各类砌体	0.9
施工质量控制等级为 A 级	$\dfrac{1.6}{1.5} \doteq 1.05$
施工质量控制等级为 C 级	$\dfrac{1.6}{1.8} \doteq 0.89$

6.3　砌体结构房屋的静力计算

6.3.1　房屋的结构布置

1. 墙体的布置原则

墙体布置是砌体结构设计的首要和关键内容。墙体除承受各种荷载外,还承受其他间接作用,如地基不均匀沉降、温度变化等,这些因素均会引起墙体内力。砌体抗拉强度低,如果墙体布置不当,则可能导致墙体开裂甚至破坏。因此,正确布置墙体是砌体结构设计中关键的问题之一。

墙体布置应符合以下原则。

①明确传力体系,区分承重墙和非承重墙,使荷载以最简捷的途径经承重墙传至基础。

②纵墙尽量拉通,避免断开和转折。

③横墙间距不宜过大,多层房屋的横墙厚度、长度及开洞尺寸宜满足刚性方案(刚性方案的定义见后)的要求。

④上、下层墙体应连续贯通,前后对齐。

⑤门、窗洞口位置上下对齐,其他孔洞尽量设置在非承重墙上,主要承重墙避免过大开洞。

2. 砌体结构的承重体系

根据墙体布置方案和荷载传递方式不同,砌体结构的承重体系可分为三种。

(1) 横墙承重体系

如图 6-10 所示为横墙承重体系,竖向荷载的主要传递路线如下:

$$楼(屋)面荷载 \rightarrow 横墙 \rightarrow 基础 \rightarrow 地基$$

横墙承重体系的特点是:横墙为承重墙,承受绝大部分竖向荷载以及横向风荷载、横向地震作用;横墙间距小(3~5 m)且数量较多;纵墙主要起围护、隔断、与横墙相互拉接成整体的作用;纵墙只承受自重以及纵向风荷载、纵向地震作用,一般情况下其承载力未得到充分发挥,故墙上开设门窗洞口较灵活。

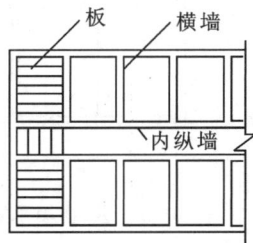

图 6-10　横墙承重体系

横墙承重体系的优点是:房屋的横向刚度大,整体性好,对抵抗风力、地震等水平作用和调节地基不均匀沉降等较为有利。

横墙承重体系的缺点是:房间布置不灵活,适用于小开间的民用房屋,如集体宿舍、住宅等。

(2) 纵墙承重体系

如图 6-11(a)、(b)所示,楼(屋)面荷载主要由纵墙承受,属于纵墙承重体系,竖向荷载的主要传递路线如下:

$$楼(屋)面荷载 \rightarrow 梁(或屋架) \rightarrow 纵墙 \rightarrow 基础 \rightarrow 地基$$

纵墙承重体系的特点是:纵墙为承重墙,承受绝大部分竖向荷载以及纵向风荷载、纵向地震作用,因此纵墙上门窗洞口的大小及位置受到一定限制;横墙的作用主要是隔断、与纵墙相互拉

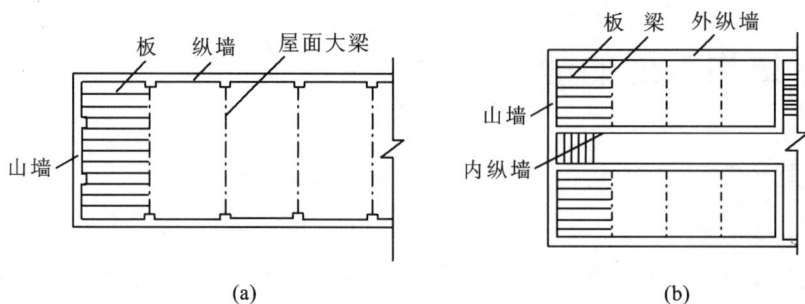

图 6-11 纵墙承重体系

接成整体、满足房屋的空间刚度；横墙承受自重以及横向风荷载、横向地震作用；横墙间距较大且数量较少。

纵墙承重体系的优点是：空间划分较灵活，适用于要求有较大使用空间的房屋，如教学楼、办公楼、食堂、礼堂、单层小型厂房等。

纵墙承重体系的缺点是：房屋横向刚度较差。

（3）纵、横墙承重体系

如图 6-12 所示，楼(屋)面荷载分别由纵墙和横墙共同承受，属于纵、横墙承重体系，竖向荷载的主要传递路线如下：

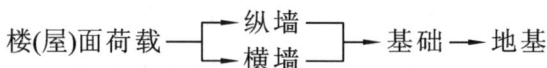

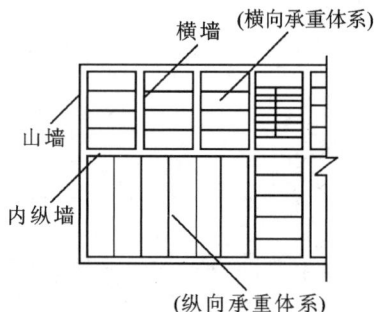

$$楼(屋)面荷载 \longrightarrow \begin{matrix} 纵墙 \\ 横墙 \end{matrix} \longrightarrow 基础 \longrightarrow 地基$$

图 6-12 纵、横墙承重体系

严格地讲，上述（1）、（2）的承重体系也应属于纵、横墙承重体系（图 6-10 中的走道荷载传到内纵墙上，图 6-11 中的山墙是横墙承重），但因二者承重墙体的比例相差较大，故分别按横墙承重体系和纵墙承重体系对待。

纵、横墙承重体系兼有纵墙承重体系和横墙承重体系的特点，能适应房屋平面的多种变化，适用于实验楼、教学楼、办公楼等建筑。

上述三种墙体承重体系中，多层砌体结构宜优先采用横墙承重体系或纵、横墙承重体系，以使房屋受力均匀，且有较大的空间刚度，有利于抵抗水平荷载与地震作用。

6.3.2 房屋的静力计算方案

砌体房屋结构是由竖向承重构件(墙、柱、基础等)和水平承重构件(屋盖、楼盖等)组成的空间受力体系，各承重构件协同工作，共同承受作用在房屋上的各种竖向荷载和水平荷载。墙体布置方案不同，则房屋的空间工作性能不同，从而房屋的静力计算方案不同。

不论何种承重体系，作用在房屋上的竖向荷载大都沿着"板(梁)→墙(柱)→基础→地基"的路线传递。而对水平荷载，承重体系不同，则荷载传递路线不同，房屋表现出来的空间工作性能也不同，所以首先从这个角度以单层房屋为例分析房屋的空间受力特点。

1．水平荷载的传力路线和房屋的空间受力性能

1）两端无山墙的单层房屋

图 6-13（a）所示为某纵墙承重体系单层房屋，承受水平荷载作用，两端没有设置山墙。

假定作用于房屋的水平荷载均匀分布，外纵墙刚度相等，因此在水平荷载作用下整个房屋墙顶的水平位移相同（设为 u_p）。如果从其中任意取出一个单元，这个单元的受力状态可以代表整个房屋的受力状态，这个单元称为计算单元。

该房屋的水平荷载的传递路线为"水平荷载→纵墙→纵墙基础→地基"。因此，荷载作用下的墙顶位移（u_p）的大小主要取决于纵墙的刚度，而屋盖结构的刚度只是保证传递水平荷载时两边纵墙位移相同。如果把计算单元的纵墙比拟为排架柱，屋盖结构比拟为横梁，把基础看作柱的固定端支座，屋盖结构和墙的连接点看作铰结点，则计算单元的受力状态就如同一个单跨平面排架，属于平面受力体系，其静力分析可采用结构力学解平面排架的方法。

2）两端有山墙的单层房屋

如图 6-13（b）所示两端有山墙的单层房屋，由于山墙的约束，水平荷载的传力路线发生了变化，整个房屋墙顶的水平位移也不再相同。距山墙远的墙顶水平位移大，距山墙近的墙顶水平位移小。其原因就是水平荷载不仅在纵墙和屋盖组成的平面排架内传递，而且还通过屋盖平面和山墙平面进行传递，即组成了空间受力体系，其水平荷载传递路线为

水平荷载→纵墙→纵墙基础／屋盖结构→山墙→山墙基础→地基

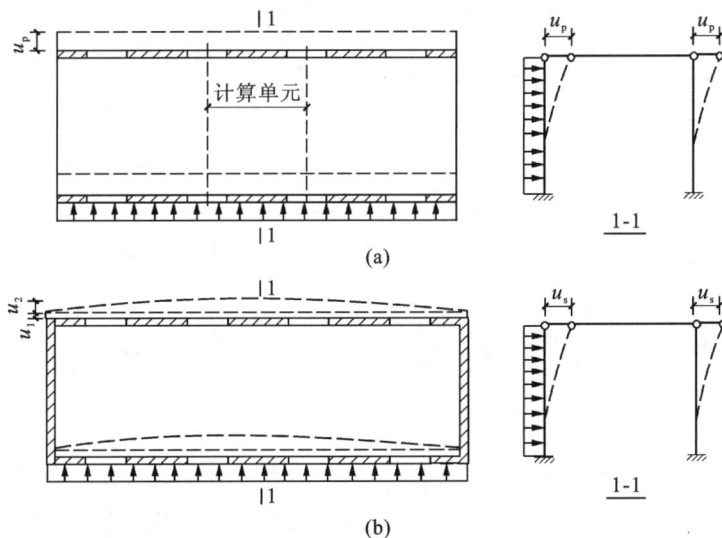

图 6-13　单层纵墙承重体系受力分析

水平荷载首先作用于外纵墙，外纵墙上端支承于屋盖，下端支承于基础，于是将水平荷载传给屋盖和基础。屋盖可视作支承在两端山墙上的水平梁，其跨度为山墙间距 s，屋盖水平梁受力后在自身平面内发生弯曲，跨中水平方向的挠度为 u_2，于是屋盖水平梁又把荷载传给山墙。山墙可视为嵌固于基础的竖向悬臂梁，荷载作用下山墙在其自身平面内变形，墙顶位移为 u_1，于是把荷载传给山墙基础。

这时,纵墙顶部的最大水平位移 u_s 不仅与纵墙本身刚度有关,而且与屋盖结构水平刚度和山墙的刚度有很大关系,墙顶水平侧移 u_s 可表示为

$$u_s = u_1 + u_2 \leqslant u_p \tag{6.1}$$

式中:u_1——山墙顶面水平位移,取决于山墙的刚度,山墙刚度越大,其值越小;

u_2——屋盖平面内跨中水平方向最大挠度,取决于屋盖刚度及横(山)墙间距,屋盖刚度越大,横(山)墙间距越小,u_2 越小。

以上分析表明,山墙或横墙的存在改变了水平荷载的传递路线,使得房屋有了空间作用。而且,两端山墙的距离越近,或横墙增加越多,屋盖的水平刚度越大,房屋的空间作用越大,即空间工作性能越好,则水平侧移 u_s 越小。

房屋空间作用的大小可以用空间性能影响系数 η 表示。

$$\eta = \frac{u_s}{u_p} \leqslant 1 \tag{6.2}$$

式中:u_s——考虑空间作用时,外荷载作用下房屋墙顶水平位移;

u_p——不考虑空间作用时,外荷载作用下房屋墙顶水平位移。

η 值越大,表示房屋水平侧移与平面排架的侧移越接近,即房屋空间作用越小;η 值越小,房屋的空间作用越大。影响房屋空间工作性能的因素主要有两个:屋(楼)盖的水平刚度与横墙的间距和刚度。房屋各层的空间性能影响系数 η_i 见表 6-2。

表 6-2 房屋各层的空间性能影响系数 η_i

屋(楼)盖类别	横墙间距 s/m														
	16	20	24	28	32	36	40	44	48	52	56	60	64	68	72
1	—	—	—	—	0.33	0.39	0.45	0.50	0.55	0.60	0.64	0.68	0.71	0.74	0.77
2	—	0.35	0.45	0.54	0.61	0.68	0.73	0.78	0.82	—	—	—	—	—	—
3	0.37	0.49	0.60	0.68	0.75	0.81	—	—	—	—	—	—	—	—	—

注:①i 取 1~n,n 为房屋的层数;

②表中屋(楼)盖类别详见表 6-3。

2. 房屋静力计算方案的分类

《砌体规范》根据房屋空间受力性能的强弱(由 η 反映),将房屋的静力计算方案分为刚性方案、弹性方案和刚弹性方案三种。

1) 刚性方案

当横墙间距较小,且横墙刚度足够大时,水平荷载作用下,$u_s \approx 0$,这类房屋的空间刚度较好,计算时应采用刚性方案。单层单跨房屋刚性方案计算简图如图6-14(a)所示。

2) 弹性方案

当山墙间距较大时,水平荷载作用下,$u_s \approx u_p$,这类房屋的空间刚度较差,计算时应采用弹性方案。单层单跨房屋弹性方案计算简图如图 6-14(b)所示。

设计多层混合结构房屋时,不宜采用弹性方案。因为水平荷载作用下弹性方案房屋水平位移较大,当房屋高度增加时,会因位移过大导致房屋倒塌,否则需要增加纵墙截面积。

3) 刚弹性方案

刚弹性方案房屋的空间受力性能介于上述两种方案之间,水平荷载作用下,墙顶水平位移

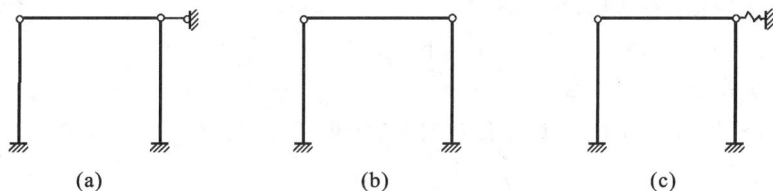

图 6-14 单层单跨房屋墙体的计算简图
(a)刚性方案;(b)弹性方案;(c)刚弹性方案

比弹性方案小,但又不可忽略不计。单层单跨房屋刚弹性方案计算简图如图 6-14(c)所示。

房屋静力计算方案选择见表 6-3,可结合表 6-2 确定对应的空间性能影响系数 η。为保证房屋的刚度,有关规范规定,刚性和刚弹性方案房屋的横墙应符合下列要求:

①横墙中开有洞口时,洞口的水平截面积不应超过横墙截面积的 50%;

②横墙厚度不宜小于 180 mm;

③单层房屋的横墙长度不宜小于其高度,多层房屋的横墙长度不宜小于 $H/2$(H 为横墙总高度)。

此外,横墙应与纵墙同时砌筑,如不能同时砌筑,应采取其他措施以保证房屋的整体刚度。

表 6-3 房屋的静力计算方案

屋盖或楼盖类别	具体内容	刚性方案	刚弹性方案	弹性方案
1	整体式、装配整体和装配式无檩体系钢筋混凝土屋盖或钢筋混凝土楼盖	$s<32$	$32\leqslant s\leqslant72$	$s>32$
2	装配式有檩体系钢筋混凝土屋盖、轻钢屋盖和有密铺盖板的木屋盖或木楼盖	$s<20$	$20\leqslant s\leqslant48$	$s>48$
3	瓦材屋面的木屋盖和轻钢屋盖	$s<16$	$16\leqslant s\leqslant36$	$s>36$

注:①表中 s 为房屋横墙间距,其长度单位为"m";
②对无山墙或伸缩缝处无横墙的房屋,应按弹性方案考虑。

6.4 砌体结构构件设计

砌体结构中的墙(柱)是受压构件,为保证其安全可靠,除需满足受压承载力要求外,还需要满足稳定性要求,而稳定性要求往往起控制作用,即若墙(柱)稳定性满足要求,则一般情况下其承载力也满足要求,反之则不一定。

6.4.1 墙、柱的高厚比验算

1. 允许高厚比限值[β]及其影响因素

墙、柱的高厚比越大,则构件越细长,其稳定性就越差。允许高厚比限值[β]是在综合考虑了以往的实践经验和现阶段的材料质量及施工水平的基础上确定的。《砌体规范》给出了无筋砌体的允许高厚比限值[β],如表 6-4 所示。

影响墙、柱允许高厚比的主要因素有以下几种。

（1）砂浆强度等级

砂浆强度越高，则弹性模量越大，砌体构件的刚度越大，允许高厚比亦相应增大。

（2）砌体类型

柱子因无拉结墙联系，故对其刚度要求较高，与相同情况下的墙相比，其允许高厚比偏小；毛石墙比一般砌体墙刚度差，允许高厚比要降低；而对组合砖砌体，允许高厚比可提高。

表 6-4　墙、柱的允许高厚比限值[β]

砂浆强度等级	墙	柱
M2.5	22	15
M5 或 Mb5、Ms5	24	16
≥M7.5 或 Mb7.5、Ms7.5	26	17

注：①毛石墙、柱高厚比应按表中数值降低 20%；
　　②组合砖砌体构件的允许高厚比，可按表中数值提高 20%，但不得大于 28；
　　③验算施工阶段砂浆尚未硬化的新砌砌体高厚比时，允许高厚比对墙取 14，对柱取 11。

（3）砌体房屋的静力计算方案

刚性方案房屋的墙柱在屋盖和楼盖支承处假定为不动铰支座，刚性好，其允许高厚比可提高；而弹性和刚弹性方案房屋的墙柱在屋（楼）盖处侧移较大，稳定性差，其允许高厚比降低。

（4）构件的重要性

非承重墙在房屋结构中的重要性稍低，其允许高厚比可适当提高，对表 6-4 中的[β]值应乘以大于 1 的提高系数 μ_1。

当 $h=240$ mm 时，$\mu_1=1.2$；

当 $h=90$ mm 时，$\mu_1=1.5$；

当 90 mm$<h<240$ mm 时，μ_1 可按插入法取值。

当非承重墙上端为自由端时，[β]值除按上述规定提高外，尚可再提高 30%。

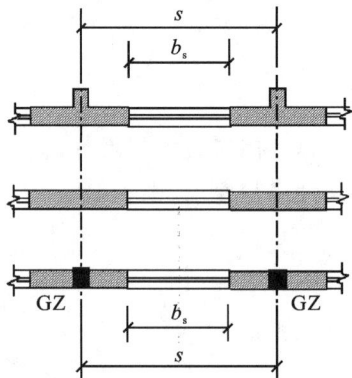

图 6-15　门窗洞口宽度示意图

（5）墙体开洞情况

对于开有门窗洞口的墙，其刚度因开洞而降低，允许高厚比应乘以降低系数 μ_2。

$$\mu_2 = 1 - 0.4\frac{b_s}{s} \qquad (6.3)$$

式中：b_s——在宽度 s 范围内门窗洞口的总宽度（见图 6-15）；

　　　s——相邻窗间墙、壁柱之间或构造柱(GZ)之间的距离。

当按式(6.3)算得的 μ_2 值小于 0.7 时，应采用 0.7；当门窗洞口高度等于或小于墙高的 1/5 时，可取 $\mu_2=1.0$。

（6）构造柱间距及截面

构造柱间距越小，截面越大，对墙体的约束越大，墙体稳定性越好,允许高厚比可提高,并通过修正系数 μ_c 来考虑。

$$\mu_c = 1 + \gamma \frac{b_c}{l} \tag{6.4}$$

式中:γ——系数,对烧结普通砖和烧结多孔砖砌体,$\gamma=1.5$;

　　　b_c——构造柱沿墙长方向的宽度;

　　　l——构造柱间距。

当 $\frac{b_c}{l} > 0.25$ 时,取 $\frac{b_c}{l} = 0.25$;当 $\frac{b_c}{l} < 0.25$ 时,取 $\frac{b_c}{l} = 0$。

2. 高厚比验算

(1) 矩形截面墙、柱的高厚比验算

墙、柱的高厚比应按下式验算

$$\beta = \frac{H_0}{h} \leqslant \mu_1 \mu_2 [\beta] \tag{6.5}$$

式中:β——墙、柱的计算高厚比,当 $\beta \leqslant 3$ 时,称为矮墙、短柱;当 $\beta > 3$ 时,称为高墙、长柱;

　　　$[\beta]$——墙、柱的允许高厚比,应按表 6-4 采用;

　　　H_0——墙、柱的计算高度,应按表 6-5 采用;

　　　h——墙厚或矩形截面柱与 H_0 相对应的边长;

　　　μ_1——自承重墙允许高厚比的修正系数;

　　　μ_2——有门窗洞口墙允许高厚比的修正系数。

(2) 带壁柱或构造柱墙的高厚比验算

对于带壁柱或构造柱墙,既要保证墙和柱作为一个整体的稳定性,又要保证壁柱或构造柱之间墙体的稳定性。因此,需要分两步验算高厚比。

①整片墙的高厚比验算。

带壁柱整片墙的高厚比应按下式进行

$$\beta = \frac{H_0}{h_T} \leqslant \mu_1 \mu_2 [\beta] \tag{6.6}$$

$$h_T = 3.5i \tag{6.7}$$

式中:h_T——带壁柱墙的折算厚度;

　　　i——带壁柱墙截面的回转半径,$i = \sqrt{\dfrac{I}{A}}$;

　　　I、A——分别为带壁柱墙截面的惯性矩和面积。

确定带壁柱墙计算高度 H_0 时,s 应取相邻横墙间距 s_w,如图 6-16 所示。

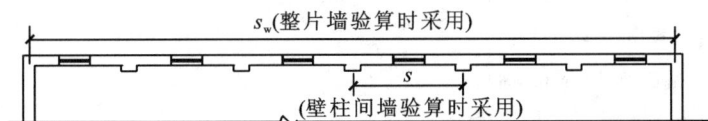

图 6-16 带壁柱墙验算图

带构造柱墙,当构造柱截面宽度不小于墙厚时,可按下式验算其高厚比

$$\beta = \frac{H_0}{h} \leqslant \mu_1 \mu_2 \mu_c [\beta] \tag{6.8}$$

式中:μ_c——考虑构造柱影响时墙的允许高厚比的提高系数,按式(6-4)确定。

由于在施工过程中先砌墙后浇筑构造柱,因此应采取措施保证带构造柱墙在施工阶段的稳定性。

②壁柱或构造柱间墙的高厚比验算。

壁柱或构造柱间墙的高厚比可按式(6.5)进行验算,此时式中 s 应取相邻壁柱或构造柱之间的距离。不论带壁柱或构造柱间墙的静力计算采用何种方案,壁柱或构造柱间墙的计算高度 H_0 的计算,可一律按刚性方案考虑。

表 6-5　受压构件的计算高度 H_0

房 屋 类 型			柱		带壁柱墙或周边拉结的墙		
			排架方向	垂直排架方向	$s>2H$	$2H\geqslant s>H$	$s\leqslant H$
有吊车的单层房屋	变截面柱上段	弹性方案	$2.5H_u$	$1.25H_u$	$2.5H_u$		
		刚性、刚弹性方案	$2.0H_u$	$1.25H_u$	$2.0H_u$		
	变截面柱下段		$1.0H_l$	$0.8H_l$	$1.0H_l$		
无吊车的单层和多层房屋	单跨	弹性方案	$1.5H$	$1.0H$	$1.5H$		
		刚弹性方案	$1.2H$	$1.0H$	$1.2H$		
	多跨	弹性方案	$1.25H$	$1.0H$	$1.25H$		
		刚弹性方案	$1.1H$	$1.0H$	$1.1H$		
	刚性方案		$1.0H$	$1.0H$	$1.0H$	$0.4s+0.2H$	$0.6s$

注:①表中 H_u 为变截面柱的上段高度;H_l 为变截面柱的下段高度;

②对于上端为自由端的构件,$H_0=2H$;

③s 为房屋横墙间距。

3. 最不利墙段选择原则

砌体结构房屋中墙体数量很多,没必要对每个墙段均进行高厚比验算,只需选取有代表性的最不利墙段。选取原则如下:

①同等情况下,层高高的一层墙体;

②同等情况下的承重墙;

③同等情况下,门窗洞口多的墙体;

④同等情况下,拉结墙间距大的墙体;

⑤同等情况下,墙厚小的墙体;

⑥同等情况下,材料强度有变化处的墙体。

【例 6-1】　某三层办公楼平面布置如图 6-17 所示,采用装配式钢筋混凝土楼盖,纵横向承重墙均为 190 mm,采用 MU7.5 混凝土小型空心砌块,双面粉刷,②～③层用 Mb5 砂浆,层高均为 3.6 m,窗宽均为 1800 mm,门宽均为 1000 mm。试验算二层各墙的高厚比。

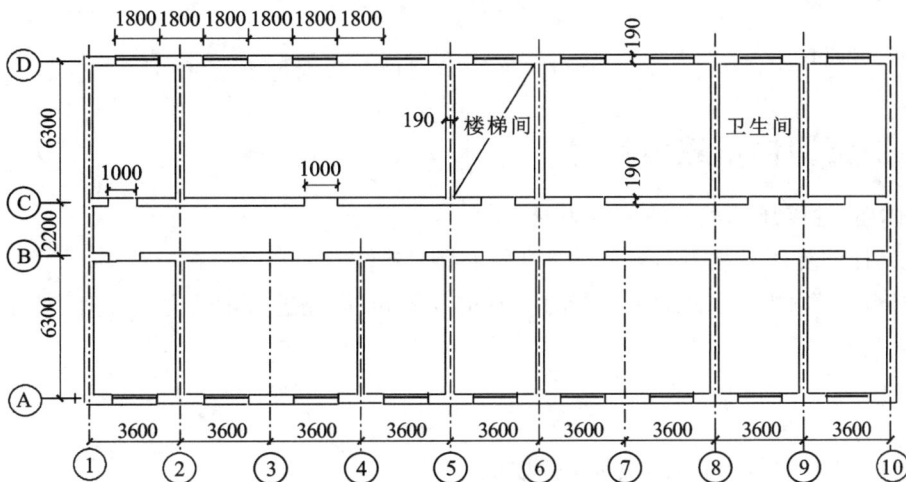

图 6-17　办公楼二层平面

【解】

(1) 确定静力计算方案

最大横墙间距 $s=3.6\times3$ m$=10.8$ m<32 m,查表 6-3 属刚性方案。

查表 6-4,$[\beta]=24$。

(2) 纵墙高厚比验算

①外纵墙高厚比验算。

选取 D 轴(②～⑤轴间)墙段验算

$s=10.8$ m$>2H=7.2$ m,查表 6-5,$H_0=1.0H=3.6$ m

$$\mu_1=1.0$$

$$\mu_2=1-0.4\frac{b_s}{s}=1-0.4\times\frac{1.8}{3.6}=0.8>0.7$$

$\beta=\dfrac{H_0}{h}=\dfrac{3.6}{0.19}=18.9<\mu_1\mu_2[\beta]=1.0\times0.8\times24=19.2$,满足要求。

②内纵墙高厚比验算。

选取 C 轴(②～⑤轴间)墙段验算

$H_0=1.0H=3.6$ m,同外纵墙。

$$\mu_1=1.0$$

$$\mu_2=1-0.4\frac{b_s}{s}=1-0.4\times\frac{1.0}{10.8}=0.96>0.7$$

$\beta=18.9<\mu_1\mu_2[\beta]=1.0\times0.96\times24=23.04$,满足要求。

（3）承重横墙高厚比验算

$$s=6.3 \text{ m}, \quad H<s<2H$$

$$H_0=0.4s+0.2H=(0.4\times6.3+0.2\times3.6)\text{ m}=3.24 \text{ m}$$

$$\mu_1=1.0, \quad \mu_2=1.0$$

$$\beta=\frac{H_0}{h}=\frac{3.24}{0.19}=17.05<\mu_1\mu_2[\beta]=1.0\times1.0\times24=24，满足要求。$$

6.4.2　受压构件承载力计算

1. 砌体墙、柱受压承载力的影响因素

砌体墙、柱的受压承载力与高厚比 β 和偏心距 e 有关。

砌体材料各类不同，构件的承载能力会有很大差异，因此进行承载力验算时，对高厚比 β 要考虑修正系数 γ_β，即

$$\beta=\gamma_\beta\frac{H_0}{h} \tag{6.9}$$

式中：H_0——墙、柱的计算高度，按表 6-5 取值；

$\quad\quad h$——矩形截面轴向力偏心方向的边长，当轴心受压时为截面较小边长；

$\quad\quad \gamma_\beta$——不同砌体材料的高厚比修正系数，按表 6-6 取值。

偏心距 e 可表示为

$$e=\frac{M}{N} \tag{6.10}$$

式中：N——轴向压力设计值；

$\quad\quad M$——弯矩设计值。

表 6-6　高厚比修正系数 γ_β

砌体材料类别	γ_β
烧结普通砖、烧结多孔砖	1.0
混凝土普通砖、混凝土多孔砖、混凝土及轻骨料混凝土砌块	1.1
蒸压灰砂普通砖、蒸压粉煤灰普通砖、细料石	1.2
粗料石、毛石	1.5

（1）偏心距 e 对受压承载力的影响

对于矮墙、短柱（高厚比 $\beta\leq3$），偏心距 e 是影响其受压承载力的主要因素。

如图 6-18(a)所示，墙柱承受轴心压力时，截面中应力分布均匀，当构件达到极限承载力 N_u 时，截面中的应力达到砌体的抗压强度设计值 f，若截面积为 A，则 $N_u=Af$。而当墙柱承受偏心压力时[见图 6-18(b)、(c)、(d)]，截面应力呈曲线分布，偏心距 e 较小时，墙、柱全截面受压，随着偏心距 e 增大，远离纵向力一侧边缘的压应力减小，并逐步过渡到受拉，当拉应力超过砌体的通缝弯曲抗拉强度时，将出现水平裂缝，随裂缝的开展，受压区面积不断减小，应力分布愈加

不均匀,达到极限承载力时受压区边缘的极限压应力也越来越大,即有 $\sigma_d > \sigma_c > \sigma_b > f$。经分析可知,砌体受压构件的受压承载力 N_u 随偏心距 e 的增大降低,即有 $N_a > N_b > N_c > N_d$。

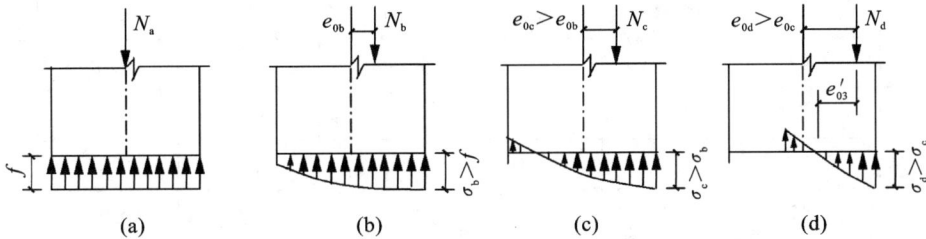

图 6-18 砌体受压时的截面应力变化

（2）高厚比 β 对受压承载力的影响

对于高墙、长柱（高厚比 $\beta > 3$）,在轴向力的作用下往往纵向弯曲,使构件产生附加偏心距,因此长柱的受压承载力低于相同情况下短柱的受压承载力（细长柱还有可能失稳）。

因此,砌体受压构件的受压承载力 N_u 随高厚比 β 的增大而降低。

2. 砌体墙、柱受压承载力的计算

砌体墙、柱受压承载力的计算公式

$$N \leqslant \varphi f A \tag{6.11}$$

式中:N——轴向力设计值;

φ——高厚比 β 和轴向力的偏心距 e 对受压构件承载力的影响系数,当砂浆强度等级不小于 M5 时,可按表 6-7 取用,其余情况可由《砌体规范》查得;

f——部分砌体抗压强度设计值,可按附表 25~附表 27 取用;

A——截面积,对各类砌体均应按毛截面计算。

下面是计算时需注意的两个问题。

①对于矩形截面砌体柱,当轴向力偏心方向的截面边长大于另一方向的边长时,除按偏心受压计算外,还应对较小边长的方向,按轴心受压进行验算,此时按 $e=0$ 查表求 φ 值。

②轴向力的偏心距 $e \leqslant 0.6y$,y 为截面重心到轴向力所在偏心方向截面边缘的距离。对矩形截面,$y=h/2$,h 为轴向力偏心方向的截面边长。

表 6-7 影响系数 φ（砂浆强度等级≥M5）

β	e/h						
	0	0.025	0.05	0.075	0.1	0.125	0.15
≤3	1	0.99	0.97	0.94	0.89	0.84	0.79
4	0.98	0.95	0.90	0.85	0.80	0.74	0.69
6	0.95	0.91	0.86	0.81	0.75	0.69	0.64
8	0.91	0.86	0.81	0.76	0.70	0.64	0.59
10	0.87	0.82	0.76	0.71	0.65	0.60	0.55

β	e/h						
	0	0.025	0.05	0.075	0.1	0.125	0.15
12	0.82	0.77	0.71	0.66	0.60	0.55	0.51
14	0.77	0.72	0.66	0.61	0.56	0.51	0.47
16	0.72	0.67	0.61	0.56	0.52	0.47	0.44
18	0.67	0.62	0.57	0.52	0.48	0.44	0.40
20	0.62	0.57	0.53	0.48	0.44	0.40	0.37
22	0.58	0.53	0.49	0.45	0.41	0.38	0.35
24	0.54	0.49	0.45	0.41	0.38	0.35	0.32
26	0.50	0.46	0.42	0.38	0.35	0.33	0.30
28	0.46	0.42	0.39	0.36	0.33	0.30	0.28
30	0.42	0.39	0.36	0.33	0.31	0.28	0.26

β	e/h						
	0.175	0.2	0.225	0.25	0.275	0.3	
≤3	0.73	0.68	0.62	0.57	0.52	0.48	
4	0.64	0.58	0.53	0.49	0.45	0.41	
6	0.59	0.54	0.49	0.45	0.42	0.38	
8	0.54	0.50	0.46	0.42	0.39	0.36	
10	0.50	0.46	0.42	0.39	0.36	0.33	
12	0.47	0.43	0.39	0.36	0.33	0.31	
14	0.43	0.40	0.36	0.34	0.31	0.29	
16	0.40	0.37	0.34	0.31	0.29	0.27	
18	0.37	0.34	0.31	0.29	0.27	0.25	
20	0.34	0.32	0.29	0.27	0.25	0.23	
22	0.32	0.30	0.27	0.25	0.24	0.22	
24	0.30	0.28	0.26	0.24	0.22	0.21	
26	0.28	0.26	0.24	0.22	0.21	0.19	
28	0.26	0.24	0.22	0.21	0.19	0.18	
30	0.24	0.22	0.21	0.20	0.18	0.17	

【例 6-2】 截面 $b \times h = 490 \text{ mm} \times 620 \text{ mm}$ 砖柱,采用 MU10 烧结普通砖及 M5 混合砂浆砌筑,施工质量控制等级为 B 级,柱的计算长度 $H_0 = 7 \text{ m}$;柱顶截面承受轴向压力设计值 $N = 270 \text{ kN}$,沿截面长边方向的弯矩设计值 $M = 8.4 \text{ kN·m}$。试验算该砖柱的承载力是否满足要求。

【解】

从附表 25 查得 $f = 1.50 \text{ MPa}$

$A = 0.49 \times 0.62 \text{ mm}^2 = 0.3038 \text{ m}^2 > 0.3 \text{ m}^2$,取 $\gamma_a = 1.0$

①沿截面长边方向按偏心受压验算。

$$e = \frac{M}{N} = \frac{8.4}{270} \text{ m} = 0.031 \text{ m} = 31 \text{ mm} < 0.6y = 0.6 \times \frac{620}{2} \text{ mm} = 186 \text{ mm},$$

$$\frac{e}{h} = \frac{31}{620} = 0.05$$

$\beta = \gamma_\beta \frac{H_0}{h} = 1.0 \times \frac{7000}{620} = 11.29$,查表 6-7 得 $\varphi = 0.728$

则 $\varphi f A = 0.728 \times 1.50 \times 0.3038 \times 10^6 \text{ N} = 331.7 \times 10^3 \text{ N} = 331.7 \text{ kN} > N = 270 \text{ kN}$,满足要求。

②沿截面短边方向按轴心受压验算。

$\beta = \gamma_\beta \frac{H_0}{h} = 1.0 \times \frac{7000}{490} = 14.29$,查表 6-7 得 $\varphi = 0.763$

则 $\varphi f A = 0.763 \times 1.50 \times 0.3038 \times 10^6 \text{ N} = 347.7 \times 10^3 \text{ N} = 347.7 \text{ kN} > N = 270 \text{ kN}$,满足要求。

【例 6-3】 一截面尺寸为 $1000 \text{ mm} \times 190 \text{ mm}$ 的窗间墙,计算高度 $H_0 = 3.6 \text{ m}$,采用 MU10 单排孔混凝土小型空心砌块对孔砌筑,Mb5 混合砂浆,承受轴向力设计值 $N = 125 \text{ kN}$,偏心距 $e = 30 \text{ mm}$,施工质量控制等级为 B 级,试验算该窗间墙的承载力。若施工质量控制等级降为 C 级,该窗间墙的承载力是否还能满足要求?

【解】

从附表 27 查得 $f = 2.22 \text{ MPa}$

①施工质量控制等级为 B 级。

$A = 1.0 \times 0.19 \text{ m}^2 = 0.19 \text{ m}^2 < 0.2 \text{ m}^2$,$\gamma_a = 0.7 + 0.19 = 0.89$,

$$f = 0.89 \times 2.22 \text{ MPa} = 1.98 \text{ MPa}$$

$$\beta = \gamma_\beta \frac{H_0}{h} = 1.1 \times \frac{3600}{190} = 20.84,\quad \frac{e}{h} = \frac{30}{190} = 0.158$$

且 $e = 30 \text{ mm} < 0.6y = 0.6 \times \frac{190}{2} \text{ mm} = 57 \text{ mm}$,查表 6-7 得 $\varphi = 0.352$

则 $\varphi f A = 0.352 \times 1.98 \times 0.19 \times 10^6 \text{ N} = 132.4 \times 10^3 \text{ N} = 132.4 \text{ kN} > N = 125 \text{ kN}$,满足要求。

②施工质量控制等级为 C 级。

当施工质量控制等级为 C 级时,砌体抗压强度设计值应予以降低,此时

$$f=1.98\times\frac{1.6}{1.8}=1.98\times0.89 \text{ MPa}=1.76 \text{ MPa}$$

则 $\varphi fA=0.352\times1.76\times0.19\times10^6 \text{ N}=117.7\times10^3 \text{ N}=117.7 \text{ kN}<N=125 \text{ kN}$,不满足要求。

6.5 防止或减轻墙体开裂的构造措施

1. 砌体结构裂缝类型及产生的原因

墙体开裂是砌体结构房屋常见的问题,裂缝种类主要有两大类:受力裂缝和非受力裂缝。受力裂缝指各种荷载直接作用下墙体产生的裂缝,非受力裂缝指因砌体干缩、温湿度变化、地基沉降不均匀等引起的裂缝,又称变形裂缝。其中,变形裂缝占全部裂缝的80%。

采用钢筋混凝土屋盖或楼盖的砌体结构房屋的顶层墙体常出现温度裂缝,主要原因是屋盖材料和墙体材料的线膨胀系数相差较大。当温度发生变化时,两者变形的不协调导致温度裂缝产生。

从块材类型来看,小型砌块房屋的温度裂缝比砖砌体房屋更多、更普遍。主要原因有两点:其一,在块体和砂浆强度等级相同的情况下,虽然小型砌块砌体的抗压强度比砖砌体的抗压强度高很多,但抗拉、抗剪强度却低很多;其二,小型砌块砌体的线膨胀系数为 10×10^{-6},比砖砌体大一倍,因此,其对温度的敏感性比砖砌体高。

烧结普通砖的干缩性极小,所以砖砌体房屋的收缩裂缝问题一般可不予考虑。但对混凝土砌块,在正常使用条件下,干缩率为 $0.018\%\sim0.07\%$,有可能导致产生干缩裂缝。

地基不均匀沉降也是造成墙体开裂的一种原因。当地基为均匀分布的软土,而房屋长高比较大,或地基土层分布不均匀、土质差别很大,或房屋体型复杂或高差较大时,都有可能产生过大的不均匀沉降,从而造成墙体开裂。

简言之,变形裂缝的主要形态如下。

(1) 因外界温度变化产生的裂缝

①平屋顶下边外墙的水平裂缝和包角裂缝,如图6-19所示。

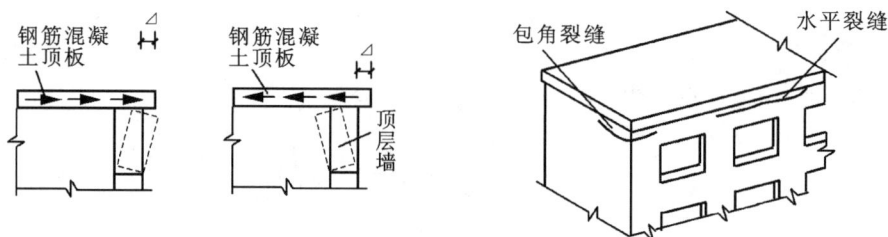

图6-19 平屋顶下边外墙裂缝

②顶层内外纵墙、横墙的八字形裂缝,如图6-20所示。

③房屋错层处墙体的局部垂直裂缝,如图6-21所示。

(2) 因砌体干缩变形产生的裂缝

干缩裂缝的几种状态:墙体中部出现的阶梯形裂缝;环块材周边灰缝的裂缝;窗下墙竖向均匀裂缝;山墙、楼梯墙的中部较易出现竖向裂缝,此裂缝越向顶层越小(因为基础部分的砌块受

外纵墙　　　　　　　内纵墙　　　　内横墙

图 6-20　内外纵、横墙的八字形裂缝

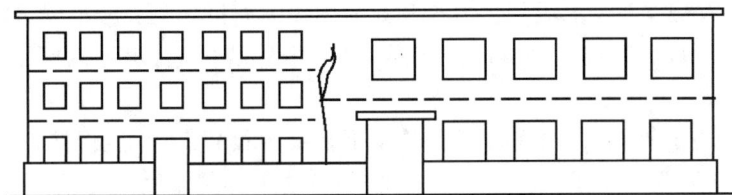

图 6-21　房屋错层处墙体的局部垂直裂缝

到土壤的保护,其收缩变形很小)。

（3）地基不均匀沉降引起的裂缝

地基不均匀沉降引起的裂缝,如图 6-22 所示。

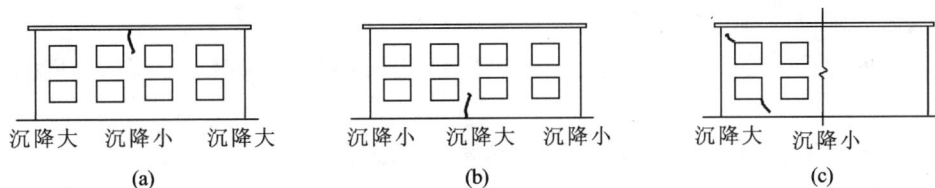

沉降大　沉降小　沉降大　　　　沉降小　沉降大　沉降小　　　　沉降大　沉降小

(a)　　　　　　　　　(b)　　　　　　　　　(c)

图 6-22　地基不均匀沉降引起的裂缝

(a)由沉降不均匀产生的弯曲破坏;(b)由沉降不均匀产生的反弯曲破坏;(c)由沉降不均匀产生的剪切破坏

2. 防止或减轻墙体开裂的构造措施

房屋长度过大时,温差和砌体干缩会使墙体产生竖向整体裂缝。为此,《砌体规范》规定了伸缩缝的最大间距(见表 6-8)。但按《砌体规范》设置的墙体伸缩缝,一般不能同时防止由于钢筋混凝土屋盖的温度变形和砌体干缩变形引起的墙体局部裂缝,还应采取另外一些措施。

表 6-8　砌体房屋伸缩缝的最大间距　　　　　　　　　　　　　　(单位:m)

屋盖或楼盖类别		间距
整体式或装配整体式钢筋混凝土结构	有保温层或隔热层的屋盖、楼盖	50
	无保温层或隔热层的屋盖	40
装配式无檩体系钢筋混凝土结构	有保温层或隔热层的屋盖、楼盖	60
	无保温层或隔热层的屋盖	50
装配式有檩体系钢筋混凝土结构	有保温层或隔热层的屋盖	75
	无保温层或隔热层的屋盖	60
瓦材屋盖、木屋盖或楼盖、轻钢屋盖		100

（1）防止或减轻房屋顶层墙体裂缝的措施

①屋面应设置有效的保温、隔热层。该措施能减小屋盖与顶层墙体的温差,是防裂的最直接措施。

②屋面保温(隔热)层或屋面刚性面层及砂浆找平层应设置分隔缝,分隔缝间距不宜大于 6 m,并应与女儿墙隔开,其缝宽不小于 30 mm。这是针对屋盖面层的防裂措施,至少能根绝屋面面层的温度变形顶推女儿墙。

③采用装配式有檩体系钢筋混凝土屋盖和瓦材屋盖。此措施是为减小屋盖刚度和变形应力。

④顶层屋面板下设置现浇钢筋混凝土圈梁,并沿内外墙拉通,房屋两端圈梁下的墙体内宜适当设置水平钢筋。

⑤顶层墙体有门窗等洞口时,在过梁上的水平灰缝内设置 2～3 道焊接钢筋网片或 2φ6 钢筋,并伸入过梁两端墙内不小于 600 mm。试验表明:这个部位温度应力较大,容易开裂。

⑥顶层及女儿墙砂浆强度等级不低于 M7.5(Mb7.5,Ms7.5)。

⑦女儿墙应设置构造柱,构造柱间距不宜大于 4 m,构造柱应伸至女儿墙顶并与现浇钢筋混凝土压顶整浇在一起。

⑧对顶层墙体施加竖向预应力。

（2）防止或减轻房屋底层墙体开裂的措施

①增大基础圈梁的刚度。

②在底层的窗台下墙体灰缝内设置 3 道焊接钢筋网片或 2φ6 钢筋,并伸入两边窗间墙内不小于 600 mm。

其他措施及规定,读者可自行查阅《砌体规范》等相关资料。

【本章要点】

①砌体由块材和砂浆砌筑而成。砌体分为无筋砌体和配筋砌体两大类,无筋砌体又分为砖砌体、砌块砌体和石砌体三大类。

②砌体结构具有取材容易,造价低廉,耐久性、耐火性及保温隔热性能良好,构造简单,施工方便,整体工作性能较好,可以连续施工等优点。当然也具有自重大、抗震及抗裂性能较差、砌筑工作繁重且施工质量不易保证等一系列缺点。

③砌体主要应用于以承受压力为主的墙体等构件,如在建筑结构中,砌体结构可用于房屋的基础、内外墙、柱等。在交通运输方面,砌体结构可用于桥梁、隧道工程等。

④砌体结构的承重体系可分为横墙承重体系,纵墙承重体系,纵、横墙承重体系三种,其中横墙承重体系和纵、横墙承重体系的空间受力性能好。

⑤砌体最基本的力学性能是其受压性能。块体在砌体中处于局部受压、受弯、受剪状态,并且由于砖和砂浆受压后的横向变形不同,砖还处于侧向受拉状态,而砌体的竖向灰缝未能很好地填满则造成了竖向灰缝的应力集中,这些都会导致砌体抗压强度的降低,即砌体的抗压强度低于单块砖的抗压强度。

⑥砌体受压构件受压承载力计算公式为 $N\leqslant\varphi fA$,其中 φ 为高厚比 β 和轴向力的偏心距 e 对受压构件承载力的影响系数。

⑦根据楼(屋)盖的类别及横墙间距的大小,砌体结构房屋共有刚性方案、弹性方案、刚弹性

方案等三种静力计算方案,其中刚性方案的空间刚度最好,也是多层砌体结构房屋中最常见的
方案。

⑧高厚比验算是砌体结构房屋设计的一个重要内容,验算目的是保证砌体结构墙、柱的稳
定性。

【拓展阅读】

拓展阅读 6-1
十个当代中国砖砌体建筑

拓展阅读 6-2
刚性方案房屋的墙体计算

拓展阅读 6-3
砌体局部受压承载力计算

拓展阅读 6-4
砌体结构抗震设计的一般规定

【思考和练习】

6-1　什么是砌体结构?

6-2　砌体结构有哪些优点和缺点?有哪些应用范围?

6-3　砌体的种类有哪些?

6-4　砖砌体轴心受压时分哪几个受力阶段?它们的特征如何?

6-5　为什么砌体的抗压强度远小于单个块体的抗压强度?

6-6　影响砌体抗压强度的因素有哪些?

6-7　砌体强度的标准值和设计值是如何确定的?

6-8　什么是施工质量控制等级?在设计时如何体现?

6-9　砌体结构房屋有哪几种承重体系?各有何优缺点?

6-10　砌体结构房屋的静力计算方案有哪几种?如何确定房屋的静力计算方案?

6-11　单层单跨砌体房屋三种静力计算方案的计算简图是怎样的?

6-12　为什么要验算墙、柱高厚比?怎样验算?

6-13　引起墙体开裂的主要因素是什么?

6-14　为防止或减轻房屋顶层墙体的裂缝,可采取什么措施?

6-15　一矩形截面偏心受压柱,截面尺寸 490 mm×620 mm,柱的计算高度为5 m,承受轴
向力设计值 $N=160$ kN,弯矩设计值 $M=13.55$ kN·m(弯矩沿长边方向)。该柱用 MU10 烧
结普通砖和 M5 混合砂浆砌筑,施工质量控制等级为 C 级。试验算柱的稳定性和承载力。

第7章　地基与基础

地基是支承基础的土体或岩体,而基础则指将结构所承受的各种作用传递到地基上的结构组成部分。本章主要介绍地基与基础的概念、在建筑工程中的地位、设计要求,基础类型,以及地基承载力的概念。

"万丈高楼平地起,一砖一瓦皆根基",地基和基础是建筑物的根本,又属于地下隐蔽工程,因此它们的勘察、设计及施工质量直接影响建筑安全,一旦发生质量事故,补救和处理都很困难,甚至不可挽救。基础工程属百年大计,因此必须深入勘察、精心设计和施工,确保工程质量。

7.1　地基与基础的概念

建筑物建造在地层上,将会引起地层中的应力状态发生改变,工程上把因承受建筑物荷载而应力状态发生改变的土层或岩层称为地基,把建筑物荷载传递给地基的结构称为基础。因此,地基与基础是两个不同的概念,地基属于地层,而基础则属于结构物,是建筑结构的一部分。建筑物的建造使地基中原有的应力状态发生变化,土层因此发生变形。为了控制建筑物的沉降并保持其稳定性,就必须运用力学方法来研究荷载作用下地基土的变形和强度问题。研究土的特性及土体在各种荷载作用下的性状的一门力学分支称为土力学。土力学的主要内容包括土中水的作用,土的渗透性、压缩性、固结,抗剪强度、土压力、地基承载力、土坡稳定等土体的力学问题。

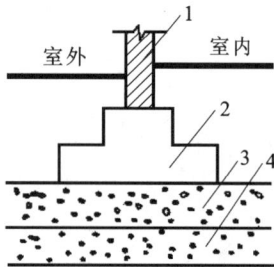

图 7-1　地基基础示意
1—上部结构;2—基础;
3—持力层;4—下卧层

在地基中把直接与基础接触的土层称为持力层,持力层下受建筑物荷载影响范围内的土层称为下卧层,其相互关系如图7-1所示。

基础的结构形式很多,按埋置深度和施工方法的不同,可分为浅基础和深基础两大类:通常把埋置深度不大(一般不超过5 m),只需经过挖槽、排水等普通工程程序,采用一般施工方法和施工机械就可施工的基础称为浅基础,如条形基础、独立基础、筏形基础等;而把基础埋置深度超过一定值,需借助特殊施工方法施工的基础称为深基础,如桩基础、地下连续墙、沉井基础等。类似地,地基也可分为人工地基和天然地基两大类:把土质不良,需要经过人工加固处理才能达到使用要求的地基称为人工地基;把不加处理就可以满足使用要求的地基称为天然地基。

基础是建筑物的一个组成部分,基础的强度直接关系到建筑物的安全与使用。而地基的强度、变形和稳定更直接影响到基础及建筑物的安全性、耐久性和正常使用。建筑物的上部结构、基础、地基三部分构成了一个既相互制约又共同工作的整体。目前,要把三部分完全统一起来进行设计计算还有一定困难。现阶段采用的常规设计方法是将建筑物的上部结构、基础、地基三部分分开,按照静力平衡原则,采用不同的假定分别进行分析计算,同时考虑三部分的相互共同作用。满足同一建筑物设计的地基基础方案往往不止一个,应通过技术经济比较,选取安全可靠、经济合理、技术先进、施工简便又能保护环境的方案。

7.2 地基和基础在建筑工程中的地位

地基和基础是建筑物的根本,又位于地面以下,属地下隐蔽工程。它们的勘察、设计及施工质量直接影响建筑物的安全,一旦发生质量事故,补救和处理都很困难,甚至不可挽救。此外,花费在地基和基础上的工程造价与工期在建筑物总造价和总工期中所占的比例,视其复杂程度和设计、施工的合理与否,可以在百分之几到百分之几十之间变动,如造价高的约占总造价的1/3,相应工期约占总工期的1/4。在中外建筑史上,地基和基础事故举不胜举,下面列举几个典型的例子。

(1) 建筑物倾斜

苏州虎丘塔为全国重点文物保护单位,该塔建于公元 961 年,共 7 层,高47.5 m,塔平面呈八角形,由外壁、回廊和塔心三部分组成,主体结构为砖木结构,采用黄泥砌砖,基础为浅埋式独立砖墩基础。虎丘塔坐落在人工夯实的土夹石覆盖层上,覆盖层南薄北厚,变化范围为 0.9～3.6 m,基岩弱风化。土夹石覆盖层压实后引起不均匀沉降,因此造成塔身倾斜,据实测,塔顶偏离中心线 2.34 m。过大的沉降差(根据塔顶偏离计算的不均匀沉降量应为 66.9 cm)引起塔楼从底层到第 2 层产生了宽达 17 cm 的竖向劈裂,北侧壶门拱顶两侧裂缝发展到了第 3 层。砖墩压酥、碎裂、崩落,堪称危如累卵。经过精心治理,将危塔加固,才使古塔得以保存。

(2) 建筑物地基下沉

上海锦江饭店北楼(原名华懋公寓),建于 1929 年,共 14 层、高 57 m,是当时上海最高的一幢建筑。基础坐落在软土地基上,采用桩基础,由于工程承包商偷工减料,未按设计桩数施工,建筑物产生大幅度沉降,其绝对沉降达 2.6 m,致使原底层陷入地下并成了半地下室,严重影响使用。

(3) 建筑物地基滑动

加拿大特朗斯康谷仓,平面呈矩形,南北向长 59.44 m,东西向宽 2.47 m,高31.00 m,容积36368 m³。谷仓为圆筒仓,每排 13 个,5 排共计 65 个。谷仓基础为钢筋混凝土筏形基础,厚度61 cm,埋深 3.66 m。谷仓于 1941 年动工,1943 年秋完工。谷仓自重20000 t,相当于装满谷物后满载总重量的 42.5%。1943 年 9 月装谷物,10 月 17 日当谷仓已装 32822 m³ 谷物时,发现 1 h 内竖向沉降达 30.5 cm。结构物向西倾斜,谷仓在 24 h 内倾倒,仓身倾斜 26°53′,谷仓西端下沉 7.32 m,东端上抬1.52 m,上部钢筋混凝土筒仓十分坚硬。建谷仓前未对谷仓地基进行调查研究,而是根据邻近结构物基槽开挖试验结果,将计算地基承载力 352 kPa 应用到此谷仓。1952 年经勘察试验与计算,谷仓地基实际承载力为 193.8～276.6 kPa,远小于谷仓破坏时发生的压力(329.4 kPa),谷仓地基因超载发生强度破坏而滑动。

(4) 建筑物墙体开裂

天津市人民会堂办公楼东西向长约 27.0 m,南北向宽约 5.0 m,高约 5.6 m,为两层楼房,工程建成后使用正常。1984 年 7 月在办公楼西侧新建天津市科学会堂学术楼。此学术楼东西向长约 34.0 m,南北宽约 18.0 m,高约 22.0 m。两楼外墙净距仅 30 cm。当年年底,人民会堂办公楼西侧北墙发现裂缝,此后,裂缝不断加长、变宽。最大的一条裂缝位于办公楼西北角,上下墙体于 1986 年 7 月已断开错位150 mm,在地面以上高 2.3 m 处,开裂宽度超过 100 mm。这条裂缝朝东向下斜向延伸至地面,长度超过 6 m。这是相邻荷载影响导致事故的典型例子,新建学术楼的附加应力扩散至人民会堂办公楼西侧软弱地基,引起严重沉降,造成墙体开裂。

(5)建筑物地基溶蚀

徐州市区东部新生街居民密集区,于 1992 年 4 月 12 日发生了一次大塌陷,共 7 处,深度普遍为 4 m 左右。最大的塌陷长 25 m、宽 19 m,最小的塌陷直径 3 m。整个塌陷范围长 210 m,宽 140 m。位于塌陷内的 78 间房屋全部陷落倒塌。塌陷周围的房屋墙体开裂达数百间。塌陷区地基为黄河泛滥沉积的粉砂与粉土,厚达 2 m。其底部为古生代奥陶系灰岩,中间缺失老黏土隔水层,灰岩中存在大量深洞与裂隙。徐州市过量开采地下水导致水位下降,对灰岩的覆盖层粉土与粉砂形成潜蚀与空洞,并不断扩大。在下大雨后,雨水渗入地下,导致大型空洞上方土体失去支承而塌陷。

(6)土坡滑动

香港宝城大厦建在山坡上,1972 年 5—6 月出现连续大暴雨,特别是 6 月份雨量高达 1658.6 mm,山坡因残积土软化而滑动。1972 年 7 月 18 日早晨 7 点钟,山坡下滑,冲毁宝城大厦,居住在该大厦的 120 位银行界人士当场死亡,这一事故引起全世界的震惊,从而对岩土工程倍加重视。

从以上工程实例可见,基础工程属百年大计,必须慎重对待。只有详细掌握勘察资料,深入了解地基情况,精心设计、精心施工,抓好每一个环节,才能使基础工程做到既经济合理又保证质量。

7.3 地基与基础的设计要求

7.3.1 建筑物设计总则

在设计建筑物的时候,设计人员需要考虑以下四方面的问题。

①保证建筑物的质量,也就是技术上要求建筑物安全稳固、经久适用。

②保证方案的经济性,即要求建筑物降低造价、提高效益。

③在保证方案可行性的同时,力求方案的先进性,既要充分利用新技术、新材料、新结构、新工艺,又要根据当时、当地具体情况(如技术和施工队伍的现实能力和水平,材料、机械设备的供应及施工现场其他的具体条件等),保证设计方案切实可行。

④保证建筑物的外观与自然环境相协调,既要求建筑物美观、大方,又要求建筑物不能对周围的自然环境造成破坏。

全面考虑这四方面问题是各项工程的设计总则。

7.3.2 地基与基础的设计要求

要保证建筑物的质量,首先必须保证有可靠的地基与基础,否则整个建筑物就可能遭到损坏或影响正常使用。例如:地基的不均匀沉降,可导致上部结构产生裂缝或建筑物发生倾斜;如果地基设置不当,地基承载力不够,还有可能使整个建筑物倒塌。而已建成的建筑物一旦由于地基与基础方面的原因而出现事故,往往很难进行加固处理。此外,地基与基础部分的造价在建筑物总造价中往往也占很大比重。所以不管从保证建筑物质量方面,还是从建筑物的经济合理性方面考虑,地基与基础的设计和施工都是建筑物设计和施工中十分重要的组成部分。为了使全国各地都有一个统一的设计依据和标准,各基本建设部门都有一定的设计规范,这些规范是根据我国的现有生产技术水平、实际经验和科学研究成果,结合各专业的特殊要求编制出来的。《建筑地基基础设计规范》对地基和基础设计规定了一些具体的要求,可归纳为下列几点。

①保证地基有足够的强度,也就是说地基在建筑物等外荷载作用下,不允许出现过大的、有可能危及建筑物安全的塑性变形或丧失稳定性的现象。

②保证地基的压缩变形在允许范围以内,以保证建筑物的正常使用。地基变形的允许值取决于上部结构的结构类型、尺寸和使用要求等因素。

③防止地基土在基础底面被水流冲刷掉。

④防止地基土发生冻胀。当基础底面以下的地基土发生严重冻胀时,对建筑物往往是十分有害的。冻胀时地基虽有很大的承载力,但其所产生的冻胀力有可能将基础向上抬起,而冻土一旦融化,土体中含水量很大,地基承载力突然大幅降低,地基有可能发生较大沉降,甚至发生剪切破坏。所以对寒冷地区,这一点必须予以考虑。

⑤保证基础有足够的强度和耐久性。基础的强度和耐久性与砌筑基础的材料有关,只要施工能保证质量,一般比较容易得到保证。

⑥保证基础有足够的稳定性。基础稳定性包括防止倾覆和防止滑动两方面,这个问题与荷载作用情况、基础尺寸和埋置深度及地基土的性质均有关系。此外,整个建筑物还必须处于稳定的地层上,否则上述要求虽然都得到满足,也可能导致整个建筑物出现事故。

设计地基与基础时,必须全面考虑上述要求,保证技术经济的合理性,而要做到这一点,必须在着手设计以前,收集充足、准确而又必要的资料。

7.3.3 基础设计所需要的资料

①在选择基础的结构类型和尺寸时,必须了解建筑物的概况、建筑物用途、上部结构形式三方面的资料。

②荷载作用情况,包括可能作用于建筑物上的各种荷载的大小、方向、作用位置、荷载性质等。

③建筑物范围内的地层结构及其均匀性以及各岩石层的物理力学性质指标,有无影响建筑场地稳定性的不良地质条件及其危害程度。

④地下水埋藏情况、类型和水位的变化幅度及规律和对建筑物材料的腐蚀性。

⑤施工条件,包括施工队伍的人力、物力(主要是机具设备等)和技术水平(包括施工经验),投资和施工期限以及附近的材料、水电供应和交通等情况。掌握这方面资料有助于选择经济合理而又切实可行的地基与基础方案。

上述资料是设计的重要依据,它的准确性和完整性将直接影响设计的质量。如前四项资料对选择基础的埋置深度和类型,确定其尺寸并进行各项验算是必不可少的,尤其是水文和地质资料,如果不准确,将会造成不良的后果,必须给予足够的重视。

总之,在进行基础设计的时候,既要考虑上部结构的情况,又要考虑地基土的特点;既要考虑多方面的技术要求,又要考虑当时、当地的具体条件。只有把这几方面矛盾处理好,才能把基础设计工作做好,这是从根本上保证整个建筑物设计质量的重要环节,必须充分加以重视。

7.4 基础类型

前已述及,一般说来基础可分为两类:浅基础和深基础。

浅基础根据结构形式可分为扩展基础、联合基础、柱下条形基础、柱下交叉条形基础、筏形基础、箱形基础和壳体基础等,根据基础所用材料的性能可分为无筋基础(刚性基础)和钢筋混凝土基础。深基础主要有桩基础和沉井基础两种形式。

7.4.1 扩展基础

墙下条形基础和柱下独立基础(单独基础)统称为扩展基础。扩展基础的作用是把墙或柱的荷载侧向扩展到土中,使之满足地基承载力和变形的要求。扩展基础包括无筋扩展基础和钢筋混凝土扩展基础。

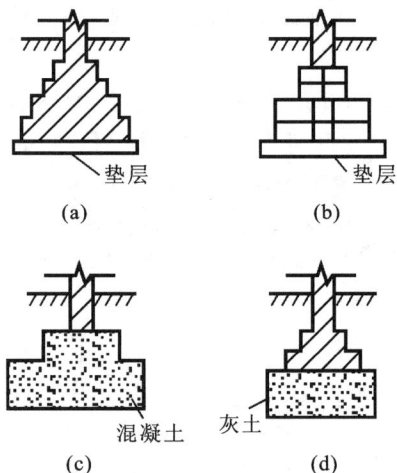

图 7-2 无筋扩展基础

(a)砖基础;(b)毛石基础;

(c)混凝土或毛石混凝土基础;

(d)灰土或三合土基础

1. 无筋扩展基础

无筋扩展基础是指由砖、毛石、混凝土或毛石混凝土、灰土、三合土等材料组成的无须配置钢筋的墙下条形基础及柱下独立基础(见图 7-2)。无筋基础的材料都具有较好的抗压性能,但抗拉、抗剪强度都不高。为了使基础内产生的拉应力和剪应力不超过相应的材料强度设计值,设计时需要加大基础的高度。因此,这种基础几乎不发生挠曲变形,故习惯上把无筋基础称为刚性基础。无筋扩展基础适用于多层民用建筑和轻型厂房。

采用砖或毛石砌筑无筋基础时,在地下水位以上可用混合砂浆,在水下或地基土潮湿时则应用水泥砂浆。当荷载较大或要减小基础高度时,可采用混凝土基础,也可以在混凝土中掺入体积占 25%～30% 的毛石(石块尺寸不宜超过 300 mm),即做成毛石混凝土基础,以节约水泥。灰土基础宜在比较干燥的土层中使用,多用于我国华北和西北地区。灰土由石灰和土配制而成,石灰以块状为宜,经熟化 1～2 天后过 5 mm 筛立即使用;土料用塑性指数较低的粉土和黏性土,土料团粒应过筛,粒径不得大于 15 mm。石灰和土料按体积比 3∶7 或 2∶8 拌和均匀,在基槽内分层夯实(每层虚铺 220～250 mm,夯实至 150 mm)。在我国南方则常用三合土基础。三合土是由石灰、砂和骨料(矿渣、碎砖或碎石)加水泥混合而成的。

2. 钢筋混凝土扩展基础

钢筋混凝土扩展基础常简称为扩展基础,是指墙下钢筋混凝土条形基础和柱下钢筋混凝土独立基础。这类基础的抗弯和抗剪性能良好,可在竖向荷载较大、地基承载力不高以及承受水平力和力矩荷载等情况下使用。与无筋基础相比,其基础高度较小,因此更适宜在基础埋置深度较小时使用。

(1)墙下钢筋混凝土条形基础

墙下钢筋混凝土条形基础的构造如图 7-3 所示。一般情况下可采用无肋的墙基础;如果地基不均匀,为了增强基础的整体性和抗弯能力,可以采用有肋的墙基础,应在肋部配置足够的纵向钢筋和箍筋,以承受由不均匀沉降引起的弯曲应力。

(2)柱下钢筋混凝土独立基础

柱下钢筋混凝土独立基础的构造如图 7-4 所示。现浇柱的独立基础可做成锥形或阶梯形,预制柱则采用杯口基础,如装配式单层工业厂房的柱下杯口基础。砖基础、毛石基础和钢筋混凝土基础在施工前常在基坑底面敷设强度等级为 C20 的混凝土垫层,其厚度一般为 100 mm。垫层的作用在于保护坑底土体不被人为扰动或雨水浸泡,同时改善基础的施工条件。

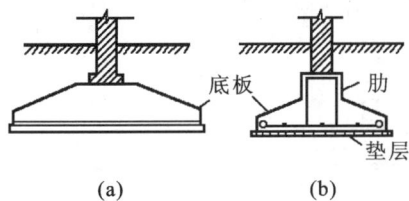

图 7-3　墙下钢筋混凝土条形基础
(a)无肋;(b)有肋

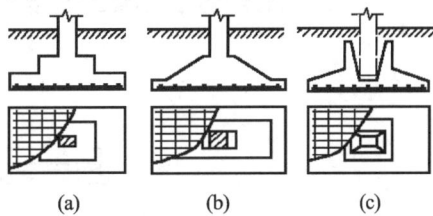

图 7-4　柱下钢筋混凝土独立基础
(a)阶梯形基础;(b)锥形基础;(c)杯口基础

7.4.2　联合基础

联合基础主要指同列相邻两柱公共的钢筋混凝土基础,即双柱联合基础(见图 7-5)。

在为相邻两柱分别配置独立基础时,常因其中一柱靠近建筑界线,或因两柱间距较小,而出现基底面积不足或荷载偏心过大等情况,此时可考虑采用联合基础。联合基础也可用于调整相邻两柱的沉降差,或防止两者之间的相向倾斜等。

7.4.3　柱下条形基础

当地基较为软弱、柱荷载或地基压缩性分布不均匀,以致采用扩展基础可能产生较大的不均匀沉降时,常将同一方向(或同一轴线)上若干柱子的基础连成一体而形成柱下条形基础(见

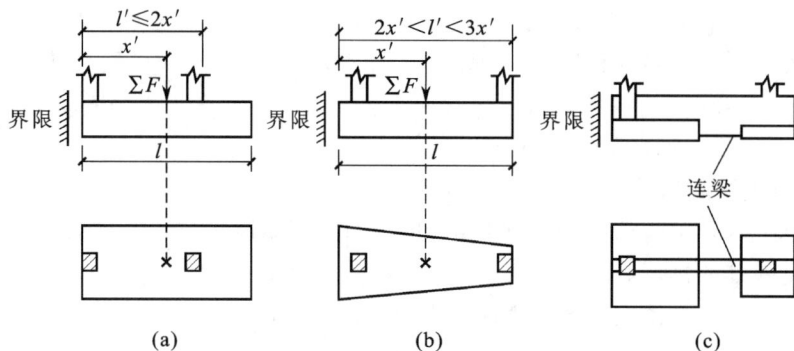

图 7-5 典型的双柱联合基础

(a)矩形联合基础;(b)梯形联合基础;(c)连梁式联合基础

图 7-6)。这种基础的抗弯刚度较大,因而具有调整不均匀沉降的能力,并能将所承受的集中荷载较均匀地分布到整个基底面积上。柱下条形基础是一种常用于软弱地基上框架或排架结构的基础形式。

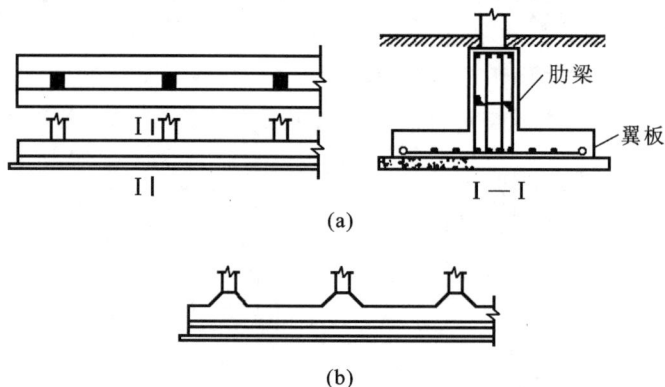

图 7-6 柱下条形基础

(a)等截面的条形基础;(b)柱位处加腋的条形基础

7.4.4 柱下交叉条形基础

如果地基软弱且在两个方向分布不均,需要基础在两方向都具有一定的刚度来调整不均匀沉降,则可在柱网下沿纵横两向分别设置钢筋混凝土条形基础,从而形成柱下交叉条形基础(见图 7-7)。

如果单向条形基础的底面积已能满足地基承载力的要求,则为了减少基础之间的沉降差,可在另一方向加设连梁,组成如图 7-8 所示的连梁式交叉条形基础。为了使基础受力明确,连梁不宜着地。这样,交叉条形基础的设计就可按单向条形基础来考虑。连梁通常是根据经验来配置的,但需要有一定的承载力和刚度,否则作用不大。

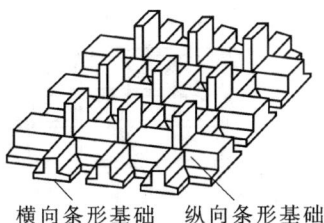

图 7-7　柱下交叉条形基础

图 7-8　连梁式交叉条形基础

7.4.5　筏形基础

当柱下交叉条形基础底面积占建筑物平面面积的比例较大,或者建筑物在使用上有要求时,可以在建筑物的柱、墙下方做成一块满堂的基础,即筏形(片筏)基础。筏形基础的底面积大,可减小基底压力,同时也可提高地基土的承载力,并能更有效地增强基础的整体性,调整不均匀沉降。此外,筏形基础还具有前述各类基础所不完全具备的良好功能,例如:能跨越地下浅层小洞穴和局部软弱层,提供比较宽敞的地下使用空间,作为地下室、水池、油库等的防渗底板,增强建筑物的整体抗震性能,满足自动化程度较高的工艺设备对不允许有差异沉降的要求以及工艺连续作业和设备重新布置的要求,等等。

但是,当地基有显著的软硬不均情况,例如地基中岩石与软土同时出现时,应首先对地基进行处理,单纯依靠筏形基础来解决这类问题是不经济的,甚至是不可行的。筏形基础的板面与板底均配置受力钢筋,因此经济指标较高。

筏形基础按所支承的上部结构类型可分为用于砌体承重结构的墙下筏形基础和用于框架、剪力墙结构的柱下筏形基础。前者是一块厚度为 200～300 mm 的钢筋混凝土平板,埋深较浅,适用于具有硬壳持力层(包括人工处理形成的)、比较均匀的软弱地基上六层及六层以下承重横墙较密的民用建筑。

柱下筏形基础分为平板式和梁板式两种类型(见图 7-9)。平板式筏形基础的厚度不应小于 400 mm,一般为 0.5～2.5 m。其特点是施工方便、建造快,但混凝土用量大。建于新加坡的杜那士大厦(Tunas Building)是高 96.62 m 的 29 层钢筋混凝土框架-剪力墙体系,其基础即为厚 2.44 m 的平板式筏形基础。当柱荷载较大时,可将柱下部板厚局部加大或设柱墩[见图 7-9(a)],以防止基础发生冲切破坏。若柱距较大,为了减小板厚,可在柱轴两个方向设置肋梁,形成梁板式筏形基础[见图 7-9(b)]。

7.4.6　箱形基础

箱形基础是由钢筋混凝土的底板、顶板、外墙和内隔墙组成的有一定高度的整体空间结构(见图 7-10),适用于软弱地基上的高层、重型或对不均匀沉降有严格要求的建筑。与筏形基础相比,箱形基础具有更大的抗弯刚度,只能产生大致均匀的沉降或整体倾斜,从而基本上消除了因地基变形而使建筑物开裂的可能性。箱形基础埋深较大,基础中空,从而使开挖卸去的土重部分抵偿了上部结构传来的荷载(补偿效应),因此,与一般实体基础相比,它能显著减小基底压力、降低基础沉降量。此外,箱形基础的抗震性能较好。高层建筑的箱形基础往往与地下室结

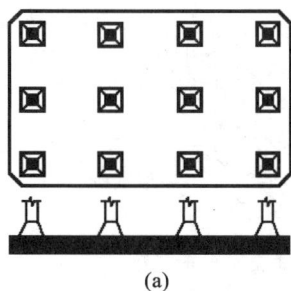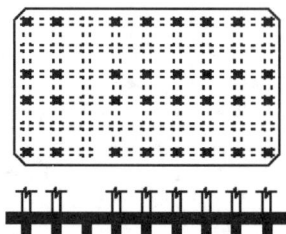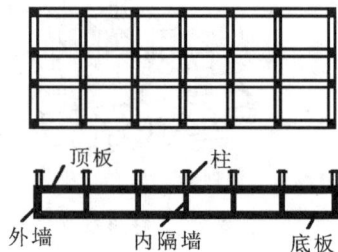

(a)	(b)	

图 7-9 柱下筏形基础
(a)平板式筏形基础;(b)梁板式筏形基础

图 7-10 箱形基础

合考虑,其地下空间可作人防、设备间、库房、商店以及污水处理室等。冷藏库和高温炉体下的箱形基础有隔断热传导的作用,以防地基土产生冻胀或干缩。但由于内墙分隔,箱形基础地下室的用途不如筏形基础地下室的广泛,例如不能用作地下停车场等。

箱形基础的钢筋水泥用量很大,工期长、造价高、施工技术比较复杂,在进行深基坑开挖时,还需考虑降低地下水位、坑壁支护及对周边环境的影响等问题。因此,箱形基础的采用与否,应在与其他可能的地基基础方案作技术经济比较之后再确定。

7.4.7 壳体基础

为了发挥混凝土抗压性能好的特性,可以将基础的形式做成壳体。常见的壳体基础形式有三种,即正圆锥壳、M形组合壳和内球外锥组合壳(见图 7-11)。壳体基础可用作柱基础和筒形构筑物(如烟囱、水塔、料仓、中小型高炉等)的基础。

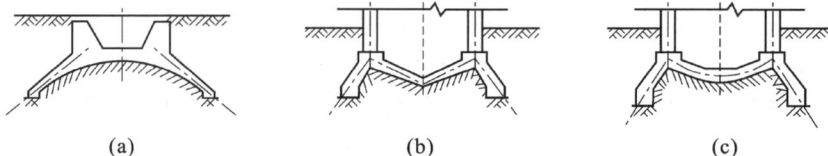

(a)	(b)	(c)

图 7-11 壳体基础的结构形式
(a)正圆锥壳;(b)M形组合壳;(c)内球外锥组合壳

壳体基础的优点是材料省、造价低。根据统计,中小型筒形构筑物的壳体基础,可比一般梁板式的钢筋混凝土基础少用混凝土 30%~50%,节约钢筋 30%以上。此外,一般情况下壳体基础施工时不必支模,土方挖运量也较少。不过,由于较难实行机械化施工,因此壳体基础施工工期长,同时施工工作量大,技术要求高。

7.4.8 桩基础

一般建筑物应充分利用天然地基或人工地基的承载能力,尽量采用浅基础。但遇软弱土层较厚,建筑物对地基的变形和稳定要求较高,或由于技术、经济等各种原因不宜采用浅基础时,就得采用桩基础。桩是一种埋入土中,截面尺寸比其长度小得多的细长构件。桩群的上部与承台连接而组成桩基础,通过桩基础把竖向荷载传递到地层深处坚实的土层,或把地震作用等水平荷载传到承台和桩前方的土体。房屋建筑工程的桩基础通常为低承台桩,如图 7-12 所示,其承台底面一般位于土面以下。

从工程观点出发,桩可以用不同的方法分类。就其材料而言,有木桩、钢筋混凝土桩和钢桩。由于木材在地下水位变动部位容易腐烂,且其长度和直径受限制,承载力不高,目前已很少使用,近代主要制桩材料是混凝土和钢材。桩还可以按承载性状、施工方法及挤土效应进行分类。

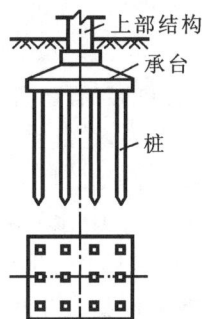

图 7-12　低承台桩

随着高层和高耸建(构)筑物如雨后春笋般地涌现,桩的用量、类型、桩长、桩径等均以极快的速度向纵深方面发展。在我国,桩的最大深度已达 104 m,最大直径已达 6000 mm。这样大的深度与直径并非设计者的标新立异,而是上部结构与地质条件结合情况下势在必行的客观要求。建(构)筑物越高,则采用桩(墩)的可能性就越大。因为每增高一层,就相当于在地基上增加 12~14 kPa 的荷载,数十层的高楼所要求的承载力高的土层往往埋藏很深,因而常常要用桩将荷载传递到深部土层。

7.4.9　沉井基础

沉井基础是一种历史悠久的基础形式,适用于地基浅层较差而深部较好的地层,既可以用作陆地基础,也可用作较深的水中基础。所谓沉井基础,就是用一个事先浇筑好的以后能充当桥梁墩台或结构物基础的井筒状结构物,一边井内挖土,一边靠它的自重克服井壁摩擦阻力后不断下沉到设计标高,经过混凝土封底并填塞井孔,浇筑沉井顶盖。然后即可在其上修建墩身,沉井基础施工步骤如图 7-13 所示。

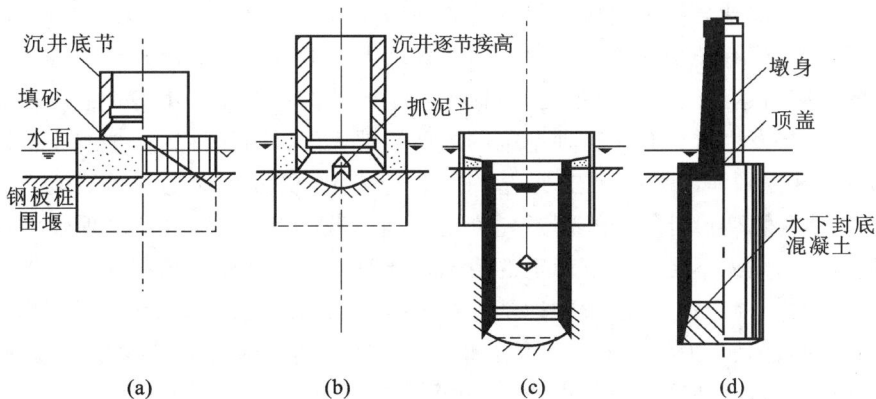

图 7-13　沉井基础施工步骤

(a)沉井底节在人工筑岛上浇筑;(b)沉井开始下沉及接高;
(c)沉井已下沉至设计标高;(d)进行封底及墩身等工作

沉井基础是桥梁工程中较常采用的一种基础形式。南京长江大桥正桥 1 号墩基基础就是钢筋混凝土沉井基础。它是从长江北岸算起的第一个桥墩。那里水很浅,但地质钻探结果表明,在地面以下 100 m 以内尚未发现岩面,地面以下 50 m 处有较厚的砾石层,所以采用了尺寸为 20.2 m×24.9 m 的长方形的井底沉井。沉井在土层中下沉了 53.5 m,在当时来说,是一项非常艰巨的工程。2021 年 1 月 28 日,常泰长江大桥 6 号墩钢沉井精准终沉,其平面尺寸为 95 m×57.8 m,是目前世界上平面尺寸最大的沉井基础。

沉井基础的特点是入土深度大,且刚度大、整体性强、稳定性强,有较大的承载面积,能承受较大的垂直力、水平力及挠曲力矩,施工工艺也不复杂。缺点是施工周期较长,如遇到饱和粉细砂层,排水开挖会出现翻浆现象,往往会造成沉井歪斜;下沉过程中,如遇到孤石、树干、溶洞及坚硬的障碍物及井底岩层表面倾斜过大,施工有一定的困难,须做特殊处理。

遵循经济上合理、施工上可能的原则,通常在下列情况下,可优先考虑采用沉井基础。

①在修建负荷较大的建筑物,其基础要坐落在坚固、有足够承载能力的土层上,且当这类土层距地表面较深(8~30 m),天然基础和桩基础均受水文地质条件限制时。

②山区河流中浅层地基土虽然较好,但冲刷大,或河中有较大卵石,不便桩基施工时。

③倾斜不大的岩面,在掌握岩面高差变化的情况下,可通过高低刃脚与岩面倾斜相适应或岸面平坦且覆盖薄,但河水较深,采用扩大基础施工围堰有困难时。

沉井有着广泛的工程应用范围,不仅大量用于铁路及公路桥梁中的基础工程,在市政工程中的给排水泵房,地下电厂,矿用竖井,地下储水、储油设施中也广泛应用,而且在建筑工程中还用于基础或开挖防护工程,尤其适用于软土中地下建筑物的基础。

7.5 地基承载力的概念

各种土木工程在整个使用年限内都要求地基稳定,即要求地基既不致因承载力不足、渗流破坏而失去稳定性,也不致因变形过大而影响正常使用。地基承载力是指地基承担荷载的能力。在荷载作用下,地基会产生变形。随着荷载的增大,地基变形逐渐增大。初始阶段,地基尚处在弹性平衡状态,具有安全的承载能力。当荷载增大到地基中开始出现某点或小区域内各点某一截面上的剪应力达到土的抗剪强度时,该点或小区域内各点就产生剪切破坏而处于极限平衡状态,土中应力将发生重分布。这种小范围的剪切破坏区称为塑性区。地基小范围的极限平衡状态大都可以恢复到弹性平衡状态,地基尚能趋于稳定,仍具有安全的承载能力。但此时地基变形稍大,尚须验算变形计算值不超过允许值。当荷载继续增大,地基出现较大范围的塑性区时,将出现地基承载力不足而失去稳定的情况。此时地基达到极限承载能力。地基承载力是地基土抗剪强度的一种宏观表现,影响地基土抗剪强度的因素对地基承载力也产生类似影响。

地基承载力问题是土力学中的一个重要的研究课题,其研究目的是掌握地基的承载规律,发挥地基的承载能力,合理确定地基承载力,确保地基不致因荷载作用而发生剪切破坏,产生过大变形而影响建筑物或土工建筑物的正常使用。为此,地基基础设计一般都限制基底压力最大不超过地基容(允)许承载力或地基承载力特征值(设计值)。

确定地基承载力的方法一般有原位试验法、理论公式法、规范表格法和当地经验法四种。原位试验法是一种通过现场直接试验确定承载力的方法,现场直接试验包括(静)荷载试验、静力触探试验、标准贯入试验、旁压试验等,其中以(静)荷载试验法最为直接、可靠;理论公式法是根据土的抗剪强度指标以理论公式计算确定承载力的方法；规范表格法是根据室内试验指标、现场测试指标或野外鉴别指标，通过查找规范所列表格得到承载力的方法，规范不同（包括不同部门、不同行业、不同地区的规范），其承载力值不会完全相同，应用时需注意各自的使用条件；当地经验法是一种基于地区的使用经验，进行类比判断，从而确定承载力的方法。

【本章要点】

①地基属于地层，是支承基础的土体或岩体；基础则属于建筑的下部结构，是将结构所承受的各种作用传递到地基上的结构组成部分。

②基础分为浅基础和深基础两大类，了解各类基础的形式和设计概念。

③地基承载力是地基土抗剪强度的一种宏观表现，应合理确定地基承载力并进行设计，确保地基不致因承载力不足、渗流破坏而失去稳定性，也不致因变形过大而影响正常使用。

【拓展阅读】

拓展阅读 7-1　　　　拓展阅读 7-2
上海 13 层在建楼房整体倒塌事件　地基液化处理措施与案例

【思考和练习】

7-1　地基与基础有区别吗？地基可以设计吗？

7-2　基础的结构形式主要有哪些？其适用范围如何？

7-3　调查本地区一工程现场场地土分布情况，分析基础设计应注意的问题。

第8章　抗震及减隔震概念设计

　　为减少地震引发的建筑结构破坏,可采用被动消极的抗震对策,即增强结构本身的抗震性能,由结构本身储存和消耗地震能量;也可采用积极主动的减震对策,即对结构施加控制装置,由控制装置与结构共同储存和耗散地震能量。本章主要介绍地震的基本概念、抗震概念设计及隔震技术。

　　隔震和耗能减震技术是结构抗震对策的重大突破和发展,已经在建筑结构抗震减灾中表现出巨大优势。2018年建成通车的港珠澳大桥采用隔震技术,是目前世界最长的隔震桥梁。试验表明,该技术使地震反应降低80%;2009年建成的广州塔是我国在超高层建筑中成功应用混合控制技术的典范,实测有效减震30%~50%。

8.1　地震的基本概念

　　地震是一种突发性的自然灾害,通常会给人类带来巨大的生命财产损失。目前还不能准确预测并控制地震的发生,但可以运用现代科学技术手段来减轻和防止地震灾害,例如对建筑结构进行抗震设计就是一种有效减轻地震灾害的方法。

　　我国地处世界上两个最活跃的地震带中间(东部处于环太平洋地震带,西部和西南部处于欧亚地震带),是世界上地震多发国家之一。根据统计,全国450个城市中有70%以上处于地震区,由于城市人口和设施集中,地震灾害会带来严重损失。因此,为了抵御和减轻地震灾害,有必要进行建筑结构的抗震分析与设计。我国《建筑抗震设计标准》(以下简称《抗震标准》)中明确规定:抗震设防烈度为6度及以上地区的建筑,必须进行抗震设计。

8.1.1　地震的类型和成因

　　地震按其成因可划分为四种:构造地震、火山地震、陷落地震和诱发地震。地壳深处岩层的构造变动引起的地震叫构造地震,构造地震分布最广、危害最大;火山爆发时岩浆猛烈冲出地面引起的地面震动叫火山地震,火山地震在我国很少见;地表或地下的岩层(如石灰岩地区较大的地下溶洞或古、旧矿坑等)突然发生大规模的陷落和崩塌而引起小范围内的地面震动叫陷落地震,这种地震震级很小,很少造成损失;水库蓄水或深井注水等引起的地面震动叫诱发地震。构造地震破坏性大、影响面广,所以建筑抗震设计中主要考虑构造地震。

　　按板块构造学说,地壳表面最上层由强度较大的岩石组成,叫作岩石层,厚度为70~100km。岩石层下面为强度较低并带有塑性的岩流层。一般认为,地球表面的岩石层由美洲板块、非洲板块、亚欧板块、印度洋板块、太平洋板块和南极洲板块组成。这些板块由于下面岩流层的对流运动而做刚体运动,从而引起板块之间互相挤压和顶撞。

　　在漫长的运动和发展过程中地壳内部积聚了大量能量,这些能量所产生巨大作用力使原始水平状态的岩层［见图 8-1(a)］发生变形,产生地应力。当作用力较小时,岩层尚未丧失其连续性和完整性,而仅发生褶皱变形［见图 8-1(b)］。当作用力不断加强,地壳岩层中的应力不断增加,地应力引起的应变超过某处岩层的极限应变时,岩层产生断裂和错动［见图 8-1(c)］。在断裂的过程中,能量以弹性波的形式传至地面,地面随之产生强烈震动,这就是地震。

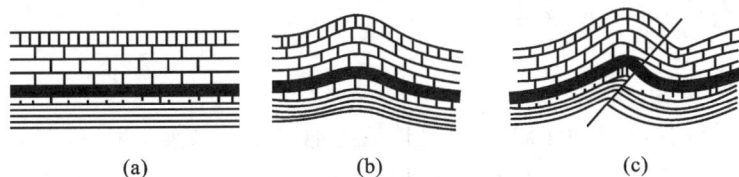

图 8-1 构造变动形成地震示意
(a)岩层原始水平状态;(b)受力后发生褶皱变形;(c)岩层产生断裂和错动

引起地震发生的地方叫震源。构造地震的震源是指地下岩层发生断裂、错动的部位。这个部位不是一个点,而是有一定深度和范围的区域。震源正上方的地面位置叫震中。震中附近地面振动最剧烈也是破坏最严重的地区,叫震中区或极震区。地面某处至震中的距离叫震中距。把地面上破坏程度相近的点连成曲线叫等震线。震源至地面的垂直距离叫震源深度(见图 8-2)。

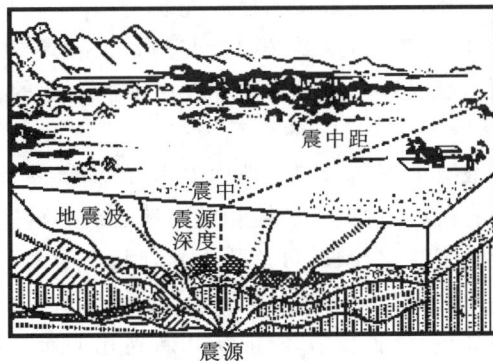

图 8-2 震源、地震波、震中、震中距的关系

根据震源深度(d)的不同,构造地震可分为浅源地震($d<70$ km)、中源地震(70 km$\leqslant d\leqslant$300 km)和深源地震($d>300$ km)。我国发生的绝大部分地震都属于浅源地震,一般深度为 5～40 km。我国深源地震分布十分有限,仅在个别地区发生过,其深度一般为 400～600 km。由于深源地震所释放的能量,在长距离传播中大部分发生损失,所以对地面上的建筑物影响很小。

8.1.2 地震波

地震引起的振动以波的形式从震源向各个方向传播,这种波称为地震波,地震波是一种弹性波。按其在地壳传播的位置不同,地震波分为体波和面波。

1. 体波
在地球内部传播的行波称为体波。体波又分为纵波和横波。纵波是由震源向外传播的疏密波,质点的振动方向与波的前进方向一致,使介质不断地压缩和疏松。纵波的周期短、振幅小、波速快,在土层内的传播速度一般为 200～1400 m/s。垂直入射的纵波引起地面垂直方向振动。

横波是由震源向外传播的剪切波,质点的振动方向与波的前进方向相垂直。横波的周期长、振幅大、波速慢,在土层内的传播速度一般为 100～800 m/s。垂直入射的横波引起地面水平方向振动。

2. 面波

在地球表面传播的行波称为面波。它是体波经地层界面多次反射、折射形成的次生波。

地震现象表明,纵波使建筑物上下颠簸,横波使建筑物水平摇晃,而面波则使建筑物既产生上下颠簸又产生左右摇晃,一般是横波和面波同时到达时质点晃动最为强烈。由于面波的能量比体波要大,所以造成建筑物和地表的破坏以面波为主。

8.1.3　地震灾害

震害是指由于地震产生的灾害。全世界每年发生地震几百万次,其中破坏性地震近千次,7级以上的大地震十几次。1976 年 7 月 28 日发生在我国河北省唐山市的大地震,震级 7.8 级,震中烈度为 11 度。该次地震死亡 24 万多人,伤残 16 万多人,倒塌房屋 320 万间,直接经济损失近百亿人民币,这是 20 世纪死亡人数最多的地震灾害。1995 年 1 月 17 日日本神户地震,死亡 5438 人,经济损失超过 1000 亿美元,这是 20 世纪造成经济损失最大的地震灾害。总之,地震灾害主要表现在三个方面:地表破坏、建筑物破坏及由地震引起的各种次生灾害。

1. 地表破坏

地震造成的地表破坏一般有地裂缝、地陷、地面喷水、地面冒砂及滑坡、塌方等。

地震引起的地裂缝主要有两种:构造地裂缝和重力地裂缝。构造地裂缝是地壳深部断层错动延伸至地面的裂缝。构造地裂缝比较长,可达几千米到几十千米;裂缝的宽度也比较宽,可以达到几米甚至几十米。重力地裂缝是因土质软硬不匀及地貌重力影响而形成的。重力地裂缝在地震区的规模较构造地裂缝小,缝长较短,一般从几米到几十米不等;宽度较小;深度较浅,一般为 1～2 m。地裂缝穿过的地方可引起房屋、道路、桥梁、水坝等工程设施的破坏。

由地震引起的地面振动,使得土颗粒间的摩擦力降低或使链状结构破坏,土层变密实,造成松软而压缩性高的土层(如大面积回填、孔隙比大的黏性土和非黏性土)在地面下沉影响下发生震陷,使建筑物破坏。此外,地震时在岩溶洞和采空(采掘的土下坑道)地区也可能发生震陷。

地面喷水、冒砂现象多发生在地下水位较高、砂层埋藏较浅的平原及沿海地区。由于地震的强烈振动,地下水压力急剧增高,饱和的砂土或粉土层液化,地下水夹带着砂土颗粒,从地裂缝或土质较松软的地方冒出来,形成喷水、冒砂现象。严重喷水、冒砂会造成房屋下沉、倾斜、开裂和倒塌。

在强烈地震作用下还经常会引起河岸、边坡滑坡,山崖的山石崩裂、塌方等现象。滑坡、塌方会阻塞公路、中断交通、冲毁房屋和桥梁、堵塞河流、淹没村庄等。

2. 建筑物破坏

地震引起的建筑物破坏有两类,第一类是建筑物的振动破坏,第二类是地基失效引起的破坏。第一类破坏是由于地震时地面运动引起建筑物振动,产生惯性力,对建筑物会产生以下几方面影响:①使结构构件内力增大,有时使其受力性质也发生改变,导致结构因承载力不足而破坏;②使结构构件连接不牢、节点破坏、支撑系统失效,导致结构因丧失整体性而破坏或倒塌;③使结构产生过大振动变形,有时主体结构并未达到强度破坏,但围护墙、隔墙、雨篷、各种装修等非结构构件往往由于变形过大而发生脱落或倒塌。

第二类破坏是由于强烈地震引起地裂缝、地陷、滑坡和地基土液化等,导致地基开裂、滑动或不均匀沉降,使地基失效,丧失稳定性,降低或丧失承载力,最终造成建筑物整体倾斜、拉裂或倒塌而破坏。

3. 次生灾害

地震不仅引起建筑物的破坏而产生灾害,还会引起火灾、水灾、有毒物质的泄漏、海啸、泥石流等灾害,这些灾害通常叫作次生灾害。

由次生灾害造成的损失有时比震害直接造成的损失还要大,尤其是在大城市、大工业区。例如,1906 年美国旧金山地震后的火灾,烧毁建筑物近 3 万栋,地震损失与火灾损失比例为 1∶4。1970 年秘鲁大地震,瓦斯卡兰山北峰泥石流从 3750 m 高度泻下,流速达每小时 320 km,摧毁、淹没了村镇,使地形改观,死亡 2 万多人。2004 年 12 月 26 日印尼苏门答腊岛附近海域特大地震,地震震级达 8.9 级,而由地震引发的印度洋海啸给印度尼西亚等国造成巨大损失,其中死亡人数近 30 万。

8.1.4　地震震级和地震烈度

1. 地震震级

地震震级是衡量一次地震释放能量大小的一种度量指标。目前国际上比较通用的里氏震级,最早是由美国学者里克特(C. F. Richter)于 1935 年提出的,用符号 M_L 表示。里氏震级计算公式为

$$M_L = \lg A - \lg A_0 \tag{8.1}$$

式中:A——地震记录图上量得的最大水平位移(μm);

$\lg A_0$——依震中距而变化的起算函数。当震中距为 100 km 时,$A_0 = 1$ μm,$\lg A_0 = 0$。

里氏震级有一定的适用条件,如必须使用标准地震仪(周期为 0.8 s,阻尼系数为 0.8,放大倍率为 2800 倍)来记录。后来,人们在里氏震级的基础上,又提出了一些其他震级表示法,如面波震级、体波震级和矩震级等。利用震级可以估计出一次地震所释放出的能量,震级每增加一级,地震释放的能量约增大 32 倍。按照震级的不同,可将地震分为人们感觉不到的微震($M_L < 2$)、人们能够感觉到的有感地震($M_L = 2 \sim 4$)、会引起不同程度破坏的破坏地震($5 \leqslant M_L < 7$)、强烈地震($7 \leqslant M_L < 8$),可能会造成很大破坏的特大地震($M_L \geqslant 8$)。

2. 地震烈度

地震烈度是衡量地震引起后果的一种度量指标,指某一地区的地面和各类建筑物遭受一次地震影响的强弱程度。目前主要根据地震时人的感觉、器物的反应、建筑物破损程度和地貌变化特征等宏观现象综合判定划分。地震烈度表是评定烈度大小的尺度和标准。目前我国和世界上绝大多数国家采用的是划分为 12 度的地震烈度表(见附表 28),欧洲一些国家采用划分为

10 度的地震烈度表,日本则采用划分为 8 度的地震烈度表。对于一次地震来说,震级只有一个,但不同地区受地震的影响不同,即地震烈度不同。一般来说,震中区地震影响最大,烈度最高;距震中越远,地震影响越小,烈度越低。

3. 地震区划图与设防烈度

地震区划就是地震区域的划分,地震区划图是指在地图上按地震情况的差异,划分不同的区域。根据目的和指标不同,地震区划分为地震动活动区划、震害区划和地震动区划。我国在总结按地震烈度来划分的三代地震区划图的基础上,提出直接以地震动参数表示的新区划图。目前,第五代《中国地震动参数区划图》(GB 18306—2015)(以下简称《地震区划图》)已于 2016年 6 月 1 日起实施。该图根据地震危险性分析方法,提供了不同种类场地土,50 年超越概率为10%的地震动参数,共给出两张图:①地震动峰值加速度分区图;②地震动反应谱特征周期分区图。

抗震设防烈度是按国家规定的权限批准作为一个地区抗震设防依据的地震烈度。《抗震标准》规定,一般情况下,抗震设防烈度可采用中国地震动参数区划图的地震基本烈度(即在 50 年期限内一般场地条件下可能遭遇的超越概率为 10%的地震烈度值),或与上述规范中设计基本地震加速度对应的烈度值。

8.1.5 地震活动性及其分布

1. 地震活动性

地震活动性是指地震的时间、空间、强度及频度的分布特性。

对大量资料的统计研究表明,地震活动在时间上的分布是不均匀的,有一段时间发生地震较多,震级较大,称为地震活跃期(高潮);另一段时间发生地震较少,震级较小,称为地震活动平静期(低潮)。地震活动在空间分布上也是不均匀的,从世界范围看,有些地区没有或很少有地震,有些地区则地震频繁而强烈。

据统计,全世界每年大约要发生 500 万次地震,大多数是人们感觉不到的小地震,大地震相对较少。其中,6 级以上强地震每年发生 10~200 次,7 级以上大地震平均每年发生 18 次,8 级以上的特大地震平均每年发生 1~2 次。

小地震几乎处处都有,但大地震仅局限于某些地区,其震中大部分密集于板块边缘,这些地震密集带称为地震带。

世界上地震主要集中分布在下列两个地震带。

①环太平洋地震带。环太平洋地震带从南美洲西部海岸起,经北美洲西部海岸、阿拉斯加南岸、阿留申群岛,转向西南至日本列岛,再经我国台湾岛至菲律宾、新几内亚和新西兰。

这一地震带的地震活动性最强,在此区域发生的地震占世界地震总数的 75%左右。

②欧亚地震带。欧亚地震带西起大西洋亚速岛,经地中海、希腊、土耳其、印度北部、我国西部和西南地区,过缅甸至印度尼西亚与环太平洋地震带相遇。

此外,在大西洋、太平洋、印度洋中也有呈条形分布的地震带。

2. 我国地震活动性的分布

我国位于世界两大地震带——环太平洋地震带与欧亚地震带之间,受太平洋板块、印度板块和菲律宾海板块的挤压,地震活动频度高、强度大、震源浅、分布广,是一个震灾严重的国家。我国的地震活动主要分布在 5 个地区的 23 条地震带上。

这 5 个地区分布如下。

①台湾地区及其附近海域,位于环太平洋地震带上。该区域地震活动性最强、频度最高。如 1983 年、1990 年、1994 年、2018 年发生的台湾花莲 7.0 级地震,1994 年发生的台湾海峡南部 7.3 级地震,1999 年发生的台湾南投 7.6 级地震等。

②西南地区,主要是西藏、四川西部和云南中西部,位于喜马拉雅-地中海地震带上。

③西北地区,主要在甘肃河西走廊、青海、宁夏、天山南北麓。

④华北地区,主要在太行山两侧、汾渭河谷、阴山、燕山一带、山东中部和渤海湾。该地区人口稠密,大城市集中,政治、经济、文化和交通都很发达,地震灾害的威胁极为严重。据统计,该地区有据可查的 8.0 级地震曾发生过 5 次,7.0～7.9 级地震曾发生过 18 次。1679 年河北三河 8.0 级地震、1976 年唐山 7.8 级地震就发生在这个地区。

⑤东南沿海的广东、福建等地。历史上曾发生过 1604 年福建泉州 8.0 级地震,1605 年广东琼山 7.5 级地震。但近 300 年来,无显著破坏性地震发生。

8.1.6　建筑抗震设防

1. 建筑抗震设防依据

为了减轻和防御地震对房屋建筑的破坏,《抗震标准》规定,抗震设防烈度为 6 度及以上地区的建筑必须进行抗震设计。

2. 建筑抗震设防分类

《建筑与市政工程抗震通用规范》中规定,建筑抗震设防的各类建筑与市政工程,均应根据其遭受地震破坏后可能造成的人员伤亡、经济损失、社会影响程度及其在抗震救灾中的作用等因素划分为下列四个抗震设防类别。

①甲类,即特殊设防类。应为使用上有特殊要求的设施,涉及国家公共安全的重大建筑与市政工程,以及地震时可能发生严重次生灾害等特别重大灾害后果,需要进行特殊设防的建筑与市政工程。

②乙类,即重点设防类。应为地震时使用功能不能中断或需要尽快恢复的生命线相关建筑与市政工程,以及地震时可能导致大量人员伤亡等重大灾害后果,需要提高设防标准的建筑与市政工程。

③丙类,即标准设防类。应为除甲、乙、丁类以外按标准要求进行设防的建筑与市政工程。

④丁类,即适度设防类。应为使用上人员稀少且震损不致产生次生灾害,允许在一定条件下适度降低设防要求的建筑与市政工程。

3. 建筑抗震设防标准和目标

抗震设防是指对建筑物进行抗震设计和抗震设防构造措施,以达到抗震的效果。抗震设防的依据是抗震设防烈度。

(1) 建筑抗震设防标准

建筑抗震设防标准是衡量建筑抗震设防要求的尺度,由抗震设防烈度和建筑使用功能的重要性确定。

各抗震类别建筑的抗震设防标准,应符合下列要求。

①甲类建筑:地震作用应高于本地区抗震设防烈度的要求,其值应按批准的地震安全性评价结果确定。当抗震设防烈度为6~8度时,抗震措施应符合本地区抗震设防烈度提高一度的要求;当抗震设防烈度为9度时,抗震措施应符合比9度抗震设防更高的要求。

②乙类建筑:地震作用应符合本地区抗震设防烈度的要求。一般情况下,当抗震设防烈度为6~8度时,抗震措施应符合本地区抗震设防烈度提高一度的要求;当抗震设防烈度为9度时,抗震措施应符合比9度抗震设防更高的要求;地基基础的抗震措施应符合有关规定。

对规模较小的乙类建筑,当其结构采用抗震性能较好的结构类型时,应允许仍按本地区抗震设防烈度的要求采取抗震措施。

③丙类建筑:地震作用和抗震措施均应符合本地区抗震设防烈度的要求。

④丁类建筑:一般情况下,地震作用仍应符合本地区抗震设防烈度的要求;抗震设防应允许比本地区抗震设防烈度的要求适当降低,但抗震设防烈度为6度时不应降低。

抗震设防烈度为6度时,除《抗震标准》有具体规定外,对乙、丙、丁类建筑可不进行地震作用计算。

(2)建筑抗震设防目标

由于地震的随机性,一幢建筑物在使用年限内有可能遭遇多次不同烈度的地震,一般低于所在地区基本烈度,但也有可能高于该地区基本烈度。

在50年期限内,一般场地条件下,可能遭遇的超越概率为63%的地震烈度(烈度概率密度曲线上峰值所对应的烈度)值,相当于50年一遇的地震烈度值,称为多遇地震烈度,也称众值地震烈度,与此对应的地震称为小震。

在50年期限内,一般场地条件下,可能遭遇的超越概率为2%~3%的地震烈度值,相当于1600~2500年一遇的地震烈度值,称为罕遇地震烈度,与此对应的地震称为大震。

多遇地震烈度低于基本烈度约1.55度,罕遇地震烈度高于基本烈度1度左右。

近20年来,世界不少国家的抗震设计规范都采用了如下抗震设计思想:在建筑使用寿命内,对不同频度和强度的地震,要求建筑物具有不同的抵抗能力,即对于较小的地震,由于其发生的可能性大,因此遭受到这种多遇地震时,要求结构不受损坏,这在技术上和经济上都是可以做到的;对于罕遇的强烈地震,由于其发生的可能性小,当遭受到这种地震时,要求结构不受损坏,是不经济的。比较合理的做法是,允许结构损坏,但不应倒塌。

结合我国具体情况,《抗震标准》提出了与这一抗震设计思想相一致的"三水准"设计原则。

第一水准:当遭受到多遇的低于本地区设防烈度的地震(简称"小震")影响时,建筑一般应不受损坏或不需修理仍能继续使用,即"小震不坏"。

第二水准:当遭受到本地区设防烈度的地震影响时,建筑可能有一定的损坏,经一般修理或不经修理仍能继续使用,即"中震可修"。

第三水准:当遭受到高于本地区设防烈度的地震(简称"大震")影响时,建筑不致倒塌或产生危及生命的严重破坏,即"大震不倒"。

在进行建筑抗震设计时,原则上应满足"三水准"抗震设防目标的要求,在具体做法上,为了简化计算起见,《抗震标准》采取了"二阶段"设计法。

第一阶段设计:按小震作用效应和其他荷载效应的基本组合验算结构构件的承载能力以及在小震作用下验算结构的弹性变形,以满足第一水准抗震设防目标的要求。

第二阶段设计:在大震作用下验算结构的弹塑性变形,以满足第三水准抗震设防目标的要求。

至于第二水准抗震设防目标的要求,《抗震标准》是以抗震构造措施来加以保证的。

8.2　抗震概念设计

抗震设计是指对地震区的工程结构进行的一种专业设计,一般包括抗震概念设计、结构抗震计算和抗震构造措施三方面。

目前抗震设计水平远未达到科学的严密程度,主要有以下两方面原因:①地震发生的随机性和复杂性;②结构分析中,未能充分考虑结构的空间作用、非弹性性质、材料时效、阻尼变化等多种因素,导致抗震设计存在不确定性。因此,要使建筑物具有良好的抗震性能,首先应做好抗震概念设计,而不能完全依赖设计计算。概念设计立足于工程抗震基本理论及长期工程抗震经济总结的基本概念,这两点往往是构造良好结构性能的决定性因素,包括工程结构的总体布置和细部构造。抗震概念设计主要包括以下几方面内容。

8.2.1　场地选择

地震造成建筑物的破坏情况比较复杂,有时单靠工程措施很难达到预防目的,或者需要花费高昂的代价。因此,选择工程场地时,应尽可能避开对建筑抗震不利的地段,任何情况下都不得建造在抗震危险地段上。有利、一般、不利和危险地段的划分见表 8-1。

表 8-1　有利、一般、不利和危险地段的划分

地段类别	地质、地形、地段
有利地段	稳定基岩,坚硬土,开阔、平坦、密实、均匀的中硬土等
一般地段	不属于有利、不利和危险的地段
不利地段	软弱土,液化土,条状凸出的山嘴,高耸孤立的山丘,陡坡,陡坎,河岸和边坡的边缘,平面分布上成因、岩性、状态明显不均匀的土层(含故河道、疏松的断层破碎带、暗埋的塘浜沟谷和半填半挖地基),高含水量的可塑黄土,地表存在结构性裂缝等
危险地段	地震时可能发生滑坡、崩塌、地陷、地裂、泥石流等以及可能发生地表位错的地段

建筑抗震危险地段是指地震时可能发生崩塌、滑坡、地陷、地裂、泥石流等地段,及震中烈度为 8 度以上的发震断裂带在地震时可能发生地表错位的地段。建筑抗震有利地段一般是指开阔平坦地带的坚硬场地土或密实均匀的中硬场地土。

8.2.2　建筑的平立面布置

一幢建筑物的动力性能基本上取决于其建筑布局和结构布局。如果建筑布局存在薄弱环节,即使经过精细的地震反应分析,在构造上采取补强措施,也不一定能达到预期目的。建筑布

局一般包括以下几点。

1. 平面布置

建筑物的平、立面布置宜规则对称,质量、刚度变化均匀,避免楼层错位。这样容易估计结构在地震时的反应,容易采取构造措施和细部处理。

地震区的高层建筑,平面宜采用矩形、圆形,也可采用六边形、正八方形、椭圆形、扇形等,如图 8-3 所示。

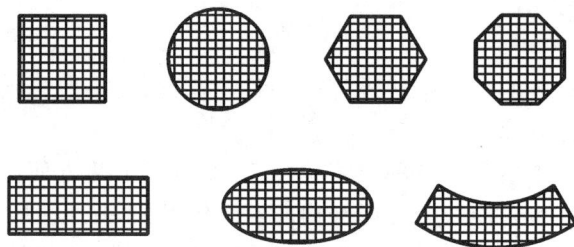

图 8-3 简单的建筑平面

2. 立面布置

地震区高层建筑的立面应采用矩形、梯形、三角形等均匀变化的几何形状,如图 8-4 所示,尽量避免带有突然变化的阶梯形立面,如图 8-5 所示。

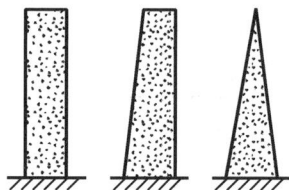

图 8-4 良好的建筑立面

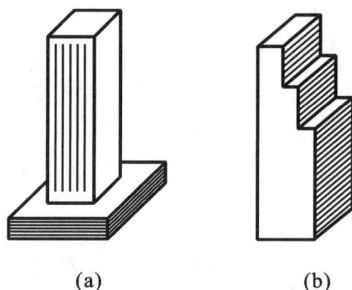

(a)   (b)

图 8-5 不利的建筑立面
(a)大底盘建筑;(b)阶梯形建筑

3. 建筑物的高度

一般而言,房屋越高,所受到的地震作用和倾覆力矩越大,破坏的可能性就越大。就技术经济方面而言,各种结构体系都有适合的高度。

4. 建筑物的高宽比

一般建筑物的高宽比越大,则地震作用下的侧移越大,地震引起的倾覆作用也越严重,巨大的倾覆力矩在柱和基础中引起的内力比较难处理。

5. 防震缝的设置

合理地设置防震缝,可将体型复杂的建筑物划分为较规则的建筑物,从而降低抗震设计的难度,提高抗震设计的可靠度。但是近年来国内高层建筑一般通过调整平面形状和尺寸,在构造上采取措施,以尽可能避免设置防震缝。

8.2.3　结构选型与结构布置

1. 结构材料的选择

抗震结构对材料和施工质量的特别要求,应在设计文件上注明。结构材料性能指标应符合以下最低要求。

(1) 砌体

①烧结普通黏土砖和烧结多孔黏土砖的强度等级不应低于 MU10,砖砌体的砂浆强度等级不应低于 M5。

②混凝土小型空心砌块的强度等级不应低于 MU7.5,砌块及砌体的砂浆强度等级不应低于 M7.5。

(2) 混凝土与钢筋

①混凝土的强度等级:框支梁、框支柱及抗震等级不低于二级的框架梁、柱、节点核心区不应低于 C30;构造柱、芯柱、圈梁及其他各类构件不应低于 C20。

②对抗震等级为一、二级的框架结构,其纵向受力钢筋采用普通钢筋时,钢筋的抗拉强度实测值与屈服强度实测值的比值不应小于 1.25,钢筋的屈服强度实测值与屈服强度标准值的比值不应大于 1.3,且钢筋在最大拉力下的总伸长率实测值不应小于 9%。

(3) 钢材

①钢材的屈服强度实测值与抗拉强度实测值的比值应不大于 0.85。

②钢材应有明显的屈服台阶,且伸长率应不大于 20%。

③钢材应有良好的可焊性和抗冲击韧性。

(4) 结构材料性能的一般要求

①普通钢筋宜优先采用延性、韧性和焊接性较好的钢筋;普通钢筋的强度等级,纵向受力钢筋宜选用符合抗震性能指标的不低于 HRB400 级的热轧钢筋;箍筋宜选用符合抗震性能指标的不低于 HRB400 级的热轧钢筋,也可选用 HPB300 级热轧钢筋;对抗震延性有较高要求的混凝土结构构件,其纵向受力钢筋应采用牌号带"E"的热轧带肋钢筋,如 HRB400E、HRB500E 等。

②混凝土结构的混凝土强度等级,抗震墙不宜超过 C60;其他构件,抗震设防烈度为 9 度时不宜超过 C60,8 度时不宜超过 C70。

③钢结构的钢材宜采用 Q235 等级 B、C、D 的碳素结构钢及 Q345 等级 B、C、D、E 的低合金高强度结构钢;当有可靠依据时,可采用其他钢种和钢号。

(5) 施工中的要求

①当需要以强度等级较高的钢筋代替原设计中的纵向受力钢筋时,应按照钢筋受拉承载力设计值相等的原则换算,并应满足正常使用极限状态和抗震构造措施的要求。

②钢筋混凝土构造柱、芯柱和底部框架-抗震墙砖房中砖抗震墙的施工,应先砌墙后浇构造柱、芯柱和框架柱。

2. 结构体系的确定

不同的结构体系,其抗震性能、使用效果和经济指标都有所区别,关于抗震结构体系,应符合下列要求。

①应具有明确的计算简图和合理的地震作用传递途径。

②应避免因部分结构或构件破坏而导致整个结构丧失抗震能力或对重力荷载的承载能力。

③应具备必要的抗震承载力、良好的抗变形能力和消耗地震能量的能力。

④应具有合理的强度和刚度分布,避免因局部突变形成薄弱部位,产生过大的应力集中或塑性变形集中。对可能出现的薄弱部位,应采取措施提高抗震能力。

3. 结构布置的一般原则

(1)平面布置力求对称

对称结构在地面平动作用下,各构件受力比较均匀。若为非对称结构,因质心与刚心不重合,远离刚心的构件,由于侧移量很大,所分担的水平地震剪力就大,容易出现超出其允许抗力和变形极限而发生严重破坏,甚至导致结构因一侧构件失效而倒塌。

(2)竖向布置力求均匀

结构竖向布置的关键是尽可能使竖向刚度、强度均匀变化,避免出现薄弱层,并应尽可能降低房屋的重心。

8.2.4 多道抗震防线

所谓多道抗震防线是指:①一个抗震结构体系应由若干个延性较好的分体系组成,并由延性较好的结构构件连接起来共同工作。例如框架-抗震墙体系由延性框架和抗震墙两个分系统组成,双肢或多肢抗震墙体系由若干个单肢墙分系统组成。②抗震结构体系应有最大可能数量的内部、外部赘余度,建立起一系列分布的屈服区,以使结构能够吸收和耗散大量的地震能量,一旦破坏也容易修复。

多道抗震防线对抗震结构是非常必要的。当第一道防线的抗侧力构件在强烈地震作用下遭到破坏后,第二道、第三道防线的抗侧力构件会立即接替,抵挡住后续的地震动的冲击,可保证建筑物最低限度的安全,免于倒塌。

若因条件所限,只能采取单一的框架体系,则框架是整个结构体系中唯一的抗侧力构件。设计时应满足以下要求:①保证"强柱弱梁",即保证框架结构塑性铰出现在梁端而非柱端,用以提高结构的变形能力,防止在强烈地震作用下倒塌;②保证"强剪弱弯",即保证钢筋混凝土构件的斜截面受剪承载力高于其正截面受弯承载力,用以改善构件自身的抗震性能。

8.2.5 刚度、承载力和延性的匹配

对于一栋建筑物而言,静力荷载基本上是稳定的,而地震时建筑物所受地震作用,却与其动力特性密切相关。一般情况下,建筑物的抗侧移刚度越大,则自振周期越短,地震作用就越大。因此,结构必须具备足够刚度,但并不是结构刚度越大越好。因为提高结构刚度往往是以提高工程造价和降低结构延性为代价的,同时要求结构具有与较大地震反应相匹配的较高水平抗力。因此,在确定结构体系时,应寻求结构刚度、承载力和延性之间的最佳匹配关系。

8.2.6 确保结构的整体性

结构的整体性是确保结构各部件在地震作用下协调工作的必要条件。对现浇钢筋混凝土

结构,应保证结构构件的连续性。对半预制钢筋混凝土结构,为避免预制楼板搁置进墙体后,破坏墙体沿竖向的连续性,应将预制板端部做成槽齿形,将少数板肋伸进墙内,如图 8-6 所示。对于砌体结构,应按规定设置圈梁和构造柱。对于装配式框架,其节点应采用现浇混凝土,且应把预制梁柱的钢筋伸进节点区。高烈度地区不宜采用全装配式钢筋混凝土框架。

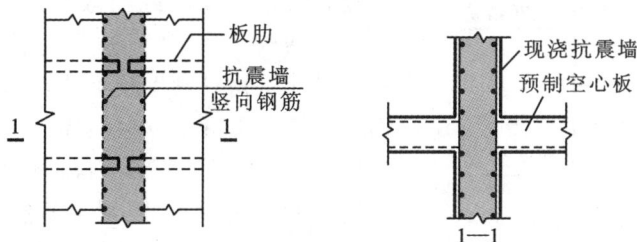

图 8-6　预制楼板与墙的连接

8.2.7　非结构构件处理

非结构构件包括建筑非结构构件和建筑附属机电设备,非结构构件自身及其与结构主体的连接均应进行抗震设计。

①非结构构件的抗震设计,应由相关人员分别负责进行。

②附着于楼层面结构上的非结构构件,如女儿墙,应与主体结构有可靠的连接或锚固,避免地震时倒塌、脱落伤人或砸坏重要设备。

③围护墙、隔墙应估计对结构抗震的不利影响,避免不合理设置而导致主体结构的破坏。

④幕墙、装饰贴面与主体结构应有可靠连接,避免地震时脱落伤人。

⑤安装在建筑上的附属机械、电气设备系统的支座和连接,应符合抗震时使用功能的要求,并且不应导致相关部件的损坏。

8.3　隔震技术

结构抗震技术,主要是通过增加结构的强度、刚度和延性来抵御地震作用,其设计分析方法较为成熟、工程实践经验较为丰富,但这种做法是消极的,对难以预见的强烈地震作用或复杂的建筑结构,想通过抗震技术途径做到万无一失往往是很困难的,必须另辟蹊径进行有效解决。随着新型材料的发展,在机械振动等相关领域科技成果的启发下,土木工程专家开始关注通过减震、隔震技术来消耗部分地震能量,从而减小地震作用对建筑物的影响。通过不断的艰苦努力和实际地震考验,已将部分研究成果应用到实际工程。实践表明,对使用功能有特殊要求以及抗震设防烈度为 8 度、9 度的建筑,隔震和消能减震技术的应用会取得明显的经济和社会效益。

建筑隔震技术的本质作用,是通过隔震器使上部结构与基础或底部结构之间实现柔性连接,大大降低输入上部结构的地震能量和加速度,提高建筑结构对强烈地震的防御能力。

8.3.1　结构隔震技术原理

1. 基底隔震技术的基本原理

在建筑物基础与上部结构之间设置隔震装置形成隔震层,将上部结构与基础隔离开来,利

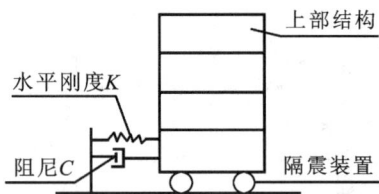

图 8-7　隔震结构模型

用隔震装置来隔离或耗散地震能量以减少地震能量向上部结构传递,从而减少建筑物的地震反应,实现地震时建筑物只发生较小的相对运动或变形,使建筑物在地震作用下不发生损坏或倒塌,这种抗震方法称为房屋基础隔震。隔震结构模型如图 8-7 所示。隔震系统一般由隔振器、阻尼器等构成,它具有竖向刚度大、水平刚度小,能提供较大阻尼的特点。

建筑物的地震反应取决于其自振周期和阻尼特性两个因素。一般中低层钢筋混凝土或砌体结构建筑物刚度大、周期短,基本周期与地震动的卓越周期相近,因此建筑物的加速度反应比地面运动的加速度会放大若干倍,而位移反应则较小。采取隔震措施后,建筑物的基本周期大大延长,避开了地震动的卓越周期,使建筑物的加速度明显降低。如果阻尼保持不变,则位移反应增加。由于这种结构的反应以第一振型为主,而该振型不与其他振型耦联,整个上部结构像一个刚体,加速度沿结构高度几乎均匀分布,上部结构自身的相对位移很小。如果增大结构的阻尼,则加速度反应继续减少,位移反应得到明显抑制。

可见,基础隔震的原理就是通过设置隔震装置系统来形成隔震层,延长结构的自振周期,适当增加结构的阻尼,使结构的加速度反应大大减少,同时使结构的位移集中于隔震层,上部结构像刚体一样发生整体平移,相对位移很小,结构基本上处于弹性工作状态,建筑物一般也不产生破坏或倒塌。

2. 隔震结构的特点

按抗震设计的建筑物,地震时会产生强烈晃动。遭遇大地震时,虽可以保证人身安全,但不能保证建筑物及其内部设备及设施安全,而且通常情况下建筑物由于严重破坏而不可修复。若采用隔震结构,就可避免这类情况发生。隔震结构通过隔震层的集中大变形和所提供的阻尼将地震能量隔离或耗散,地震能量不能全部传递到上部结构,因此上部结构的地震反应大大减小,结构振动减轻,不产生破坏。与传统抗震结构相比,隔震结构具有以下优点。

①隔震体系明显有效地减轻了建筑物的地震反应。国内外大量试验数据和工程经验表明:采用隔震技术一般可以使结构的水平地震加速度反应降低 60% 左右,上部结构的地震反应仅相当于不隔震情况下的 1/8~1/4。采用隔震体系后建筑物上部结构的反应类似于刚体平动,结构的振动和变形均较轻微,建筑物和内部设备的安全能得到更可靠的保证。

②地震防护措施简单明了。隔震设计把非线形、大变形集中到了隔震支座与阻尼器这样一组特殊的构件上,从考虑整个结构复杂的、不甚明确的抗震措施转变为只考虑隔震装置,这样就可以把设计、试验和制造的主要关注点集中到这些构件上。由于主体结构近似于弹性变形状态,结构分析的方法也可以简化。同时,地震后只需对隔震装置进行必要的检查更换,基本不必考虑建筑结构本身的修复问题。

③具有显著的经济与社会效益。采用隔震技术，为适应大变形要求而对建筑、设备和电气方面进行的处理以及特殊的设计、安装费会增加投资(约5%)，但是上部结构由于抗震要求降低，造价明显下降。从汕头、广州、西昌等地建造的隔震房屋得知，多层隔震房屋比多层传统抗震房屋节省土建造价：7度节省1%～3%，8度节省5%～15%，9度节省10%～20%。如果综合考虑地震灾害的潜在损失，包括结构、建筑、财产以及建筑物中断使用和内部业务停顿等，隔震建筑肯定具有更高的经济和社会效益。

④采用隔震结构可使建筑结构形式多样化，设计自由度增大。由于采用隔震结构，就可以放弃过去抗震结构设计时的一些习惯做法，从而设计出形式更加多样的建筑结构。

⑤采用隔震结构可大幅降低地震时内部非结构构件和装饰物的振动、移动和翻倒的可能性，从而减轻次生灾害。

隔震技术经过理论分析、试验研究、工程试点和经济分析，有效性得到了验证，技术也日益完善与成熟。在国际上，日、美等发达国家已于1985年前后提出了结构隔震设计指南和规范草本。我国现行《抗震标准》已正式纳入了隔震技术，同时《建筑隔震设计标准》(GB/T 51408—2021)颁布执行，使隔震技术由工程试点发展为广泛应用。

3. 隔震结构的适用范围

隔震结构体系可以用于下列建筑物：①医院、银行、电力、消防、通信等重要建筑；②机关、指挥中心以及放置贵重设备、物品的建筑；③图书馆、纪念性建筑；④一般工业、民用建筑。

8.3.2　隔震系统的组成与类型

1. 隔震系统的组成

隔震系统一般由隔震器、阻尼器、地基微震动与风反应控制装置等组成。

隔震器的主要作用有两方面：①在竖向支撑建筑物的重量；②在水平方向具有弹性，能提供一定的水平刚度，延长建筑物的基本自振周期，从而避开地震动的卓越周期，降低建筑物的地震反应，能提供较大的变形能力和自复位能力。常用的隔震器有叠层橡胶支座、螺旋弹簧支座、摩擦滑移支座等。目前国内外应用最广泛的是叠层橡胶支座，又可分为普通叠层橡胶支座、高阻尼叠层橡胶支座、铅芯叠层橡胶支座等，如图8-8所示。

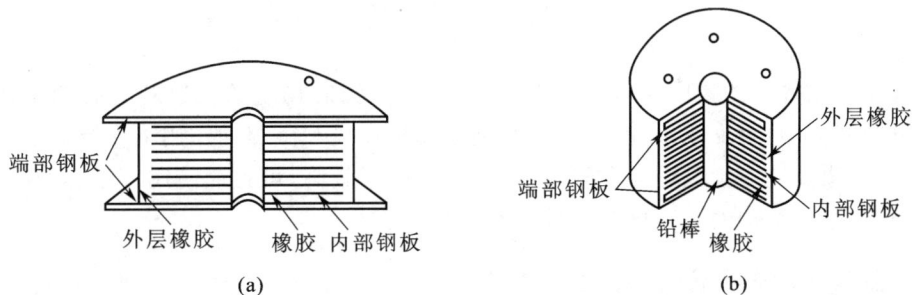

图 8-8　橡胶垫隔震装置构造
(a)普通或高阻尼叠层橡胶支座；(b)铅芯叠层橡胶支座

阻尼器的主要作用是吸收或耗散地震能量，避免结构产生大的位移反应，同时在地震结束后帮助隔震器迅速复位。常用的阻尼器有弹性阻尼器、黏弹性阻尼器、黏滞阻尼器、摩擦阻尼器等。

地基微震动与风反应控制装置的主要作用是加强隔震系统的初期刚度,使建筑物在风荷载或轻微地震作用下能保持稳定。

目前,隔震系统形式多样,各具优缺点。其中叠层橡胶支座隔震系统技术相对成熟,应用最为广泛。我国针对隔震支座设计性能及施工出台了《叠层橡胶支座隔震技术规程》《建筑隔震设计标准》等规范标准。下面主要介绍叠层橡胶支座的类型与性能。

2. 叠层橡胶支座的构造与性能

（1）普通叠层橡胶支座

这种橡胶支座一般由橡胶板与薄钢板层层交错叠合而成,通过高温硫化工艺使橡胶与钢板黏结,其中钢板边嵌于橡胶之内,以防生锈。由于钢板对橡胶层的约束,这种支座在竖直方向上具有较大刚度,而在水平方向的剪切变形却与纯橡胶的基本接近。因此,这种支座只能起到水平隔震作用,而对竖向地震作用的隔震效果较差,常需配合阻尼器一起使用。纯橡胶支座与叠层橡胶支座的力学性能的比较,如图8-9所示。

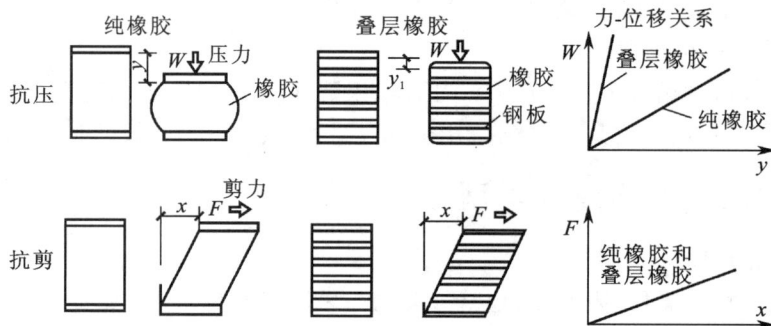

图 8-9 纯橡胶支座与叠层橡胶支座力学性能的比较

（2）高阻尼叠层橡胶支座

高阻尼叠层橡胶支座由高阻尼橡胶材料制成。高阻尼橡胶可通过在天然橡胶中掺入石墨制成,也可通过高分子合成材料制成。这种支座阻尼比较大,变形时吸能较多,可有效抑制结构变形。

（3）铅芯叠层橡胶支座

这种支座是在普通的橡胶支座上垂直钻孔,并填入铅芯构成的。铅芯具有两个作用:①增加支座的早期刚度,减小支座系统的变形,有利于结构在风和微震动作用下保持稳定性;②耗散地震能量,铅芯橡胶支座集隔震器和阻尼器于一身,阻尼较高,可独立使用。铅芯橡胶支座也存在一些问题,如增加结构的高频反应、铅芯断裂等。

8.3.3 隔震结构的设计要求

1. 隔震结构方案的选择

隔震结构主要适用于高烈度地区或使用功能有特别要求的建筑物以及符合下列各项要求的建筑物。

①不采用隔震结构时,基本周期小于 1.0 s 的多层砌体、钢筋混凝土框架房屋等。

②体型基本规则,且抗震计算可采用底部剪力法的建筑物。

③建筑场地宜为 Ⅰ、Ⅱ、Ⅲ 类,并应选用稳定性较好的基础类型。

④风荷载和其他非地震作用的水平荷载标准值产生的总水平力不超过结构总重力的 10%。

隔震结构方案的采用,应根据建筑抗震设防类别、设防烈度、场地条件、建筑结构方案和建筑使用要求等,进行技术、经济可行性综合分析后确定。

2. 隔震层的设置

隔震层宜设置在结构第一层以下的部分。当隔震层位于第一层及以上时,结构体系的特点与普通隔震结构可能存在较大差异,隔震层以下的结构设计也更复杂,需要专门研究。

隔震层的布置应符合下列要求。

①隔震层可由隔震支座、阻尼装置和抗风装置组成。阻尼装置和抗风装置可与隔震支座合为一体,也可单独设置。

②隔震支座的平面布置宜与上部结构和下部结构的竖向受力构件的平面位置相对应。

③隔震层刚度中心宜与上部结构的质量中心重合。

④同一建筑物选用多种规格的隔震支座时,应注意充分发挥每个橡胶支座的承载力和水平变形能力。

⑤同一支座处选用多个隔震支座时,隔震支座之间的净距应满足安装操作所需要的空间要求。

⑥设置在隔震层的抗风装置宜对称、分散地布置在建筑物的周边或周边附近。

3. 上部结构的地震作用和抗震措施

目前的叠层橡胶隔震支座只具有隔离、耗散水平地震的功能,对竖向地震隔震效果不明显。为了反映隔震建筑物隔震层以上结构水平地震减小这一实际情况,引入"水平向减震系数",该系数应符合相关规定。

【本章要点】

①地震震级是衡量一次地震释放能量大小的一种度量指标;地震烈度是衡量地震引起后果的一种度量指标。对于一次地震来说,震级只有一个,但不同地区受这次地震的影响不同,则地震烈度不同。

②50 年期限内,一般场地条件下,可能遭遇的超越概率为 63% 的地震烈度称为多遇地震烈度,相应的地震称为小震;超越概率为 10% 的地震烈度称为地震基本烈度,相应的地震称为中震;超越概率为 2%~3% 的地震烈度称为罕遇地震烈度,相应的地震称为大震。

③抗震设防烈度是按国家规定的权限批准作为一个地区抗震设防依据的地震烈度,一般情况下采用中国地震动参数图的地震基本烈度。

④建筑抗震设防类别有四类:特殊设防类(甲类)、重点设防类(乙类)、标准设防类(丙类)和适度设防类(丁类)。

⑤"三水准"的抗震设防目标,即小震不坏、中震可修、大震不倒。

⑥若使建筑具有良好抗震性能,首先应做好抗震概念设计:选择抗震有利场地;建筑平、立

面宜规则对称,质量、刚度变化均匀,避免楼层错位;合理设置防震缝;选择合适的结构材料;非结构构件与主体结构有效连接;等等。

⑦隔震结构通过隔震层的集中大变形和提供的阻尼将地震能量隔离或耗散,使上部结构的地震反应大大减小。

【拓展阅读】

拓展阅读 8-1
汶川地震及抗震救灾精神

拓展阅读 8-2
泸定地震中典型隔震建筑震害分析

拓展阅读 8-3
某高烈度地区高层剪力墙结构
(结构隔震案例)

拓展阅读 8-4
高层建筑结构

拓展阅读 8-5
我国五座地标级超高层建筑

【思考和练习】

8-1 简述地震震级和地震烈度的概念。

8-2 建筑的抗震设防由哪些条件确定? 分为几类?

8-3 我国建筑抗震设防目标是什么?

8-4 何谓概念设计? 概念设计与计算设计有何区别?

第 9 章　装配式建筑

　　装配式建筑指结构系统、外围护系统、设备与管线系统、内装系统的主要部分采用预制部品部件集成的建筑。本章主要介绍装配式建筑的发展与应用、装配式建筑标准化设计,以及装配式建筑结构体系等。

　　以现场施工为主的传统生产方式使建筑业成为我国最大的单项能耗行业,在建设"美丽中国"目标下,建筑业由粗放型向集约、高效型转变,走建筑工业化道路,是社会和建筑行业的双重要求。装配式建筑代表新一轮建筑业科技革命和产业变革方向,既是传统建筑业转型与建造方式的重大变革,也是推进供给侧结构性改革的重要举措,更是新型城镇化建设的有力支撑。

9.1　概述

9.1.1　装配式建筑的概念

　　装配式建筑是指在工厂或现场生产预制建筑部品和构配件,在现场采用机械化施工技术装配而成的建筑物。如图 9-1 所示,这种建筑的施工方法与传统现浇结构不同,先生产或加工建筑的主要部品或构配件,如梁、板、墙、柱、阳台、楼梯、雨篷等,再通过运输工具将预制构件运送到建设现场,最后采用不同的连接方式将其拼装成不同结构形式。部品,即直接构成成品的最基本组成部分。

图 9-1　装配式建筑施工现场

9.1.2　装配式建筑的分类

　　按结构材料不同,装配式建筑一般可分为装配式混凝土结构、装配式钢结构、装配式竹木结构和装配式砌块结构,其中装配式混凝土结构是应用最为广泛的结构体系。装配式混凝土结构是指由预制混凝土构件通过可靠的连接方式进行连接,并在现场后浇混凝土、水泥基灌浆材料等形成整体的装配式混凝土结构,简称装配整体式结构,适用于住宅建筑和公共建筑。装配式钢结构指主要结构系统、配套的外围护系统、设备管线系统和内装系统的主要部品部(构)件为钢结构,采用集成方法设计和建造的建筑。因为钢材具有轻质高强、易加工、易运输、易装配与拆卸的特点,所以钢结构最适合装配式建筑。装配式竹木结构因受材料产地制约,一般用于村镇建筑。装配式砌块结构是用预制的块状材料砌成墙体的装配式建筑,一般用于建造3~5层建筑。

按结构体系不同,装配式建筑一般可分为装配式框架结构、装配式剪力墙结构、装配式框架-剪力墙结构、特殊装配式结构四种类型。

9.1.3 装配式建筑的优点

与传统建筑相比,装配式建筑具有以下优点。

①生产效率高。装配式建筑通常采用定型化和标准化的预制构件,这些预制构件可以通过高度机械化和半自动化的预制生产线进行工业化生产,预制构件的现场安装也可充分利用现代化的机械系统和先进的生产技术。这些都有效降低了工时消耗,加快了施工进度,从而提高了生产效率。

②建设周期短。传统建筑的各建造工序在时间上是依次进行的,一道工序完成后再转入下一道工序,建设周期长;各工序的衔接不善或其中某道工序的拖延都可造成建设周期的增加。而装配式建筑由于构件预制,除安装之外的工序可同时进行;现场工作的减少也降低了管理、环境、设施等对施工周期的影响。

③产品质量好。预制构件工厂化、标准化生产,可以避免人为因素的影响,避免施工上的转包行为,质量易于控制。例如,经调查统计,预制混凝土工厂生产的混凝土强度变异系数为7%,而施工现场现浇的混凝土强度变异系数为17%。

④环境影响小。工厂制作预制构件可以严格控制废水、废料和噪声污染。现场安装时湿作业少,施工工期短,现场材料堆放少,这些都减少了对施工现场及周围环境的污染,在一些跨越交通线的工程中,采用预制构件几乎不对既有交通造成影响。

⑤可持续发展。预制构件通过严格的设计和施工,可大大减少材料用量,而工厂也可以利用废旧混凝土、矿渣、粉煤灰、工业废料等原料来生产预制产品。同时装配式结构的拆除也相对容易,一些预制构件可以修复后重复利用,促进了社会的可持续发展。

⑥工人劳动条件好。在工厂中生产预制构件多采用机械化和自动化的生产设备,工人劳动条件好于现场施工方式,且劳动强度降低。

⑦利于建筑产业转型。建筑行业的发展从手工业到工业化进行产业转型,将提高行业的生产效率,减少资源消耗,有利于建筑产业发展升级。

9.1.4 装配式建筑的发展与应用现状

装配式建筑历史悠久,而装配式混凝土结构出现得较晚,这是由于砌块、石块、木构架等组成的承重体系早于混凝土的出现。装配式混凝土结构的发展,根本上是预制混凝土技术的发展。

1. 装配式混凝土结构在国外的发展与应用

1875年6月,W. H. Lascelles提出一种新的混凝土建造体系,即在承重骨架上安装集成各项功能的预制混凝土外墙板,并获得了英国 2151 号发明专利,这标志着预制混凝土应用的起源。然而,此时的预制混凝土仅用于填充墙,并未作为结构的承重构件。这种技术并未大范围推广,而是零星应用在一些特殊的建筑当中,作为预制混凝土砌块,替代砖石而存在。

20 世纪初,法国建筑师 A. Perret 用预制混凝土组成外立面。1922 年,他在一座教堂的设计中采用了现浇混凝土框架,并且采用了由预制混凝土砌块和点缀性的彩色玻璃共同组成的高耸的外墙。预制混凝土的承重潜力在这里已经得到了暗示。另外,在美国还出现了在现浇承重骨架上安装的、若干大块预制混凝土板组成的外墙。

20 世纪 30 年代,法国工程师 E. Mopin 提出了另一种预制混凝土体系,即在钢骨架组成的结构中,用预制混凝土外壳作为"永久性的模板"来使用,施工时向预制混凝土外壳内浇筑混凝土,并在节点处建立可靠连接,这样,不仅提升了钢骨架的承载能力,还提供了有效的约束。这种体系在英国的一处公寓 Quarry Hill Flats 中得到了不完全的应用。虽然当时此工程遭遇了很多施工困难和质量问题,如工期延误、预制混凝土"模板"堆叠过高而难以浇捣、预制混凝土连接节点开裂等,但是,这种革命性的施工方法的出现,表明预制混凝土已经参与承载并且成了结构构件的一部分。

第二次世界大战后,经济高效、节省人力的预制混凝土及其装配技术迎来了黄金时期,被大量用于战后城市的重建中。例如,位于法国北部诺曼底地区的港口城市 Le Havre,战火中几近全毁,战后重建时就广泛应用了现浇混凝土框架与预制混凝土填充墙组成的体系。新建造方式大大提高了重建效率,引起了相当一批建筑师、结构师和工程人员的关注,预制混凝土真正地走上了建筑工程的舞台。

随着二战后运输和吊装设备的发展,大型预制构件的应用成为可能。大型预制板也能够直接构成主体结构,如法国、德国、丹麦等西欧国家随后出现的各种类型的大板住宅建筑体系(见图 9-2)。在一些大板结构中,预制混凝土楼板和预制混凝土墙板真正成为结构构件。在美国、日本、加拿大及北欧国家也出现了一种预制盒子结构,这种盒子结构是六面体预制构件,即把一个房间连同设备装修等,按照定型模式,在工厂依照盒子形式完全制作好,然后在现场吊装。盒子结构著名的应用案例包括:由 S. Moshe 设计的"人居 67"生态公寓[见图 9-3(a)],位于加拿大蒙特利尔,是 1967 年世博会的一大地标建筑;由日本建筑大师黑川纪章设计的中银舱体楼[见图 9-3(b)]等。

20 世纪 60—70 年代,虽然战后重建的热潮已经结束,但欧美社会劳动力持续减少,人力成本持续增加,因此,节约人力的装配式结构的发展势头仍然强劲。在这一时期,预制混凝土与装配式结构不仅仅在住宅中得到推广,在公共建筑和工业厂房中也得到了广泛应用。

同一时期,美国出现了另一种装配式结构体系,即不采用后浇混凝土,而采用干式连接的全预制装配式结构。这种结构体系在 20 世纪 70 年代及以后的美国已经十分常见。由于美国建筑行业较为专精化,预制构件安装和混凝土浇筑两项工作往往由不同企业承担,若沿用欧洲的部分预制、部分现浇的体系,则会带来很多经济上的问题。经过数十年的发展,全预制混凝土结构由于其成本低廉、质量控制容易,在美国已经占据了装配式混凝土结构的主导地位。然而,若干次大地震震害表明,半预制半后浇结构的抗震性能往往略优于全预制结构。但是,经过 20 世纪末期的发展,美国全预制结构在解决抗震问题方面取得了较大进展(见图 9-4)。

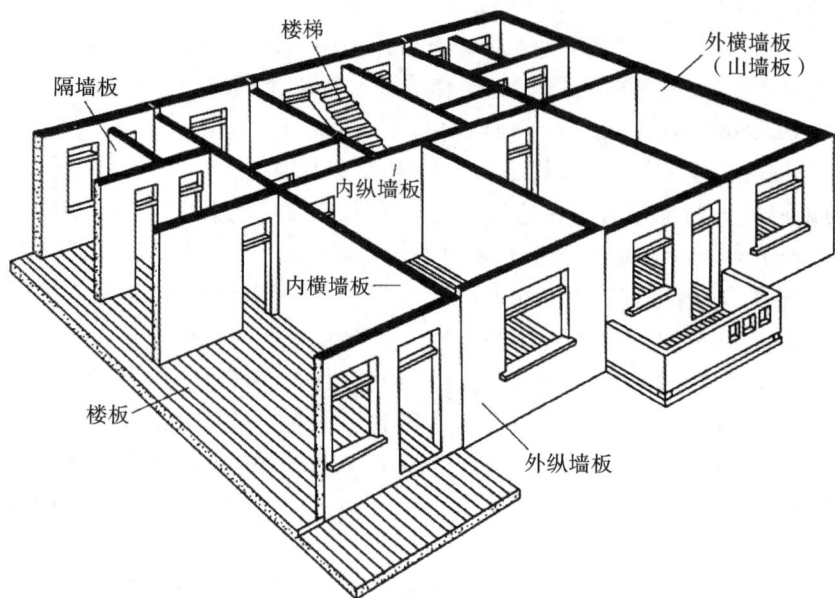

图 9-2　大板住宅建筑体系示意

(a)　　　　　　　　　　　(b)

图 9-3　盒子结构

(a)"人居 67"生态公寓;(b)中银舱体楼

　　欧美建筑行业形势的持续下滑刺激了欧美预制混凝土行业的技术水平不断发展。例如,20世纪 80 年代,德国 FIL-IGRAN 公司发明了钢筋桁架式的叠合楼板(见图 9-5)。这种叠合楼板中预制混凝土与后浇混凝土共存,下半部分是预制混凝土及预埋的钢筋桁架,钢筋桁架纵向贯穿,上半部分为后浇混凝土。

　　同一时期,日本在欧美装配式结构技术的基础上,发展出了自己的特色。这种系统的特色,就是采取半预制半后浇,设计多种节点连接方式,使整体结构取得与传统现浇结构相比等同甚至更优的抗震性能。

2. 装配式混凝土结构在我国的发展与应用

　　我国的装配式结构大致始于 20 世纪 50 年代,在苏联建筑工业化的影响下,我国建筑行业

图 9-4　美国奥克维尔出行火车站全装配式停车楼

图 9-5　叠合楼板

开始走预制装配式的发展道路。这一时期的主要预制件有预制柱、预制吊车梁、预制屋面梁、预制屋面板、预制天窗架等。除屋面板及一些小型吊车梁、小跨度屋架外,大多是现场预制,即使工厂预制,也往往由现场建立的临时性预制场预制,预制作业仍然是施工企业的一部分。

　　20 世纪 60 年代末 70 年代初,随着中小预应力构件的发展,城乡出现了大批预制构件厂。用于民用建筑的空心板、平板、檩条、挂瓦板,用于工业建筑的屋面板、F 形板、槽型板以及工业与民用建筑均可采用的 V 形折板、马鞍形板等成为这些构件厂的主要产品,预制构件行业的市场开始形成。到了 20 世纪 80 年代,在政府部门持续大力推广下,大批的混凝土大板和框架轻板厂开始出现,掀起了预制混凝土行业的一股狂潮,这一时期,预制混凝土工业化程度明显提高,预制构件种类多样,包括预制外墙板、预应力大楼板、预应力圆孔板、预制阳台板、预制吊车梁、预制柱、预制预应力屋架、预制屋面板、预制屋面梁等。

　　20 世纪 90 年代,我国预制混凝土行业经历了停滞期,预制构件厂泛滥,趋于同质化,产能严重过剩,大中型构件厂难以为继,某些资质不足的小型乡镇构件厂充斥市场,导致部品质量下降,造成了很多安全隐患。并且,预制混凝土的抗震性能也在这一时期受到了广泛争议。预制混凝土在国内一度成为质量低劣、抗震性能不良的代名词,一些地区也勒令禁用预制混凝土结构。因此,与西方、日本预制混凝土行业经久不衰相比,20年代末至21世纪初,我国预制混凝土行业几乎销声匿迹。如今,随着建筑工业化、住宅产业化概念的提出和装配整体式结构体系的发展,预制混凝土、装配式结构又重新回到了人们的视野当中,也得到了政府部门的大力推广。如今的装配式结构已今非昔比,并已成为我国建筑行业发展的一大趋势(见图9-6)。

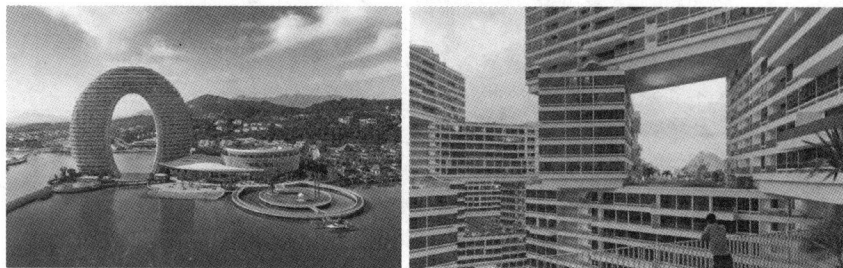

图9-6 湖州喜来登温泉度假酒店

党的十八大提出的新型城镇化发展战略和"美丽中国"构想为我国未来经济发展指明了方向。2016年2月,中共中央、国务院在《关于进一步加强城市规划建设管理工作的若干意见》的"提升城市建筑水平"章节中提出:"发展新型建造方式。大力推广装配式建筑,减少建筑垃圾和扬尘污染,缩短建造工期,提升工程质量。制定装配式建筑设计、施工和验收规范。完善部品部件标准,实现建筑部品部件工厂化生产。鼓励建筑企业装配式施工,现场装配。建设国家级装配式建筑生产基地。加大政策支持力度,力争用10年左右的时间,使装配式建筑占新建建筑的比例达到30%。积极稳妥推广钢结构建筑。在具备条件的地方,倡导发展现代木结构建筑。"

9.1.5 我国装配式混凝土结构的发展思路

①专业一体化管理。应认识到我国的建筑工业化是一个漫长的发展过程,必须贯彻从易到难、从低到高、从点到面的实施原则,重点研究构件、构造、连接节点、结构整体性等关键技术以及设计施工专业一体化等要求,确立从试验研究到试点工程设计、制作、施工、安装专业一体化的管理思想。

②技术和标准服务的跟进。通过国家行业主管部门组织开展基础研究和标准规范编制工作,落实预制建筑通用结构体系的基本设计施工要求和控制要点。建立和培育一批专业公司开展预制混凝土工程的设计施工管理,积极开发预制建筑施工的配套材料和施工机具,以促进各种专用预制结构体系发展。

③产品的多样化和标准化。预制构件应充分体现建筑设计的功能、性能等各项要求,预制建筑可将外墙的保温、装饰等要求集成为保温装饰一体化的墙板,保持预制建筑的多样化和标准化协调统一。

9.2 装配式建筑标准化设计

装配式建筑主要通过标准化设计、工厂化制造、装备化转运、装配化施工、一体化装修和信息化管理等全过程,实现建筑工程质量的提高,节约资源与保护环境。标准化建筑设计在装配式建筑建设全流程中起到引领作用,对后续工作具有决定性的影响。

传统的建筑设计是一个相对独立的过程,在后续设计工作中可以进行一定的优化和调整。而装配式建筑标准化设计一旦确定后则难以更改,牵一发而动全身,故而在标准化设计阶段一定要综合考虑建筑设计、生产、制造、转运、装配、维护等各个过程中的重要因素,为建筑全生命周期建筑质量控制打下良好的基础。

9.2.1　构件分类与结构构件系统标准化设计

1. 装配式建筑的构件分类

考虑到构件的承重性质与寿命周期,并结合其在建筑中的不同作用与生产条件,将建筑构件主要划分为结构体、围护体、分隔体、装修体和设备体五个部分(见图 9-7)。这五个部分在承重性质与使用寿命上皆无必然联系,因此在设计、生产与装配中应尽量考虑其独立性,但是应该充分考虑各部分之间的连接关系。

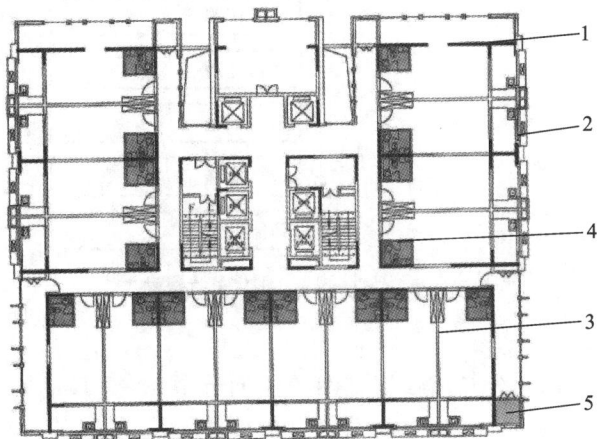

图 9-7　构件分类图
1—结构体;2—围护体;3—分隔体;4—装修体;5—设备体

（1）结构体

结构体指的是建筑的承重构件。限于经济发展水平与工程需求,目前我国装配式建筑以钢筋混凝土结构为主,钢结构次之,木结构与竹结构较少。但从绿色建筑、低碳建筑等可持续发展的理念来看,钢结构、钢-混凝土组合结构、木结构与竹结构是未来装配式建筑的重要发展方向。钢筋混凝土结构主要包括框架结构、剪力墙结构、框架-剪力墙结构、框架-筒体结构等,其结构体竖向主要是柱与剪力墙,横向主要是梁和楼板,另外还有预制阳台板、预制空调板等。在装配式建筑的建造过程中,结构体的设计、生产与装配往往是最重要的,是衡量建筑工业化发展程度的重要指标。

（2）围护体

围护体主要指的是建筑立面的围护构件,对被其包裹在内的结构体、分隔体、装修体和设备体等起到保护作用,其常见分类见图 9-8。围护体根据重量可以大体区分为重型和轻型两类,重型围护体重量较大,所以对结构计算以及抗震计算有较大影响,轻型围护体对结构计算影响不大,主要考虑构造上的设计。重型围护体以混凝土外挂墙板为代表,轻型围护体以金属幕墙为代表,常见的如铝板、玻璃幕墙、外挂石材等。

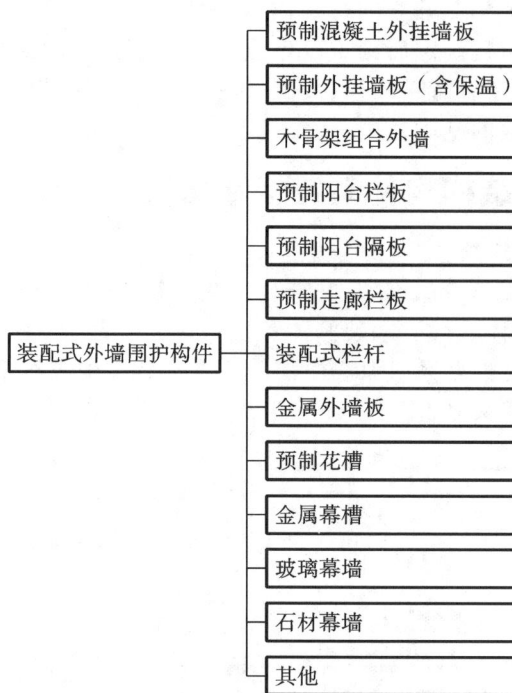

图 9-8　围护体常见分类示意图

（3）分隔体

分隔体指建筑内部用以划分具体使用空间的竖向分隔构件，其常见分类见图 9-9。不同于围护体，因分隔体全部位于建筑室内，故而性能要求相对降低，常见的材料与构造做法也更为多样。从使用年限上来划分，分隔体包括与建筑基本同寿命的公共维护界面，如楼梯间、公共厕所的分隔墙体；用以分隔使用权限的分户墙，其对隔声、防火等要求较高；可以经常替换的户内分隔墙等。从分隔体构成部品的大小来划分，由小及大常见的内分隔体形式有砌块、板材、轻钢网模和预制混凝土大板等。从连接构造上看，分隔体在竖直方向需要考虑与梁板的连接构造，在水平方向上需要考虑与结构体、围护体或是另一分隔体的连接。

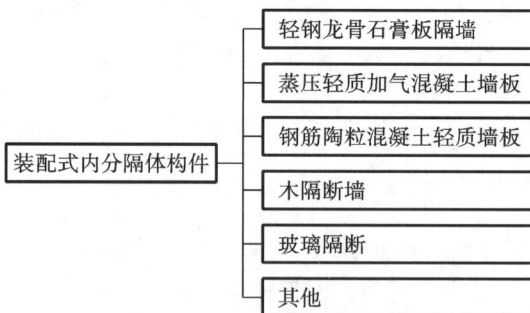

图 9-9　分隔体常见分类示意图

（4）装修体

装修体指的是结构体、围护体、分隔体组成的建筑空间雏形初现后使得建筑内部空间能够被正式使用的各种装修构件，如天花吊顶、地面铺装、集成式卫生间、集成式厨房、家具和陈设等。虽然装修体在结构体、维护体和分隔体之后才进行施工，但是装修体的部分预留工作需要在设计之初就考虑好，在结构体、围护体和内分隔体生产、预制、装配的过程中就充分考虑到装修体的构造需要，这是出于集约的考虑，可以适当地进行管线等的预埋，但是严禁在预制构件完成后再次进行剔凿等破坏性工作。当然，可以考虑装修体与结构体、围护体和分隔体不产生交错，而是将装修体仅仅通过构造连接的方式置于其内表面，以此实现装修体的完全独立，既不影响结构体等的设计与生产，同时为装修体的可改造性带来极大的便利，是未来的发展趋势。

（5）设备体

设备体指的是建筑中常见的功能性和性能型设备，一般含有较大的机械设备，常见的如空调、暖气等（见图 9-10）。设备体通常专业化、集成化程度较高，是提升装配率的重要指标之一，在设计时需要充分考虑到设备体的安装、使用、维修、更换和拆除等流程。

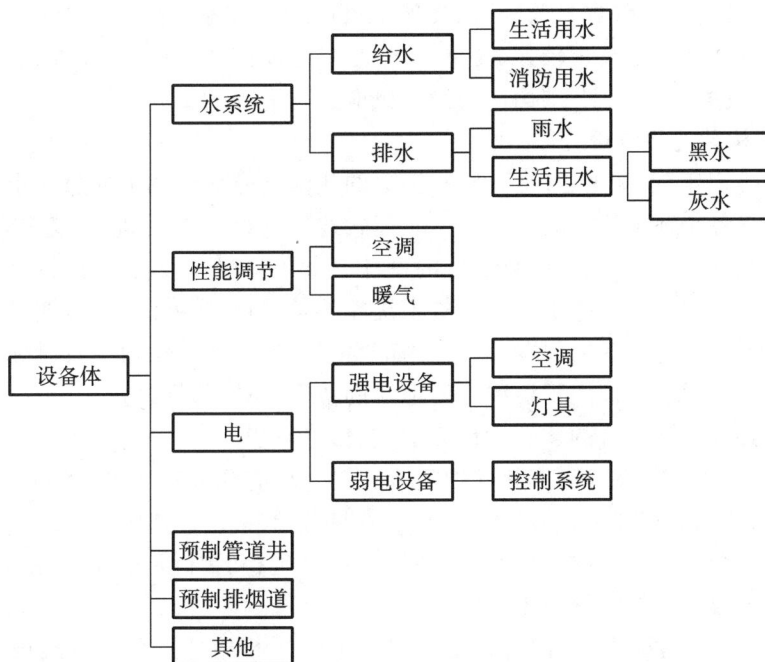

图 9-10　设备体常见分类示意图

2. 装配式建筑的标准构件和非标准构件

装配式建筑中，构件规格越少越方便设计、生产和装配，但一味追求高预制率和构件规格少，则会造成装配式建筑外形比较呆板，千篇一律，因此应适当增加构件的灵活性和多样性，使装配式建筑不仅能够成批建造，而且样式丰富。

为了平衡建筑工业化大生产所要求的构件少和建筑多样性之间的矛盾，在建筑设计中可以考虑将构件区分为标准构件与非标准构件。建筑标准构件不单单应用于某一个或某一组建筑,而是整个国家或者区域内的建筑都可以套用的标准构件。建筑非标准构件则可以独立应用于某一个或某一组建筑,使每个建筑有其独特性。建筑非标准构件带来的材料成本、施工成本、维护成本等的增加,可在采用非标准构件带来的增值中被抵消,从而达到双赢的效果。

需要说明的是,建筑标准构件与非标准构件并不存在不可逾越的鸿沟。例如,当标准构件生产到最后几步时,如果将每个构件单独加工处理,比如附加不同的轻质构件或喷涂等二次加工,就可以获得各不相同的非标准构件,这样可以大幅降低非标准构件的成本,同时可以保证构造连接的一致性,是一种较为可行的非标准构件设计生产方法。另外,建筑标准构件并不是指单纯的尺寸上的一致。例如,某两根梁其截面尺寸和长度完全一致,但是其配筋不同,也不能认为是同一种标准构件。

随着建造体系的发展和成熟,装配式建筑标准构件应当形成构件库,在建筑标准的引导下,完善设计、生产、运输、装配和维护产业链,形成一套完整的系统。在生产、运输、装配条件允许的情况下,结构体标准构件应尽量大,以此减少构件数量和减少构件之间的连接节点数量。钢结构、木结构和竹结构因构件本身较轻,在装配中难度相对较小,非标准构件可以适当多一些。混凝土结构中结构体构件往往都较大、较重,即使是尺寸相同的构件,配筋或者是开槽等仍然可能有差异,所以在混凝土结构中,结构体的设计更应进行适当的归并。

3. 基于标准构件的建筑设计

建筑设计是建筑建造、施工、管理、维护、拆除的建筑全寿命周期中的第一步,设计的合理与否直接决定着后续各个环节能否顺利开展。装配式建筑的设计方法,应当基于构件分类和组合的建筑协同构建系统和方法,能够优化房屋的设计、生产、装配、建造、维修、拆除等流程,并使得整个工程项目管理更加高效。基于构件分类系统库的建筑设计和建造流程变得更加标准化、理性化、科学化,减少现行各专业之间以及专业内部由于沟通不畅或沟通不及时导致的错、漏、碰、缺,提升工作效率和质量,从而实现房屋工程项目的协同设计、协同建造。

基于标准构件分类和组合的建筑设计方法,包括以下步骤。

①构建房屋构件分类系统库:查找并搜集所有符合相应规范和技术规程的房屋构件的技术资料,包括房屋构件的类型图纸、技术图纸、产品说明书、制备工艺及施工工艺,将每个房屋构件的技术资料组成一个构件信息,并对所有构件信息逐个进行特异性编码,然后用所有构件信息及其特异性编码组成房屋构件分类系统库。

②根据拟建房屋的建造和设计要求,按照以下流程进行构件选择和方案设计:根据结构设计要求,从房屋构件分类系统库中选择结构构件,进行结构体设计;其中的结构构件既包括标准构件,也包括由非标准构件组成的扩展构件;从房屋构件分类系统库中选择围护结构,进行空间单元的限定和设计;其中的围护结构既包括标准的围护结构,也包括由非标准围护结构组成的扩展围护结构;从房屋构件分类系统库中选择性能构件,将其与空间单元结合,得到具有性能的空间单元;根据各类建筑的设计原则和功能要求,对所述空间单元进行组合与布局,从而得到建筑整体构建方案模型。

③如果上述步骤得到的建筑整体构建方案模型满足建造、性能、功能、审美以及相关规范的要求,则记录所选构件的特异性编码,并按照所选构件的组装过程对所选构件的特异性编码进

行排序,形成与房屋构建相匹配的特异性编码序列,完成建筑整体构建方案模型;否则,进入下一个步骤。

④查找出导致建筑设计方案模型不满足要求的房屋构件,研发并设计新房屋构件,得到新房屋构件的类型图纸、技术图纸、产品说明书、制备工艺及施工工艺,用所述新房屋构件替代不满足要求的房屋构件,再重新进行构件选择和构建方案模型设计,如果新的建筑整体构建方案模型仍不满足建造、功能、性能、审美以及相关规范的要求,则调整新的建筑整体构建方案模型,直至满足建造、功能、性能、审美以及相关规范的要求。

⑤对新构件信息逐个进行特异性编码,并用新房屋构件及其特异性编码更新房屋构件分类系统库,最后按照所选构件的装配和组装过程对所选构件的特异性编码进行排序,形成与房屋设计相匹配的特异性编码序列,即得到建筑整体构建方案模型。

总之,基于标准构件的建筑设计可以优化房屋的设计、建造、装配、生产流程,并使得整个工程项目管理更加高效。方案在修改过程中只需要替换相应的构件,构件与构件之间的逻辑关系并不发生根本性的改变。

4. 装配式建筑标准化设计

装配式建筑标准化设计的基本原则就是要坚持"建筑、结构、机电、内装"一体化和"设计、加工、装配"一体化,就是从模数统一、模块协同,少规格、多组合,各专业一体化考虑,要实现平面标准化、立面标准化、构件标准化和部品标准化。

为符合未来的发展趋势和使用需求,装配式建筑的标准化平面设计应力求做到以不变应万变,不变的是建筑的耐久性和体系的开放性,变化的是空间和功能,并可以实现更新、升级和迭代。图 9-7 所示的建筑平面中,通过标准化的建筑设计实现了标准化结构系统、通用化大空间、标准化构件和模块化户型。标准化结构系统中的竖向构件和横向构件布置均匀,既符合结构计算受力原理,又符合建筑设计通用标准,并且结构系统具有可生长性。图 9-11 是根据图 9-7 进行重新组合得到的新的具有同样特性的结构布置平面图。在此基础上继续进行平面结构的拓扑与生长,可以得到如图 9-12 所示的结构平面布置图,这三个平面图具有类似性和结构构件的通用性,得益于其源于同一套标准化结构系统。通用化大空间是实现空间可变的重要前提,如图 9-13 所示,通过预设大空间的理念,可以确保在建筑功能更新迭代时依然符合使用需求,并在通用化大空间的基础上利用标准化结构系统布置标准化平面(见图 9-14)。标准化结构系统

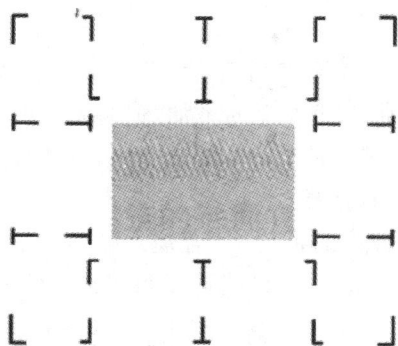

图 9-11 标准化结构系统平面布置　　　　图 9-12 标准化结构系统可生长平面

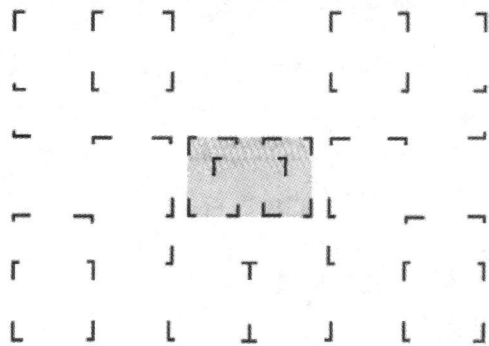

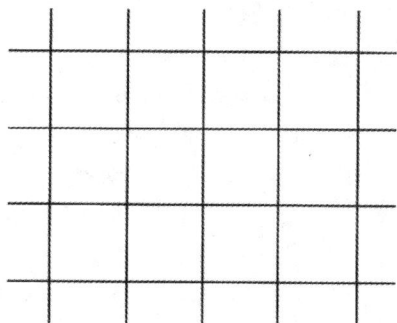

图 9-13　通用化大空间轴网

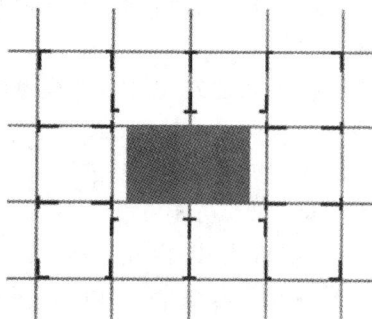

图 9-14　通用化大空间平面结构布置

有赖于标准化构件,尤其是结构构件的标准化设计,如图 9-15 所示,整个标准层平面中的竖向剪力墙构件只有 6 种,梁和板等横向构件的数量也较少,有利于工业化建造、施工和装配。图 9-16 所示是四种典型的少规格、多组合的建筑平面布置图。

装配式建筑在具体设计中,有以下一些注意事项。

①建筑平面宜简单、规则,凸出与挑出部分不宜过大,平面凹凸变化不宜过多、过深,并在充分考虑不同使用功能的前提下选用大空间的平面布局方式。

②应采用基本模数或扩大模数的方法实现建筑模数协调。

③建筑的立面围护结构宜采用工厂预制、工位吊装的方式。

④装配式混凝土结构宜采用规则的结构体系,可采用框架结构、剪力墙结构、框架-剪力墙结构。高层装配式混凝土剪力墙结构、框架-剪力墙结构的竖向受力构件宜采用全部现浇或部分现浇;高层装配式混凝土结构应采用预制叠合楼板或者现浇楼板;装配式结构中,平面复杂或开洞过大的楼层、作为上部结构嵌固部位的地下室顶板应采用现浇楼盖结构;高层装配式结构的地下室宜采用现浇结构。

⑤宜采用土建和装修一体化设计。装配式建筑的设备管线应进行综合设计,减少平面交叉;竖向管线应相对集中布置。装配式住宅建筑中,厨房、卫生间的设备管线宜采用结构层与设备层分离的方式。

9.2.2　外围护构件标准化设计

建筑外围护体,指的是建筑与空气直接接触的围护界面,主要包括墙体、门、窗、屋顶等。在设计与施工时采用更高性能的围护结构,虽然一定程度上带来成本上的增加,但是随着时间的流逝,其节约的耗能费用完全可以将其补偿,与此同时给使用者带来使用的舒适性,并能保护建筑内部构件,使建筑获得更长久的寿命,是实现可持续发展的重要举措之一。

装配式建筑外围护体是自承重构件,在不影响围护体性能的情况下,合理地减小外围护体的体积或者采用密度较小的建筑材料,可以减轻外围护体自重,对于结构计算和施工中的吊装、定位都会有益。

目前我国装配式钢筋混凝土建筑中,预制混凝土外墙板作为围护体,是运用最多的一种形式。预制混凝土外墙板表面平整度好,整体精度高,同时又可以将建筑物的外窗以及外立面的

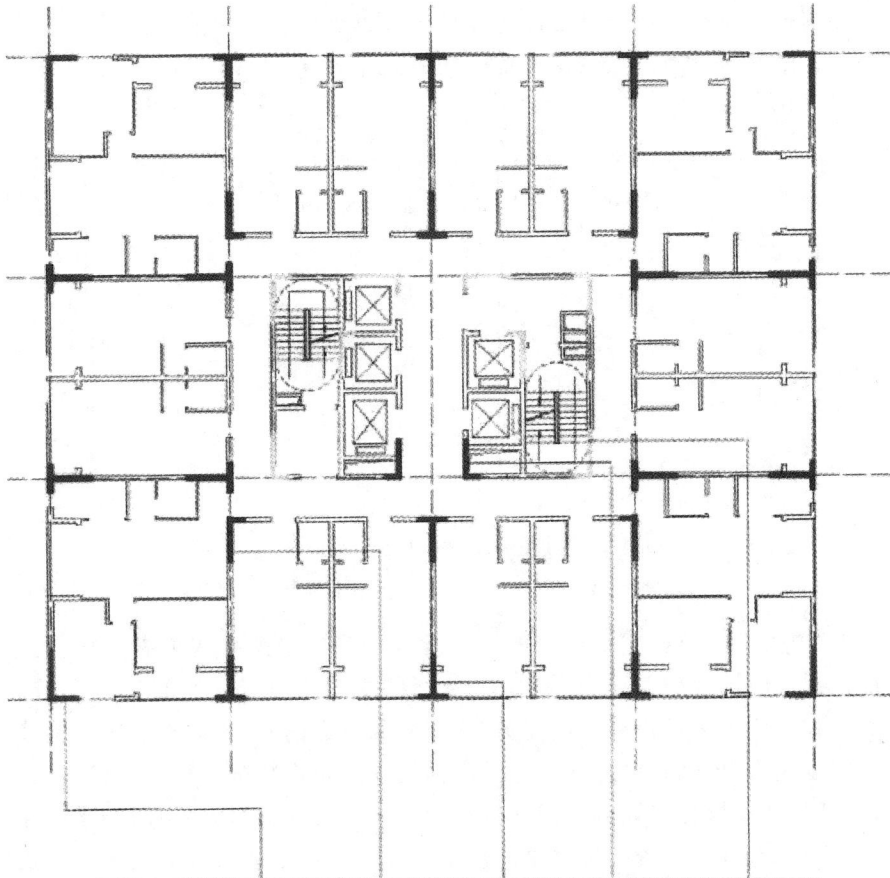

剪力墙编号	YJQA	YJQB	YJQC	YJQD	YJQE
剪力墙图示					
剪力墙数量	4	4	16	2	8

图 9-15　构件标准化

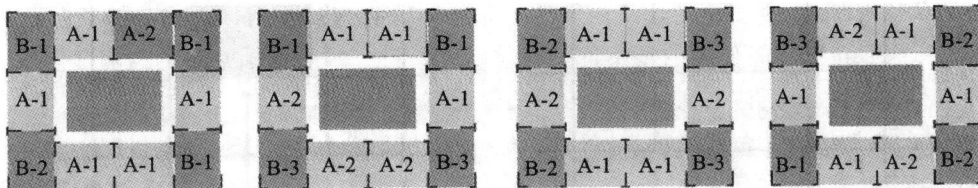

图 9-16　四种典型模块化户型组合平面布置图

保温及装饰层直接在工厂预制完成,提升生产效率且质量可控,是装配式建筑的重要组成部分。

结构体与外围护体应尽量保证各自的独立性。外围护体应尽可能自身形成完整界面,而不被结构体等阻断。因此,在设计中,通常考虑采用悬挂的形式[见图 9-17(a)],而不是嵌入结构的方式[见图 9-17(b)]。

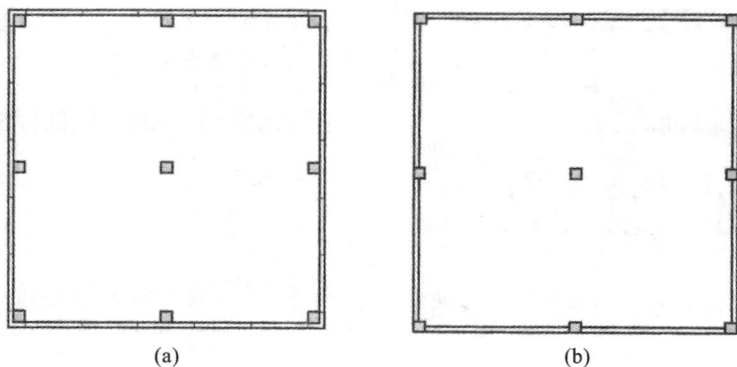

图 9-17 两种外围护体与结构体的关系
(a)外围护体自身形成完整界面;(b)外围护体被结构阻断

为满足抗震要求,外挂墙板应采用合理的连接节点并与主体结构可靠连接,支承外挂墙板的结构构件应具有足够的承载力和刚度。外挂墙板与主体结构宜采用柔性连接,连接节点应具有足够的承载力和适应主体结构变形的能力,并应采取可靠的防腐、防锈和防火措施。

为了便于安装操作,预制外墙之间存在着人为设计的宏观缝隙,一般设计宽度为 20 mm,为满足防水要求,预制外墙板的接缝应采用耐候性密封胶等防水材料,用以阻断水的通路;接缝处的背衬材料宜采用发泡氯丁橡胶或发泡聚乙烯塑料棒。同时采取合适的构造防水措施,阻断水的通路。如在外墙板接缝外口设置适当的线型构造(立缝的沟槽、平缝的挡水台、披水等),形成空腔,截断毛细管通路,利用排水沟将渗入接缝的雨水排除墙外,防止向室内渗透。图 9-18 和图 9-19 是常见的预制外墙板构造防水连接大样。

9.2.3 内分隔与内装修构件系统标准化设计

1. 内分隔构件系统标准化设计

SI 住宅,其基本理念是"将住宅的承重结构(S)与填充部分(I)区分开来,通过加固 S 部分,尽可能地延长住宅的寿命,同时 I 部分在允许的范围内可自由变化"。内分隔构件是 SI 系统中 I 的最重要的组成部分,主要是指建筑内部的竖向隔墙,其在建筑中只承受自重,仅用于室内平面空间分隔,因此在建造时使用的基本都是轻质墙体材料。目前我国常用的内隔墙体系主要有以下五种:砌块体系、条板体系、整体墙板式、框架蒙皮式和网模体系。

砌块体系主要是以小型轻质块材堆砌形成一定高度的竖向分隔墙。砌块过小,会导致建造效率降低;砌块过大,则建造难度加大。目前常见的砌块种类有石膏空心砌块、小型混凝土空心砌块、粉煤灰空心砌块、加气混凝土砌块等。石膏等材料,强度适中但是密度较小,保温隔热、防火隔声效果较好,并且材料可回收利用,绿色环保,是非常好的内分隔墙体材料。相比于其他几

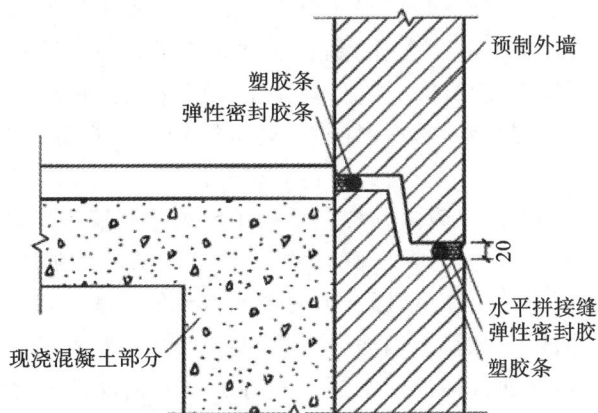

图 9-18　预制外墙板构造防水上下连接大样

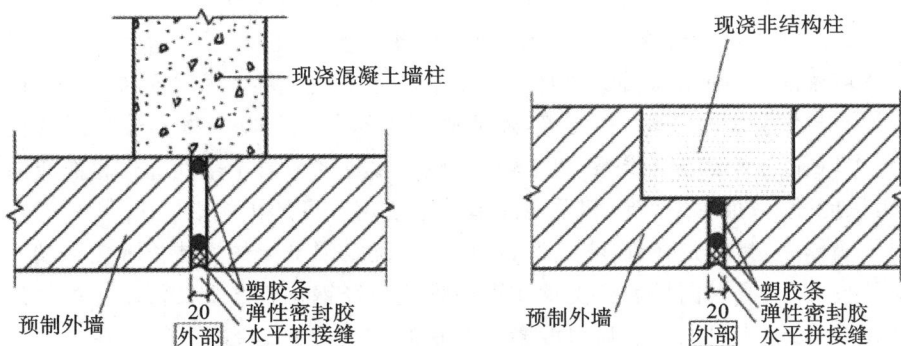

图 9-19　预制外墙板构造防水水平连接大样

类内分隔系统,砌块体系的生产与施工工艺都较为简易,但由于人工操作较多,使得工期相对延长。如图 9-20 所示,在某高层建筑的某层剖面中可以看到隔墙是由砌体砌筑而成的,一般为了找平和防潮,会在底层垫两皮砖块再在其上砌筑。

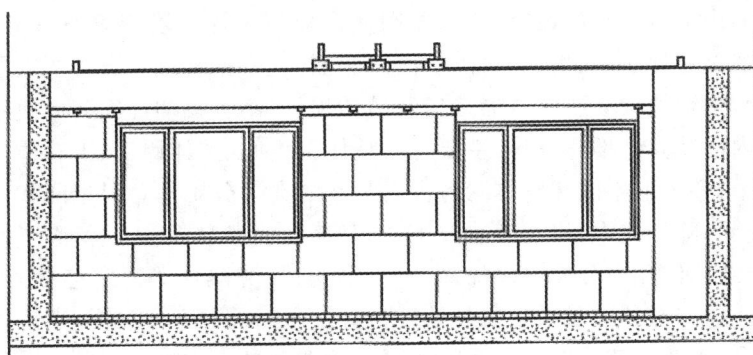

图 9-20　石膏内隔墙示意图

条板体系,一般指的是从地面直顶梁底或板底的轻质条板排列形成的隔墙,其宽度通常为400~1500 mm,常见的材料有轻质混凝土条板、水泥条板、石膏条板、粉煤灰水泥条板、植物纤维复合条板等。其构造逻辑与砌块体系类似,但是由于条板较砌块要大很多,可以大大提高建造效率。这种建造体系同样绿色环保,保温隔热、防火隔声效果良好。在我国条板内隔墙体系已部品化,工人操作娴熟,因此综合造价低,建造效果好。

整体墙板式的内隔墙是在工厂直接预置完整的单面内分隔墙体后,运输至现场直接通过吊车安装到具体位置,其材料一般为经过处理的轻质混凝土。在工厂预制的内隔墙大板,应将管线设备等集成,尽量减少现场的工作量,因此需要提前设计好管线的位置,将可以提前安装的部分都预先做好。不宜在构件安装后,凿剔沟、槽、孔、洞。整体墙板式的大板,需要重点考虑其与柱、墙和梁、板的连接,一般是通过局部现浇的方式将出头的钢筋部分浇筑在一起获得整体性,此外大板的侧面往往开有凹槽,可以加强连接,这都要求整体式大板在设计阶段应充分地考虑与其他部位的衔接。

框架蒙皮式的内隔墙系统,主体材料一般是以轻钢或是木材作为主要受力龙骨、以石膏板等面状材料包裹形成表皮的轻质内隔墙板。龙骨一般包括横龙骨、竖龙骨和卡件。横龙骨固定在地面和板底或梁底,中间用以固定竖龙骨。竖龙骨上设置卡条来固定面层板。与砌体隔墙类似,为避免隔墙根部易受潮、变形、霉变等,隔墙底部需制作地枕基。框架蒙皮式的内隔墙由于其内部中空,可以在其中设置管线等,技术较为成熟,大量地节省了空间。但是介于只有龙骨受力,面层受力性能差,故而会对装修和后期改造带来一定程度的干扰。

网模内隔墙体系,指的是在现场支设网模后通过浇筑混凝土的方式形成内隔墙。与框架蒙皮式内隔墙系统类似,金属网模需要支承在钢筋骨架或轻钢龙骨之上。混凝土的浇筑可以通过自下而上浇捣的形式,也可以采取喷射混凝土的形式。为了减轻自重,往往在内部填充保温材料,还可以加强内隔墙的保温、隔热、隔声等性能。这种技术所形成的隔墙,混凝土在现场成型,整体性好,整体强度大,并且由于外表面有一层金属网保护,墙面不会开裂。由于网模具备一定的可塑性,可以做出各种样式,所以设计的灵活度比较大。不过该工法湿作业较多,用钢量大,工法相对繁杂,一般用于对内隔墙质量要求较高的工程。

2. 内部装修标准化设计

装配式建筑的内部装修设计,最重要的原则是在建筑设计阶段统筹考虑,将内装修对各构件的要求提前反馈至构件研发、生产、装配阶段。例如,宜根据装修和设备要求预先在预制构件中预留孔洞、沟槽,预埋埋设必要的电器接口及吊挂配件,不宜在构件安装后凿剔沟、槽、孔、洞。

装配式建筑内部装修标准化设计,主要包括整体卫生间、整体厨房、天花吊顶、地板设施等。尤其在住宅建筑中,整体卫生间和整体厨房占内装修的大部分工作。卫生间和厨房做到集成一体化,可以节约空间,降低成本,提高建造效率,一举多得。整体卫生间和整体厨房都是独立的完整体系,独立于结构体和内分隔体之外,即不与结构体、分隔体等固定连接,可以确保其维修或更换较为便利。它们对外的联系主要是处理与管线之间的关系,连接构造应设计为标准的统一接口,利于工业化生产。整体卫生间和整体厨房都涉及进水排水的问题。一般建筑中常采用的下层排水方式,布局受管道限制,一旦发生漏水易引发邻里纠纷。建议采取同层排水技术,让内部布局不再受下水口位置局限,实现管道独立。

如图 9-21 所示,整体卫生间的内部空间可以拆分为六个模块:管道井、洗浴模块、如厕模块、盥洗模块、洗衣模块和出入模块。在建筑设计中,可以根据具体的户型平面通过不同的组合方式生成不同的平面布局方式,由于整体浴室采用同层排水,各模块的位置不会受到预留孔洞的限制,可以进行相对自由的布置。需要注意的是,随着人口老龄化的加剧,应当在每一个整体卫浴模块中考虑到适老化设计或预留适老化改造空间。

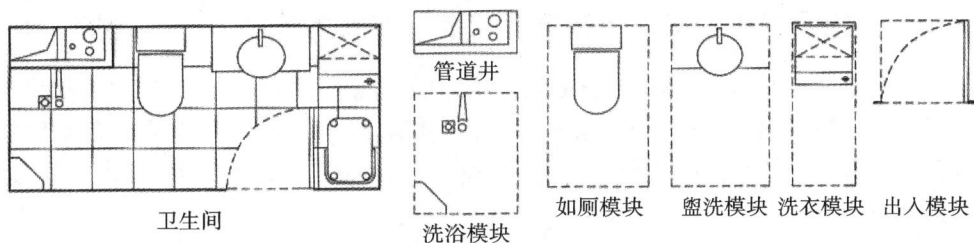

图 9-21　住宅卫生间模块化

整体厨房,是将建筑、环境、家具、电气、餐具、配件和照明等集成起来,共同构成烹调的环境空间,包括储存、洗涤、操作和烹饪等基本功能模块,每个模块都由人的活动空间和与之对应的部品空间构成。因此整体厨房集成程度较高,占用面积较小,其内在空间组织模式一般可以归纳为一字形、L 形、H 形和 U 形四种类型。

9.3　装配式建筑结构体系

9.3.1　装配式框架结构

9.3.1.1　装配式框架结构概念

装配式框架结构指全部或部分框架梁、柱采用预制构件构建成的装配式结构(见图 9-22)。框架结构的梁、柱构件易于标准化以及定型化,因而非常适合进行装配式施工作业。装配式框

图 9-22　装配式框架结构

架结构体系包括装配式混凝土框架结构体系、装配式钢框架结构体系以及装配式竹木框架结构体系等,采用装配式建造框架结构不仅可以提高施工效率,降低环境污染,亦可以保证建筑结构质量,因而在国内外,装配式框架结构都是应用较为广泛的结构体系形式之一。

装配式框架结构工业化程度高,内部空间自由度好,但室内梁柱外露,施工难度较高,因此成本也较高,适用于高度在 60 m 以下的厂房、公寓、办公楼、酒店、学校等建筑。

9.3.1.2　装配式混凝土框架结构体系及其节点连接技术

装配式混凝土框架结构可以根据是否使用预应力分为两大类:一类是预应力装配式框架结构,主要包括整体预应力板柱框架结构(IMS)体系、世构体系、预压装配式预应力框架结构等,其中世构体系在我国的应用最为广泛;另一类是非预应力装配式框架结构,在我国较为常用的是台湾润泰体系。

1. 整体预应力板柱框架结构

(1)结构体系简介

整体预应力板柱框架结构(IMS 体系)是采用普通钢筋混凝土材料,由构件厂预制钢筋混凝土楼板、柱等构件,在施工现场就位后通过预应力筋拼装而形成的装配式结构。它是南斯拉夫普遍采用的工业化建筑体系之一,在南斯拉夫 1969 年和 1981 年两次大地震中,整体预应力板柱框架结构表现出卓越的抗震性能,得到了人们的青睐。装配式整体预应力板柱框架结构传统上多用于多层厂房,作为住宅建筑一般也多为多层结构。

自唐山地震后,我国引进整体预应力板柱结构,自此以来,国家建筑研究院结构所、抗震所、设计所等单位进行了大量的构件、节点拼板、机具等试验研究,并先后在北京、成都、唐山、重庆、沈阳、广州、石家庄等地建成科研楼、办公楼、住宅楼、车间、仓库等 2~12 层房屋十多幢,共四万多平方米。

(2)节点连接技术

整体预应力板柱框架结构在创造初期,其预制楼板均为方形或长方形。该体系施工时,现场先竖起预制的钢筋混凝土方柱(一般 2~3 层为一节),用临时支撑将其固定,再搭接支架搁置预制楼板(每跨为一整块楼板),待一层楼板全部就位后,铺设通长的预应力筋并通过张拉使楼板与柱之间相互挤紧,如图 9-23、图 9-24 所示。必要时沿纵横方向对预应力筋加竖向折力,使其产生弯曲折力,以补偿预应力损失,同时还可以提供上抬力支托结构自重。楼板依靠预应力及其产生的静摩擦力支承固定在柱子上,板柱之间形成预应力摩擦节点。最后在边柱内灌注细石混凝土。预应力筋同时充当着结构受力钢筋以及拼装手段两种角色。

我国将这种结构中原柱间的一整块大板分为多块小板,拼板之间通过垫块传递挤压应力,形成了我国特有的垫块式拼板技术和方法,见图 9-25。这样既减小了板的尺寸,便于制作、运输和安装,又增大了结构跨度,使其更具灵活性。实际工程中根据纵横两个方向的柱距不同,板的划分形式也不同,柱间的一整板也可以为两板、三板、四板或六板等多块拼板(目前最多为九板,图中为四板)。

(3)结构特征

板柱框架结构与一般常规框架结构相比,主要具有以下特征。

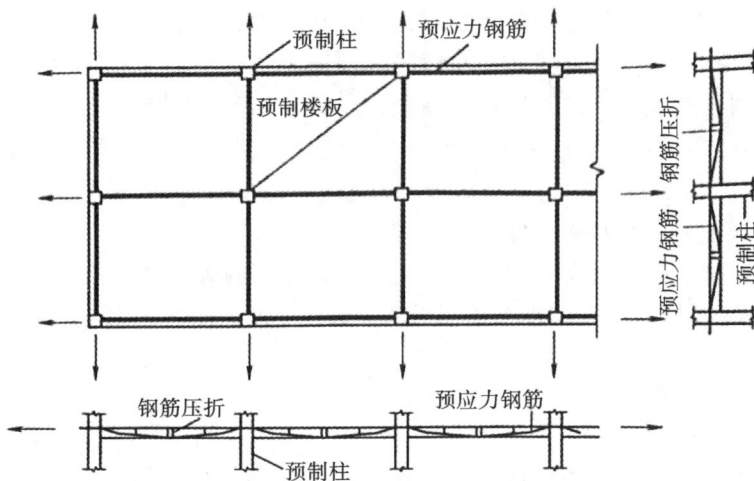

图 9-23 板柱框架体系平面布置及施加预应力示意图

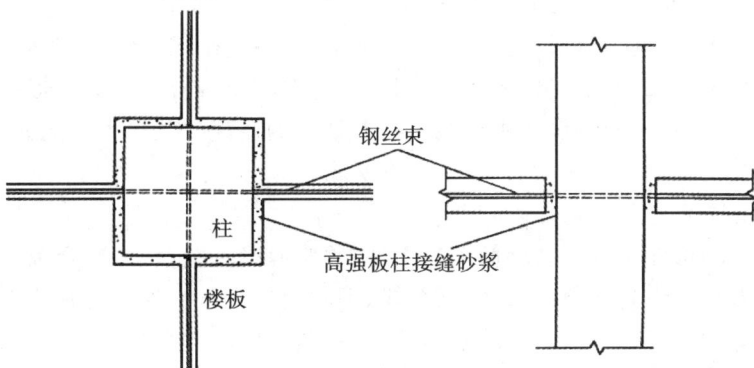

图 9-24 板柱节点平面示意图

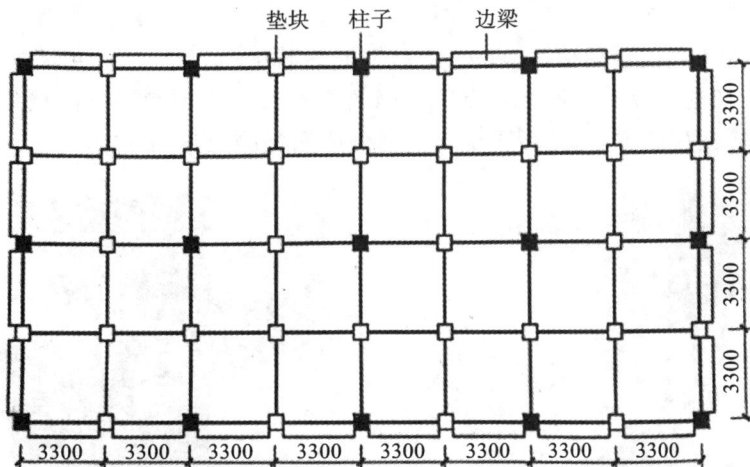

图 9-25 多拼板整体预应力板柱框架体系平面布置示意

①该结构无梁,无柱帽,板底平整,结构跨度大,住户可以根据个人的喜好对室内隔墙进行调整,不受梁的约束,用途变更方便,空间布置灵活。

②该结构区别于其他结构体系的基本理论,变节点端承为摩擦,依靠板柱之间建立的摩擦力来支撑楼面荷载,通过双向预应力的作用,构成全装配式的无梁无柱帽楼盖,双向预应力筋使每条轴线形成预应力"圈梁",这些圈梁像箍一样使整个楼层成为一个水平刚度很高的整体,以保证地震荷载等水平力传给竖向构件。

③该结构的连接节点是具有自动调节和主动增长作用的柔性节点。在外力撤除后,立即回复到原位。在楼顶顶推时,各层变形基本呈线性曲线,所以,这种结构的整体性十分好,具备较强的抗震能力。

2. 世构(Scope)体系

(1)结构体系简介

世构体系是基于套筒灌浆连接技术的预制预应力混凝土装配整体式框架结构体系和预应力混凝土叠合板框架结构体系。其原理是采用独特的键槽式梁柱节点,通过后浇混凝土将现浇或预制钢筋混凝土柱,预制预应力混凝土梁、板,以及节点连成整体。

在工程实际应用中,世构体系主要有三种装配形式:一是采用预制柱、预制预应力混凝土叠合梁和叠合板的全装配;二是采用现浇柱、预制预应力混凝土叠合梁和叠合板的部分装配;三是仅采用预制预应力混凝土叠合板,适用于各种类型结构的装配。此三类装配方式以第一种最为省时。

(2)节点连接技术

世构体系的预制构件包括预制钢筋混凝土柱、预制混凝土叠合梁、叠合板。其中叠合梁、叠合板预制部分受力筋采用高强预应力筋(钢绞线、消除应力钢丝),通过先张法工艺生产。

预制柱底与混凝土基础一般采用灌浆套筒连接,基础中的预埋套筒(预留钢管)的位置见图9-26。其中,预留孔长度应大于柱主筋搭接长度,预留孔宜选用封底镀锌波纹管,封底应密实不漏浆,管的内径不应小于柱主筋外切圆直径。

预制梁与柱采用键槽式节点连接(见图9-27),这也是世构体系最大的特色。通过在预制梁端预留凹槽,预制梁的纵筋与伸入节点的U形钢筋在其中搭接。U形筋主要起到连接节点两端的作用,并将传统的梁纵向钢筋在节点区锚固的方式改变为预制梁端的预应力筋在键槽,即梁端塑性铰区搭接连接的方式,最后再浇筑高强微膨胀混凝土达到连接梁、柱节点的目的。

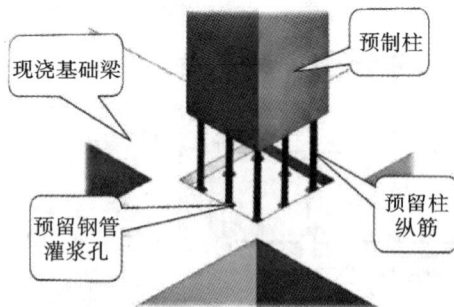

图 9-26 预制柱与现浇基础连接节点

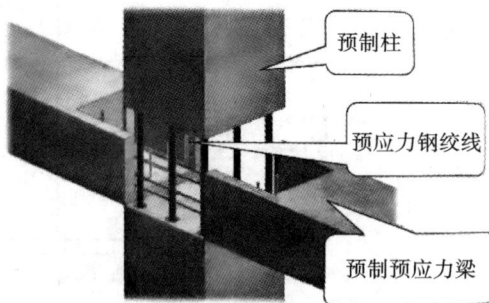

图 9-27 预制梁(带槽键)与预制柱连接节点

预制预应力叠合板和预制梁的连接节点见图 9-28。典型的预制柱做法如图 9-29 所示。其中预制柱层间连接节点处应增设交叉钢筋,并与纵筋焊接,在预制柱每侧应设置一道交叉钢筋,其直径应按运输施工阶段的承载力及变形要求计算确定,且不应小于 12 mm。此外,柱就位后用可调斜撑校正并固定。因受到构件运输和吊装的限制,预制柱有时不能一次到顶,必须采用接柱形式。接柱可采用型钢支撑连接,也可采用密封钢管连接,具体的连接方法因具体工程而定。图 9-30 为预制柱、叠合板施工现场。

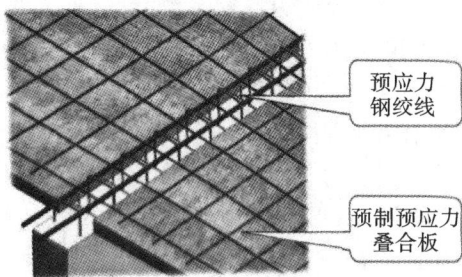

图 9-28 预应力叠合板与预制梁连接节点

图 9-29 预制柱层间节点

图 9-30 预制柱、叠合板施工现场

(3)结构特征

世构体系与一般常规框架结构相比,主要具有以下特征。

①预制梁板采用预应力高强钢筋及高强混凝土,梁、板截面减小,钢筋和混凝土用量减少,且楼板的抗裂性能提高。

②预制柱采用节段柱(两三层柱预制),梁、板现场施工均不需要模板,减少主体结构施工工期。

③楼板底部平整度好,无须粉刷,减少湿作业量,有利于环境保护,减轻噪声污染,现场施工更加文明。

④叠合板预制部分不受模数的限制,可按设计要求随意分割,灵活性大,适用性强。

⑤由于预应力叠合板起拱高度无法准确控制,完工后可能出现明显的拼装裂缝。

⑥一般采用预应力叠合楼板的结构体系适用抗震设防烈度小于或等于 8 度的地区,虽然特

殊的节点构造提高了世构体系的整体性能及抗震性能,但作为装配式框架结构,其适用范围限制在抗震设防烈度小于或等于 7 度的地区。

3. 预压装配式预应力混凝土框架结构

(1)结构体系简介

预压装配式预应力混凝土框架结构起源于日本在 20 世纪 90 年代初研发的一项名为"压着工法"的新技术。图 9-31 为压着工法示意图,该工法在预制工厂中预制主梁和柱,对梁进行一次张拉,并预留二次张拉的钢筋孔道。梁、柱就位后,将后张预应力筋穿过梁、柱预留孔道,对节点实施预应力张拉预压(二次张拉)。后张预应力筋既可作为施工阶段拼装手段,形成整体节点,又可在使用阶段作为受力钢筋承受梁端弯矩,构成整体受力节点和连续受力框架。在遭遇地震作用后,结构具有很强的弹性恢复能力,预应力的作用使得地震造成的裂缝闭合,节点恢复刚性,结构可以继续正常工作。这既克服了装配式框架节点整体性差、抗震性能差和梁端抗弯能力弱的缺陷,又解决了预应力混凝土框架难以装配的问题,形成预制预应力混凝土装配整体式框架。图 9-32 为预压装配式预应力框架现场施工图,图 9-33 为日本品川住宅楼,总层数为 23 层,建筑面积为 18000 m^2。

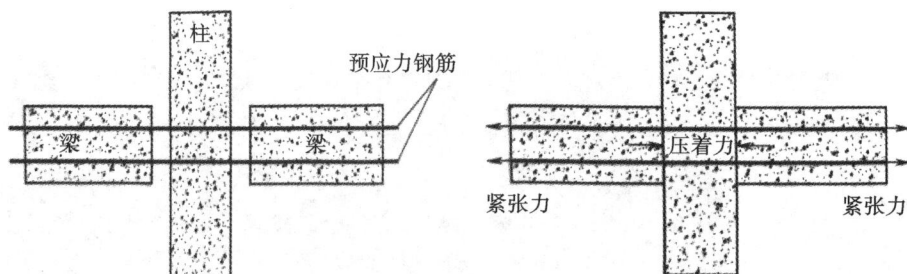

图 9-31　压着工法示意图

图 9-32　预压装配式预应力框架现场施工图

(2)节点连接技术

图 9-34 为预压装配式预应力框架示意图。在预压装配式预应力框架结构中,次梁也可采用预应力混凝土梁,其与框架主梁的连接也可采用"压着工法"。采用"压着工法"完成了预应力

图 9-33 日本品川住宅楼

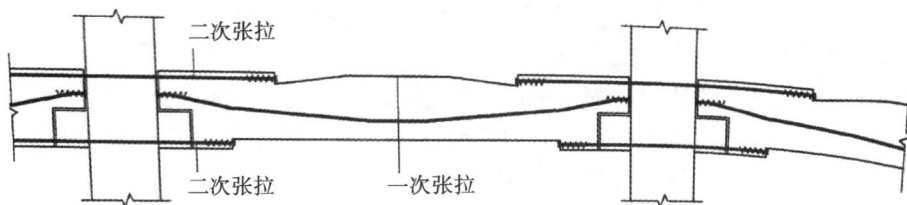

图 9-34 预压装配式预应力框架示意图

框架及次梁的拼装后,再在梁上铺设预制预应力混凝土薄板,然后再浇筑混凝土叠合层(见图 9-35)。叠合层与预制板有效地连接成为整体,保证了楼板平面内的整体刚度,增强了结构的整体性。预制薄板既是叠合板的组成部分又可兼作模板,从而节省了大量的模板费用,也降低了工时消耗。

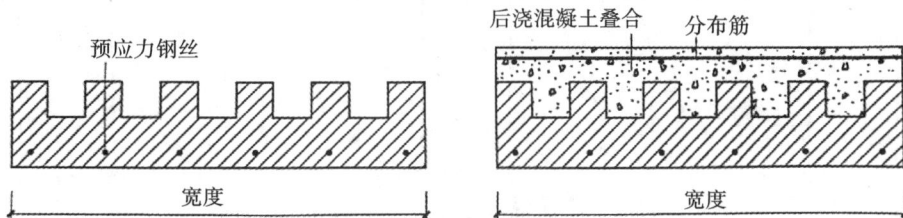

图 9-35 叠合层示意图

(3)结构特征

预压装配式预应力混凝土框架结构有机地将预应力混凝土和装配式结构结合起来,使其不仅能发挥预应力混凝土的优越性,还能体现出装配式结构的各项优点。具体表现为如下各项。

①二次张拉使得节点由铰接变为刚性节点。由于节点核心区混凝土处于双向受压状态(梁水平预压、柱竖向轴压力),混凝土的横向变形受到侧向压应力的约束,在水平地震作用下,预压装配式框架的节点有较强的抗裂能力和受剪承载力,符合框架抗震设计的"强节点"要求,克服了传统装配式结构铰接节点受力可靠性差的缺陷,增强了结构的抗震性能。震后结构具有很强的弹性恢复能力,从而可以继续使用。

②"压着工法"解决了装配式混凝土框架难以装配的问题,形成了预制预应力混凝土装配整体式框架。

③二次张拉的预应力筋可承受负弯矩,节点两侧预制构件受力连续,从而构成了连续框架,增强了装配式结构的整体性。

④预应力筋能有效控制装配式混凝土结构在预制梁、柱拼接处易产生的裂缝,提高了节点抗裂性能;同时,预应力也提高了构件的抗裂性能,从而增强了预压装配式结构的耐久性。

4. 润泰体系

(1)结构体系简介

润泰预制框架结构体系是一种基于多螺旋箍筋配筋技术的非预应力预制装配整体式框架结构体系。该结构采用预制钢筋混凝土柱、叠合梁及叠合板,通过钢筋混凝土后浇部分将柱、梁、板及节点连成整体。润泰体系的核心技术在于预制多螺旋箍筋柱、套筒式钢筋连接器及超高早强无收缩水泥砂浆、预制隔震工法开发及预制外墙面饰效果技术开发。

(2)节点连接技术

润泰体系的预制构件包括预制钢筋混凝土柱、预制混凝土叠合梁及叠合板。它采用了传统装配整体式混凝土框架的节点连接方法,即柱与柱、柱与基础梁之间采用灌浆套筒连接,通过现浇钢筋混凝土节点将预制柱与叠合梁连接成整体,如图 9-36 所示。润泰体系的施工过程为首先将预制柱吊装就位,利用无收缩灌浆料对预制柱进行灌浆以实现柱与基础或上层柱与下层柱的连接。随后依次进行大梁吊装,小梁吊装,梁柱接头封模及大小梁接头灌浆。最后进行叠合楼板的吊装、后浇,形成框架整体。图 9-37、图 9-38 为预制柱、预制大梁的施工现场图片。

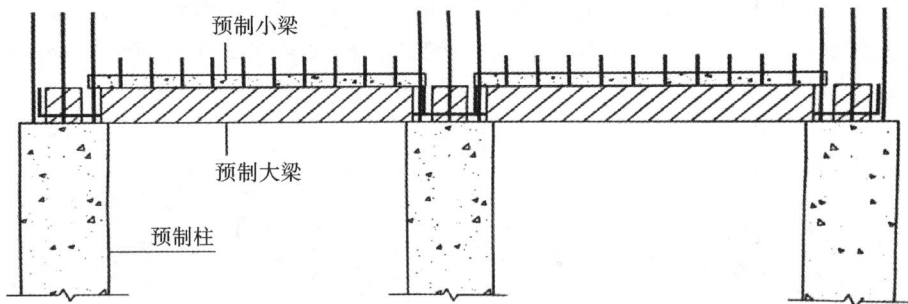

图 9-36　框架梁柱节点示意图

图 9-39 为预制多螺旋箍筋柱示意图。该柱的螺箍箍筋是由一个中心大圆螺旋箍再搭配四个角落的小圆螺旋箍筋交织而成的,这种配置突破了传统螺旋箍筋仅适用于圆形断面柱的限制。与方形箍相比,圆螺箍在结构效能和生产效率上都有大幅提升。

图 9-37 预制柱施工现场

图 9-38 预制大梁施工现场

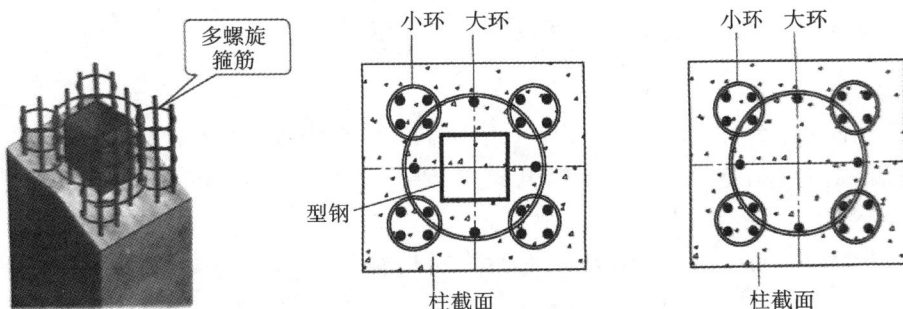

图 9-39 预制多螺旋箍筋柱示意图

（3）结构特征

润泰体系与一般常规框架结构相比，主要具有以下特征：

①构件生产阶段采用螺旋箍筋，减少工厂箍筋绑扎量，相对提高了工厂构件生产周期；

②采用预制梁、板、柱，减少现场模板用量及周转架料用量；

③该体系成本较现浇框架高，工程质量更易控制，构件外观、耐久性好；

④润泰体系装配框架结构最大适用抗震设防烈度小于或等于 7 度的地区。

9.3.2 装配式剪力墙结构

9.3.2.1 装配式剪力墙结构概念

装配式剪力墙结构是指全部或部分剪力墙采用预制墙板构建成的装配式结构（见图 9-40）。预制构件在施工现场进行拼装，各墙板间在竖向采用连接缝现浇，上下墙板间采用竖向受力钢筋浆锚连接或灌浆套筒连接，楼面梁板采用叠合现浇，从而形成整体。房间空间完整，几乎无梁柱外露，施工简易，成本最低可与现浇持平，但空间灵活度一般。适用于多层、高层或超高层的保障房、商品房等。

图 9-40　装配式剪力墙结构

9.3.2.2　叠合板式剪力墙结构体系及其连接技术

1. 结构体系

叠合板式结构体系是集预制叠合构件(叠合墙板、叠合楼板)、全现浇构件(墙体约束边缘构件、暗柱、连梁、异形柱、楼梯、阳台、雨篷、挑檐等)于一体的结构体系。

2. 墙体构造

叠合墙板于墙面内可分为两部分,一部分在工厂预制,一部分在现场制作。为保证预制和现浇部分的可靠连接,预制墙板设置了穿越预制和现浇部分的横向和纵向钢筋桁架,桁架筋构造示意如图 9-41 所示,上桁架筋和下桁架筋之间由腹筋连接。下桁架筋绑扎于预制部分钢筋笼上,在工厂浇筑在预制部分中,上桁架筋将在现场浇筑时被浇筑在现浇部分里。图 9-42 为预制部分桁架筋分布示意图。墙板根据建造要求制作成相应规格,墙体暗柱也可以根据需要设置,桁架筋贯穿预制和现浇部分,可有效加强预制和现浇部分的可靠连接。预制部分可通过螺栓固定在梁、地面上,之后绑扎现浇部分钢筋,并支模浇捣混凝土,待现浇部分达到一定强度后拆除螺栓,完成墙体现场制作。

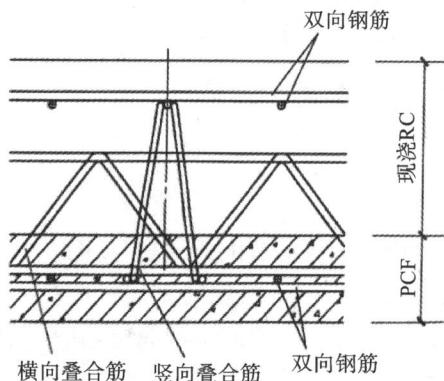

图 9-41　桁架筋构造示意图

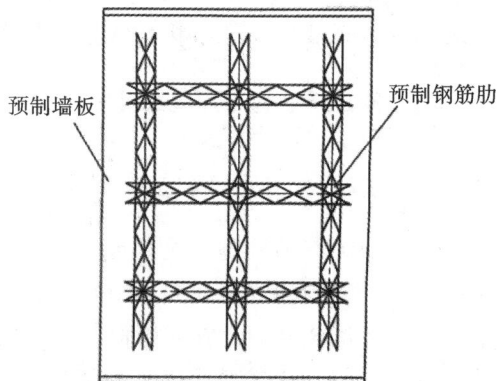

图 9-42　预制部分桁架筋分布示意图

3. 结构特征

钢筋混凝土叠合板式住宅的特点及优势如下。

①叠合板在钢筋保护层控制、钢筋定位控制、混凝土的配合比控制、混凝土的密实度控制、混凝土的养护条件控制等方面较好,可以有效地避免现浇混凝土住宅建造中常见的质量问题,大大提高结构的耐久性。由于格构钢筋的存在,与普通混凝土叠合板相比,预制板件具有更好的整体工作性能。

②叠合板可自成体系,不仅可用于墙体,还可用于楼层屋面板,即可以实现在一个项目中只有一种施工工艺,便于施工管理,提高建造效率,降低成本。

③主体结构预制件可根据各种建筑功能和结构要求,量身定做,具有品质高、生产周期短、外观尺寸和平整度好、施工不受气候影响的特点。楼板下表面平整,便于做饰面处理,符合用户对室内顶板的感观要求。

9.3.3 装配式框架-剪力墙结构

装配式框架-剪力墙结构由装配整体式框架结构和剪力墙两部分组成,根据预制构件部位的不同,可以分为预制框架-现浇剪力墙结构、预制框架-现浇核心筒结构、预制框架-预制剪力墙结构三种形式。

9.3.4 模块式建筑结构体系

9.3.4.1 模块式建筑结构体系的概念

模块建筑是一种高度集成的预制装配体系,其特点是在三维的预制模块(类似于集装箱的盒子单元)中集成建筑外墙、装修、家具、设备等。构件在厂家生产完毕后,直接运往现场进行吊装拼接,不仅结构部分施工便捷,还免去了后期的装修等工作,如图9-43所示。

图9-43 模块建筑体系

具体而言,模块建筑的优点主要有以下方面:①由于高度整合,免去了后续的装修、设备管线安装等工序,进一步缩短建造时间、节省现场人力,甚至能适应恶劣的现场环境;②每个模块自成结构体系,无论是运输、吊装还是就位,都无须额外的支撑件,可以采用较为便捷的堆放式就位;③工厂的流水线式装修、安装设备的方式,进一步提高室内品质,更符合商品住宅的市场要求;④从结构到装修,所有环节的污染物和噪声得以集中处理,高度环保。

9.3.4.2 模块式建筑结构体系及传力连接

模块建筑中,模块本身应足以承受相应的竖向荷载,在常用的模块建筑结构体系中,竖向荷载通常是累积性的。也就是说,底层模块所承受的竖向荷载大于较高处模块所承受的竖向荷载,因而在多高层模块建筑中,沿高度方向,宜分段设置具有不同竖向承载力的模块。

此节讨论的重点是承受水平荷载的结构体系方案。按整个建筑是否需要在模块之外另设其他抵抗水平力的结构体系,主要分为模块自带抗侧力体系和外加抗侧力体系两大类别。

1. 模块自带抗侧力体系

不同类型模块水平承载能力不同,角柱承重模块承载能力较弱,密柱承重模块承载能力中等,钢板剪力墙模块和带支撑的模块承载能力较强。非抗震区采用模块自带抗侧力体系,可建成6~8层纯模块建筑,如图9-44所示。

图9-44 利用模块自带抗侧力体系的建筑结构

采用自带抗侧力体系方案,关键是保证上下模块间连接可靠、传力明确,其优点在于无须引入非模块成分,保证模块建筑的优点得以发挥。

自带抗侧体系不一定需要每一个模块平均地参与水平方向受力。不同类别模块的搭配组合,可以合理分工,发挥各自的特点和优势。例如在钢模块与混凝土模块共同构成的建筑中,混凝土模块作为楼梯间,起到装配式建筑核心筒的作用;又例如仅在某几榀模块设有对角支撑,其余模块均为角柱承重模块,可达到空间通透的效果。

模块自带抗侧力体系中的一种非典型情况是,在商住混合体中,上层住宅采用模块,下层商业体采用框架结构,保证较大的开间,以符合商业使用要求,如图9-45所示。

2. 外加抗侧力体系

在非抗震区的高层装配式建筑与抗震区的多高层装配式建筑中,需要采用外加抗侧力体系

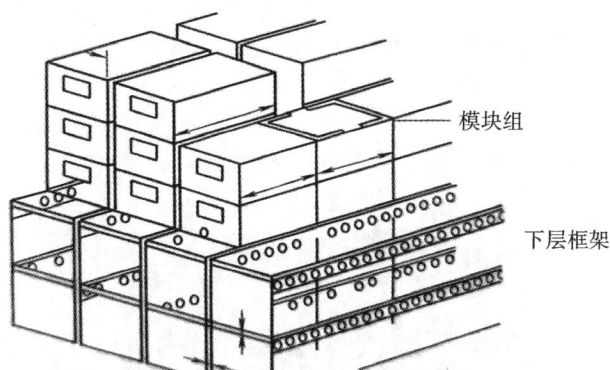

图 9-45 下层框架与模块组的组合

方案。这是因为如果继续仅利用模块本身,将导致模块内构件尺寸过大,使用、吊装、连接均不方便或较为复杂。

外加抗侧力体系可以是现浇或预制的混凝土结构或钢结构。常见的有现浇混凝土核心筒(单个或多个)、钢桁架体系(在建筑的两端布置)、钢框架体系(模块直接吊放于框架之中,或者钢框架与模块在相邻部位进行水平向传力连接),模块自身则承受积累性的竖向荷载。

采用外加抗侧力体系方案,关键是保证层内整体性,确保每个模块能有效地将水平荷载传递给外加抗侧力体系。

(1) 现浇混凝土核心筒

现浇混凝土核心筒方案是目前采用最多的方案,一般是由滑模技术浇筑而成的,高层处的筒体施工可以与低层处的模块现场施工同时进行。筒体预留连接的位置与构造(例如是预埋连接钢板),保证模块就位时能可靠地与之连接传力。混凝土核心筒可以是单个核心筒或多个核心筒协同工作,如图 9-46 所示。

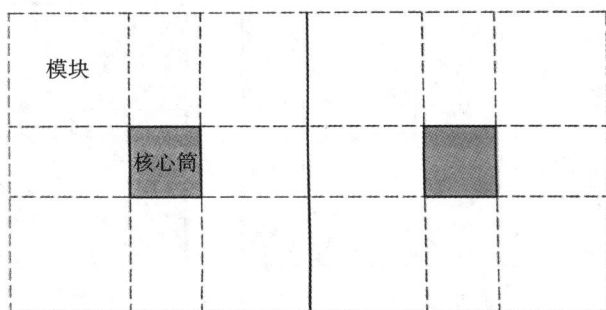

图 9-46 外加混凝土核心筒的模块建筑

(2) 外加框架

外加框架的模块建筑可以将模块吊放在框架之中,分为疏框架与密框架两种形式。疏框架可以是混凝土巨型框架,比如,一组模块的长宽高构成是 5×5×4(单位:个),堆放在一个转换层之上,模块承受累积性的竖向与水平荷载,在转换层处通过有效连接将荷载传递给巨型框架。为了形成一种减震耗能结构体系,还可以采用橡胶支座的方式连接模块与巨型框架。相对于疏框架,更常见的是采用密框架方案,密框架是装配式钢框架,每个模块均与框架直接相连,模块须预留凹角实现框架梁柱的安装就位,如图 9-47 所示。模块无须承受竖向荷载,仅作为非结构构件和集成设备或装修的平台。

图 9-47 外加框架的模块建筑

（3）外加桁架或支撑

外加桁架或支撑通常布设于结构纵向的端部,对于纵向较长的结构,也可每隔若干榀模块布设一组支撑,其结构性能如同剪力墙结构,如图 9-48 所示。

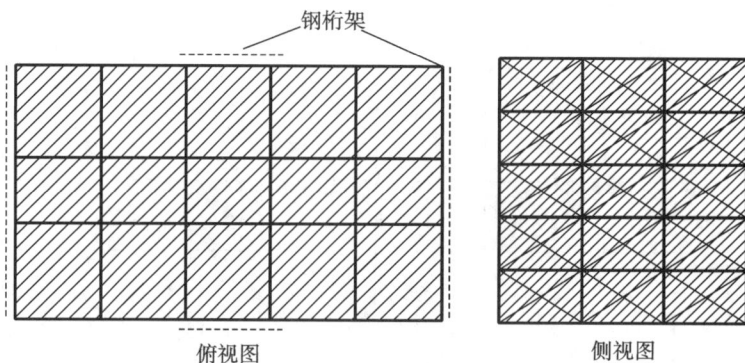

图 9-48 外加桁架或支撑的模块建筑

3. 层内水平力传递路径

无论是采用由强弱模块搭配而成的自带抗侧力结构体系,还是外加抗侧力结构体系,均存在弱模块如何把所受到的水平荷载传递给强模块或外加抗侧力体系的问题。在传统结构中,一般假设楼板在平面内刚度无限大,然而在模块建筑中,考虑层内水平力传递的方案,上述假设不一定成立。现有的层内水平力传递方案有以下几种。

（1）通过整块楼板连接到抗侧力体系

这是一种跟传统结构相同的层内传力方式，但比较费工时。具体方案可以是通过叠合楼板的后浇，或通过焊接或螺栓连接，也可以是采用预制咬合键后的预应力拼接，如图 9-49 所示，更可以是上述方案的组合。楼板整体传力的优势在于平面内刚度大，符合传统的理论假设，可以直接采用已有的理论和方法进行设计，且传力鲁棒性高。

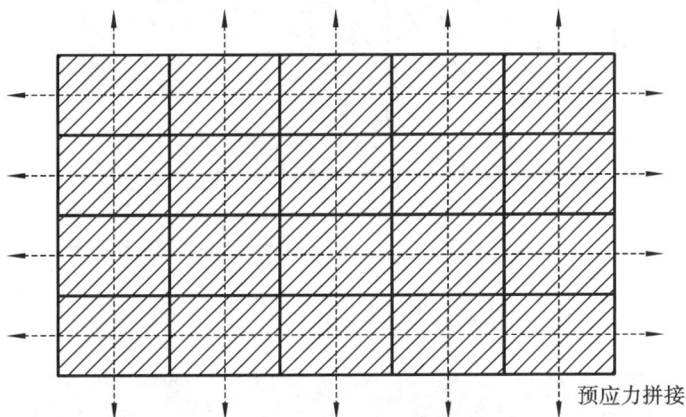

图 9-49　通过整块楼板的层内传力方案

（2）通过外加底部桁架进行层内传力

在下层模块与上层模块之间设置一个水平的桁架，层内的每个模块均与桁架相连，桁架最终把水平力传递给抗侧力体系，如图 9-50 所示。这种传力方式与整块楼板传力的方式并无太大差异，鲁棒性稍低，然而施工方便。

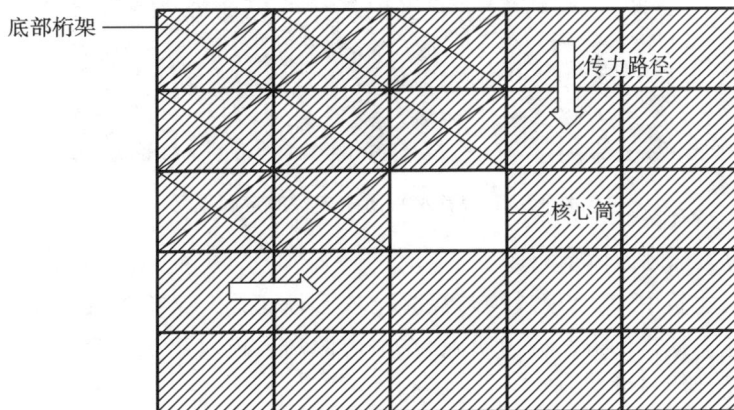

图 9-50　通过外加底部桁架的层内传力方案

（3）人为设定路径

这是目前工程应用中一种相对主流的方式，常用于学校教室、宿舍等建筑中。在走廊模块或是模块的走廊部分预设底部水平桁架，现场把各个模块与走廊进行可靠的连接，水平力通过走廊传递到端部钢桁架或者混凝土核心筒，如图 9-51 和图 9-52 所示。这种方式所需要的现场工序最为简单、快速,传力明确,方便平面布局往一个方向展开,适合一字形和 L 形建筑平面,然而鲁棒性较低,楼板平面内刚性的假设也不成立。

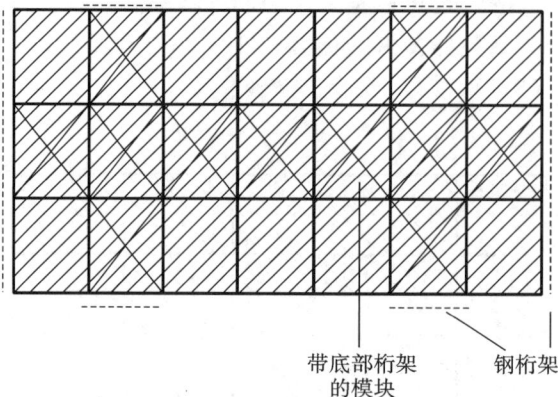

带底部桁架
的模块

钢桁架

图 9-51　通过人为设定路径的层内传力方案

图 9-52　带有水平面内支撑的走廊单元

（4）各模块均与抗侧力体系相连

如前述的高层建筑中,每个模块均与混凝土核心筒相连。又例如在密框架体系中,每个模块均与钢框架相连。这样的方案传力明确,在国内的高层模块建筑工程中十分流行,然而建筑平面的开展程度受到明显的限制。

4. 传力连接

模块建筑中的连接主要有三大类:一是层内传力连接,二是层间传力连接,三是模块与基础之间的连接。

（1）层内传力连接方式

层内传力连接包括同层模块之间的、模块与模块底部水平传力桁架之间的,还有模块与抗侧力体系之间的连接。一般包括混凝土后浇连接、焊接、螺栓连接,以及相互的组合、是否使用预应力等。混凝土后浇连接属于线式连接,螺栓连接属于点式连接,焊接一般也属于点式连接。

如镇江威信广厦模块建筑有限公司的实用新型专利:混凝土浇筑楼板拼接结构。如图9-53所示,预制楼板本体(1)左右两侧的中下部设置有下浇筑槽,楼板本体(1)左右两侧的中上部设置有上浇筑槽(4),并伸出预留钢筋,楼板本体的上部排布有多个浇筑口(5),浇筑口直接与上浇筑槽贯通。其中,预制楼板可与整个模块框架一同整体预制,在现场,在上浇筑槽(4)中放置相应的搭接钢筋,并进行混凝土的浇筑。混凝土后浇完成后,相邻模块便通过楼板的连接传递水平荷载。此方法的优点是,属于线式连接,传力路径是分布式的,鲁棒性较好。

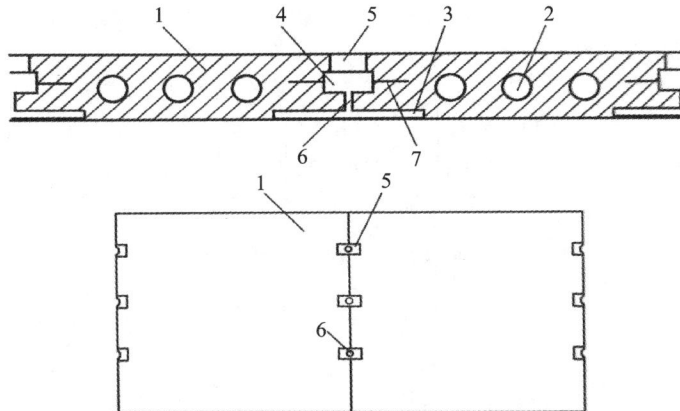

图 9-53 层内传力连接方式(一)

1—预制楼板;2—空腔;3—下浇筑槽;4—上浇筑槽;5—浇筑口;6—浇筑孔;7—钢筋插槽

再如,《集装箱模块化组合房屋技术规程》给出了模块集装箱与外界加强钢框架的连接方法。如图9-54所示,上下模块通过垫板进行焊接,而该垫板向外伸出一段距离,通过螺栓与连接板焊接,连接板再通过螺栓与钢框架连接。钢框架与前述连接板进行连接的部位是在框架柱翼缘之外的梁柱节点水平方向加劲板同高的一块钢板,此钢板通过焊接支撑板与框架柱连接。此方法能有效传递水平荷载到外加的钢框架体系。

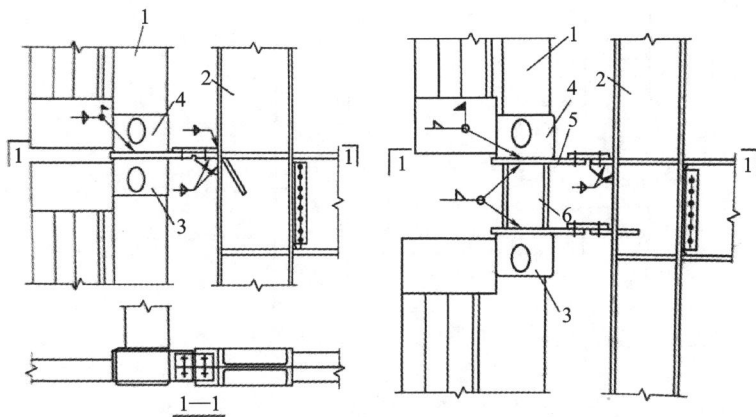

图 9-54 层内传力连接方式(二)

1—模块;2—框架柱;3—下模块顶角件;4—上模块底角件;5—垫件顶板;6—刚性短柱

（2）层间传力连接方式

层间传力连接方式主要指竖向相邻模块间的连接,连接部位在模块的框架梁柱节点。如果模块组没有外加抗侧力体系,那么竖向连接需要传递竖向轴力、弯矩、剪力;如果模块组有设置外加抗侧力体系,那么竖向连接主要传递竖向轴力。

《集装箱模块化组合房屋技术规程》给出了角件连接构造和垫件连接构造两种层间传力连接构造方式。角件连接分为焊接式与螺栓式两种,其原理是将上下左右模块的梁柱节点都连接到一块钢垫板上。而垫件连接则是把上述垫板替换为有一定高度的钢垫件。具体构造分别见图 9-55 和图 9-56。

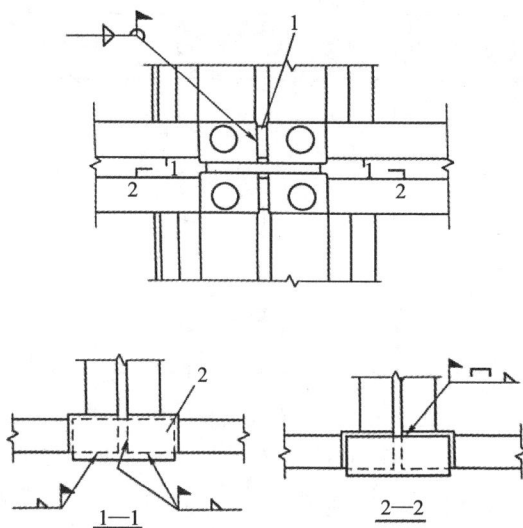

图 9-55　层间传力连接方式(一)

1—竖垫板;2—连接垫板

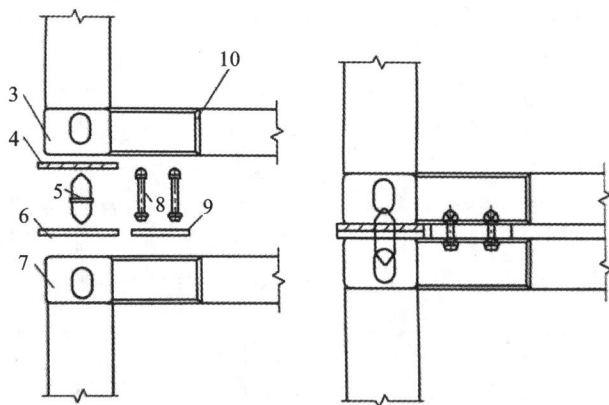

图 9-56　层间传力连接方式(二)

3—上模块底角件;4—隔声胶垫;5—双头锥;6—连接钢板;

7—下模块顶角件;8—高强度螺栓;9—现场调整垫板;10—连接盒

（3）模块与基础之间的连接

模块与基础连接根据不同的模块类型、基础类型而有各种形式,可采用钢筋灌浆套筒、螺栓、焊接等,此处列举介绍一种角柱承重的钢模块与基础连接的方式,即将相邻的四个模块的角柱一同焊接到一个端板上,然后将此端板放置在基础上预留好的波纹孔中,进行灌浆填孔,达到连接的效果。荷载传递的机理如下:水平向剪力直接通过钢柱埋入段与砂浆的挤压来传递,弯矩的传递由拉压两部分作用构成,钢柱受拉翘起受到砂浆的约束,进而把荷载传递给预留孔的波纹壁,而钢柱受压使端板预留孔的底部产生挤压,端板、柱端的塑性开展和砂浆的开裂,均起到耗能的作用,如图 9-57 所示。

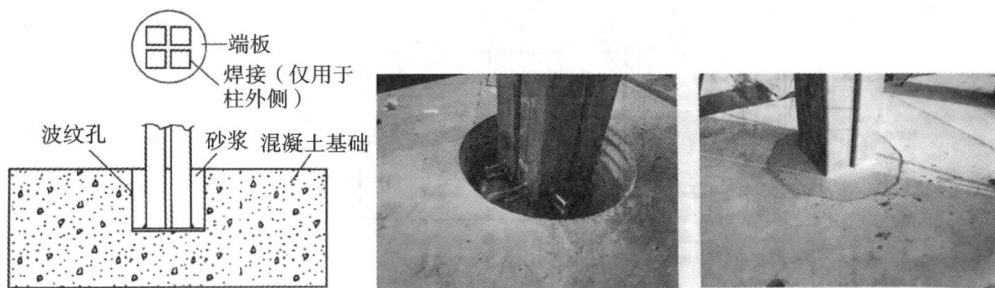

图 9-57　模块与基础之间的连接方式(一)

《集装箱模块化组合房屋技术规程》建议采用在地基基墩设置钢预埋件,并与上部结构进行焊接连接的方式。规程给出的具体构造形式如图 9-58、图 9-59 所示。

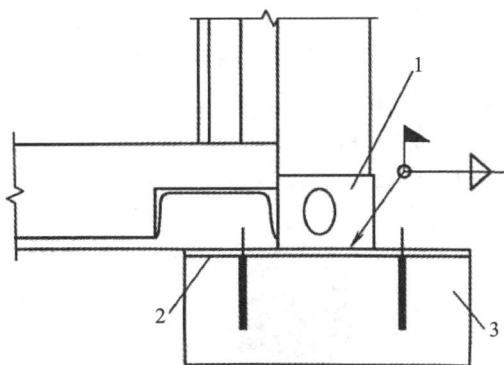

图 9-58　模块与基础之间的连接方式(二)

1—底角件;2—预埋件;3—基墩

【本章要点】

①装配式建筑是指在工厂或现场生产预制建筑部品和构配件,在现场采用机械化施工技术装配而成的建筑物。部品,即直接构成成品的最基本组成部分。

②考虑构件的承重性质与生命周期,并结合其在建筑中的不同作用与生产条件,将装配式建筑的构件主要划分为结构体、围护体、分隔体、设备体和装修体五个部分。

③为平衡建筑工业化大生产所要求的构件少和建筑多样性之间的矛盾,可将装配式构件区

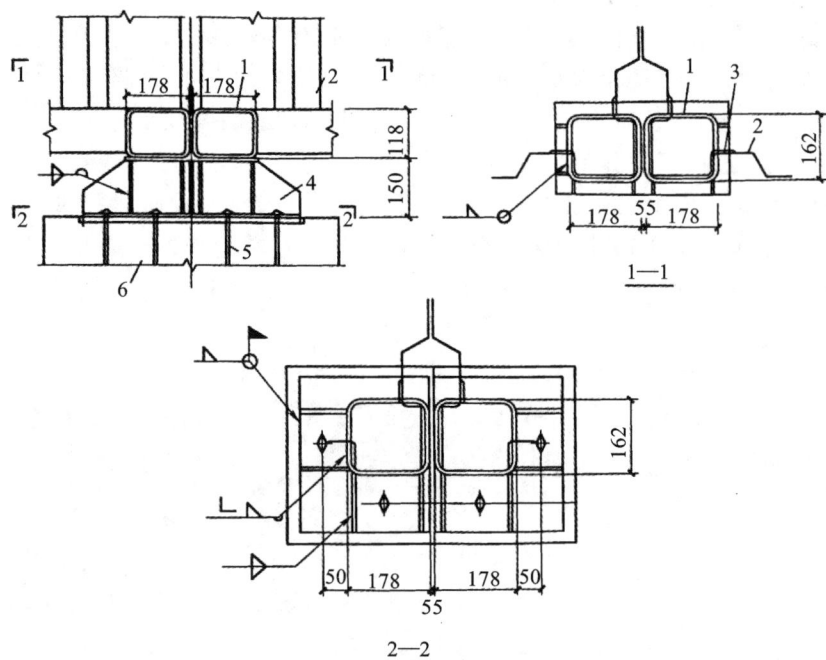

图 9-59 模块与基础之间的连接方式(三)
1—底角件;2—壁板;3—角柱;4—模块底基座;5—锚栓;6—基础

分为标准构件和非标准构件。

④装配式建筑按结构材料不同一般可分为装配式混凝土结构、装配式钢结构、装配式竹木结构和装配式砌块结构,其中装配式混凝土结构是应用最为广泛的结构体系。

⑤装配式建筑按结构体系不同一般可分为四种类型,分别是装配式框架结构、装配式剪力墙结构、装配式框架-剪力墙结构、特殊装配式结构。

【拓展阅读】

拓展阅读 9-1
装配式建筑经典案例

拓展阅读 9-2
装配式混凝土结构连接方式

拓展阅读 9-3
装配式结构的刚性连接与柔性连接

【思考和练习】

9-1 什么是装配式建筑?

9-2 按结构材料不同和结构体系不同,装配式结构如何分类?

9-3 装配式建筑构件分为几大类?分别是什么?

9-4 装配式框架结构体系有哪些?节点连接方式有哪些?

9-5 什么是装配式剪力墙结构?

9-6 什么是模块化建筑体系?

参 考 文 献

[1] 中华人民共和国住房和城乡建设部.建筑结构荷载规范:GB 50009—2012[S].北京:中国建筑工业出版社,2012.

[2] 中华人民共和国住房和城乡建设部.混凝土结构设计标准(2024 年版):GB/T 50010—2010[S].北京:中国建筑工业出版社,2024.

[3] 中华人民共和国住房和城乡建设部.建筑抗震设计标准(2024 年版):GB/T 50011—2010[S].北京:中国建筑工业出版社,2024.

[4] 中华人民共和国住房和城乡建设部.建筑地基基础设计规范:GB 50007—2011[S].北京:中国建筑工业出版社,2012.

[5] 中华人民共和国住房和城乡建设部.膨胀土地区建筑技术规范:GB 50112—2013[S].北京:中国建筑工业出版社 2013.

[6] 东南大学,天津大学,同济大学.混凝土结构[M].7 版.北京:中国建筑工业出版社,2020.

[7] 梁兴文,史庆轩.混凝土结构设计原理[M].5 版.北京:中国建筑工业出版社,2022.

[8] 梁兴文,史庆轩.混凝土结构设计[M].5 版.北京:中国建筑工业出版社,2022.

[9] 沈蒲生.混凝土结构设计原理[M].5 版.北京:高等教育出版社,2020.

[10] 张晋元.混凝土结构设计[M].2 版.天津:天津大学出版社,2014.

[11] 杨鼎久.建筑结构.[M].3 版.北京:机械工业出版社,2019.

[12] 沈蒲生.高层建筑结构设计[M].3 版.北京:中国建筑工业出版社,2017.

[13] 吕西林.高层建筑结构[M].3 版.武汉:武汉工业大学出版社,2011.

[14] 罗福午,张惠英,杨军.建筑结构概念设计及案例[M].北京:清华大学出版社,2003.

[15] 沈蒲生.高层建筑结构疑难释义[M].2 版.北京:中国建筑工业出版社,2011.

[16] 霍达.高层建筑结构设计[M].2 版.北京:高等教育出版社,2011.

[17] 包世华,张铜生.高层建筑结构设计和计算[M].2 版.北京:清华大学出版社,2013.

[18] 丁阳.钢结构设计原理[M].3 版.天津:天津大学出版社,2020.

[19] 聂建国.钢-混凝土组合结构原理与实例[M].北京:科学出版社,2009.

[20] 熊丹安,李京玲.砌体结构[M].2 版.武汉:武汉理工大学出版社,2010.

[21] 华南理工大学,浙江大学,湖南大学.基础工程[M].3 版.北京:中国建筑工业出版社,2014.

[22] 顾晓鲁,郑刚,刘畅,等.地基与基础[M].4 版.北京:中国建筑工业出版社,2019.

[23] 张四平.基础工程[M].北京:中国建筑工业出版社,2012.

[24] 赵明华.基础工程[M].3 版.北京:高等教育出版社,2017.

[25] 王秀丽.大跨度空间结构[M].北京:化学工业出版社,2017.

[26] 韩庆华.大跨建筑结构[M].天津:天津大学出版社,2014.

[27] 王秀芬.砌体结构设计[M].天津:天津大学出版社,2016.

[28]　张毅刚,薛素铎,杨庆山,等.大跨空间结构[M].2版.北京:机械工业出版社,2014.

[29]　沈世钊,徐崇宝,赵臣,等.悬索结构设计[M].2版.北京:中国建筑工业出版社,2006.

[30]　沈祖炎,陈扬骥.网架与网壳[M].上海:同济大学出版社,1997.

[31]　尹德钰,刘善维,钱若军.网壳结构设计[M].北京:中国建筑工业出版社,1996.

[32]　李国强,黄宏伟,吴迅,等.工程结构荷载与可靠度设计原理[M].5版.北京:中国建筑工业出版社,2022.

[33]　秦斌.钢结构连接节点设计手册[M].5版.北京:中国建筑工业出版社,2023.

[34]　但泽义.钢结构设计手册[M].4版.北京:中国建筑工业出版社,2019.

[35]　严加宝,王煊,亢二聪,等.极地寒区钢-混凝土组合结构[M].天津:天津大学出版社,2022.

[36]　何敏娟,Frank LAM,熊海贝,等.木结构设计[M].2版.北京:中国建筑工业出版社,2021.

[37]　刘伟庆.现代木结构[M].北京:中国建筑工业出版社,2022.

[38]　熊丹安,王芳.建筑结构[M].7版.广州:华南理工大学出版社,2017.

[39]　郭继武.建筑结构[M].北京:机械工业出版社,2012.

[40]　黄靓,冯鹏,张剑.装配式混凝土结构[M].北京:中国建筑工业出版社,2020.

[41]　中华人民共和国住房和城乡建设部.钢结构设计标准:GB 50017—2017[S].北京:中国建筑工业出版社,2018.

[42]　中华人民共和国住房和城乡建设部.木结构设计标准:GB 50005—2017[S].北京:中国建筑工业出版社,2017.

[43]　中华人民共和国住房和城乡建设部.工程结构通用规范:GB 55001—2021[S].北京:中国建筑工业出版社,2021.

[44]　中华人民共和国住房和城乡建设部.混凝土结构通用规范:GB 55008—2021[S].北京:中国建筑工业出版社,2021.

[45]　中华人民共和国住房和城乡建设部.建筑与市政工程抗震通用规范:GB 55002—2021[S].北京:中国建筑工业出版社,2021.

[46]　中华人民共和国住房和城乡建设部.砌体结构设计规范:GB 50003—2011[S].北京:中国建筑工业出版社,2011.

[47]　中华人民共和国住房和城乡建设部.建筑工程抗震设防分类标准:GB 50223—2008[S].北京:中国建筑工业出版社,2008.

[48]　中华人民共和国住房和城乡建设部.高层建筑结构技术规程:JGJ 3—2010[S].北京:中国建筑工业出版社,2010.

[49]　中华人民共和国住房和城乡建设部.空间网格结构技术规程:JGJ 7—2010[S].北京:中国建筑工业出版社,2011.

[50]　中华人民共和国住房和城乡建设部.装配式混凝土结构技术规程:JGJ 1—2014[S].北京:中国建筑工业出版社,2014.

[51]　中华人民共和国住房和城乡建设部.钢筋机械连接技术规程:JGJ 107—2016[S].北京:中国建筑工业出版社,2016.

[52]　中华人民共和国住房和城乡建设部.钢筋套筒灌浆连接应用技术规:JGJ 355—2015[S].北京:中国建筑工业出版社,2015.

附　　录

附表 1　民用建筑楼面均布活荷载标准值及其组合值、频遇值和准永久值系数

项次	类　别	标准值 /(kN/m²)	组合值 系数 ψ_c	频遇值 系数 ψ_f	准永久值 系数 ψ_q
1	①住宅、宿舍、旅馆、办公楼、医院病房、托儿所、幼儿园	2.0	0.7	0.5	0.4
	②试验室、阅览室、会议室、医院门诊室	2.0	0.7	0.6	0.5
2	教室、食堂、餐厅、一般资料档案室	2.5	0.7	0.6	0.5
3	①礼堂、剧场、影院、有固定座位的看台	3.0	0.7	0.5	0.3
	②公共洗衣房	3.0	0.7	0.6	0.5
4	①商店、展览厅、车站，港口、机场大厅及其旅客等候室	3.5	0.7	0.6	0.5
	②无固定座位的看台	3.5	0.7	0.5	0.3
5	①健身房、演出舞台	4.0	0.7	0.6	0.5
	②运动场、舞厅	4.0	0.7	0.6	0.3
6	①书库、档案库、贮藏室	5.0	0.9	0.9	0.8
	②密集柜书库	12.0			
7	通风机房、电梯机房	7.0	0.9	0.9	0.8
8	汽车通道及客车停车库： ①单向板楼盖（板跨不小于 2 m）和双向板楼盖（板跨不小于 3 m×3 m）				
	客车	4.0	0.7	0.7	0.6
	消防车	35.0	0.7	0.5	0.0
	②双向板楼盖（板跨不小于 6 m×6 m）和无梁楼盖（柱网不小于 6 m×6 m）				
	客车	2.5	0.7	0.7	0.6
	消防车	20.0	0.7	0.5	0.0
9	厨房①餐厅	4.0	0.7	0.7	0.7
	②其他	2.0	0.7	0.6	0.5
10	浴室、卫生间、盥洗室	2.5	0.7	0.6	0.5

续表

项次	类别	标准值/(kN/m²)	组合值系数 ψ_c	频遇值系数 ψ_f	准永久值系数 ψ_q
11	走廊、门厅				
	①宿舍、旅馆、医院病房、托儿所、幼儿园、住宅	2.0	0.7	0.5	0.4
	②办公楼、餐厅、医院门诊部	2.5	0.7	0.6	0.5
	③教学楼及其他可能出现人员密集的情况	3.5	0.7	0.5	0.3
12	楼梯				
	①多层住宅	2.0	0.7	0.5	0.4
	②其他	3.5	0.7	0.5	0.3
13	阳台				
	①可能出现人员密集的情况	3.5	0.7	0.6	0.5
	②其他	2.5			

注：①本表所给各项荷载适用于一般使用条件,当使用荷载较大、情况特殊或有专门要求时,应按实际情况采用。

②第6项书库活荷载,当书架高度大于2 m时,应按每米书架高度不小于2.5 kN/m²确定。

③第8项中的客车活荷载仅适用于停放载人少于9人的客车;消防车活荷载适用于满载总重为300 kN的大型车辆;当不符合本表的要求时,可将车轮的局部荷载按结构效应的等效原则,换算为等效均布荷载。

④第8项消防车活荷载,当双向板楼盖板跨为3 m×3 m～6 m×6 m时,应按跨度线性插值确定。

⑤第12项楼梯活荷载,对预制楼梯踏步平板,应按1.5 kN集中荷载验算。

⑥本表各项荷载不包括隔墙自重和二次装修荷载,对固定隔墙的自重应按永久荷载考虑,当隔墙位置可灵活自由布置时,非固定隔墙自重应取不小于每延米隔墙重(kN/m)的1/3作为楼面活荷载的附加值(kN/m²)计入,且附加值不应小于1.0 kN/m²。

附表2　屋面均布活荷载标准值及其组合值系数、频遇值系数和准永久值系数

项次	类别	标准值/(kN/mm²)	组合值系数 ψ_c	频遇值系数 ψ_f	准永久值系数 ψ_q
1	不上人的屋面	0.5	0.7	0.5	0.0
2	上人的屋面	2.0	0.7	0.5	0.4
3	屋顶花园	3.0	0.7	0.6	0.5
4	屋顶运动场地	3.0	0.7	0.6	0.4

注：①不上人的屋面,当施工或维修荷载较大时,应按实际情况采用;对不同类型的结构应按有关设计规范的规定采用,但不得低于0.3 kN/m²。

②当上人的屋面兼作其他用途时,应按相应楼面活荷载采用。

③对于因屋面排水不畅、堵塞等引起的积水荷载,应采取构造措施加以防止;必要时,应按积水的可能深度确定屋面活荷载。

④屋顶花园活荷载不应包括花圃土石等材料自重。

附表 3 普通钢筋强度标准值

牌　　号	符　　号	公称直径 d/mm	屈服强度标准值 f_{yk}/MPa	极限强度标准值 f_{stk}/MPa
HPB300	Φ	6～14	300	420
HRB400(HRB400E) HRBF400 RRB400	Φ Φ^F Φ^R	6～50	400	540
HRB500(HRB500E) HRBF500	Φ Φ^F	6～50	500	630

附表 4 预应力筋强度标准值

种　　类		符　　号	公称直径 d/mm	屈服强度标准值 f_{pyk}/MPa	极限强度标准值 f_{ptk}/MPa
中强度预 应力钢丝	光面 螺旋肋	Φ^{PM} Φ^{HM}	5、7、9	620	800
				780	970
				980	1270
预应力螺 纹钢筋	螺纹	Φ^T	18、25、32、 40、50	785	980
				930	1080
				1080	1230
消除应力 钢丝	光面	Φ^P	5	—	1570
				—	1860
	螺旋肋	Φ^H	7	—	1570
			9	—	1470
				—	1570
钢绞线	1×3 (三股)	Φ^S	8.6、10.8、 12.9	—	1570
				—	1860
				—	1960
	1×7 (七股)		9.5、12.7、 15.2、17.8	—	1720
				—	1860
				—	1960
			21.6	—	1860

注:极限强度标准值为 1960 MPa 的钢绞线作后张预应力配筋时,应有可靠的工程经验。

附表 5　普通钢筋强度设计值　　　　　　　　　　　　　　（单位:MPa）

牌　号	抗拉强度设计值 f_y	抗压强度设计值 f_y'
HPB300	270	270
HRB400、HRBF400、RRB400	360	360
HRB500、HRBF500	435	435

附表 6　预应力筋强度设计值　　　　　　　　　　　　　　（单位:MPa）

种　类	极限强度标准值 f_{ptk}	抗拉强度设计值 f_{py}	抗压强度设计值 f_{py}'
中强度预应力钢丝	800	510	410
	970	650	
	1270	810	
消除应力钢丝	1470	1040	410
	1570	1110	
	1860	1320	
钢绞线	1570	1110	390
	1720	1220	
	1860	1320	
	1960	1390	
预应力螺纹钢筋	980	650	400
	1080	770	
	1230	900	

注:当预应力筋的强度标准值不符合表中规定时,其强度设计值应进行相应的比例换算。

附表 7　钢筋的弹性模量　　　　　　　　　　　　　　（单位:$\times 10^5$ MPa）

牌号或种类	弹性模量 E_s
HPB300	2.10
HRB400、HRB500 HRBF400、HRBF500、RRB400 预应力螺纹钢筋	2.00
消除应力钢丝、中强度预应力钢丝	2.05
钢绞线	1.95

注:必要时可采用实测的弹性模量。

附表 8 混凝土强度标准值 （单位:MPa）

强度种类	混凝土强度等级												
	C20	C25	C30	C35	C40	C45	C50	C55	C60	C65	C70	C75	C80
轴心抗压 f_{ck}	13.4	16.7	20.1	23.4	26.8	29.6	32.4	35.5	38.5	41.5	44.5	47.4	50.2
轴心抗拉 f_{tk}	1.54	1.78	2.01	2.20	2.39	2.51	2.64	2.74	2.85	2.93	2.99	3.05	3.11

附表 9 混凝土强度设计值 （单位:MPa）

强度种类	混凝土强度等级												
	C20	C25	C30	C35	C40	C45	C50	C55	C60	C65	C70	C75	C80
轴心抗压 f_c	9.6	11.9	14.3	16.7	19.1	21.1	23.1	25.3	27.5	29.7	31.8	33.8	35.9
轴心抗拉 f_t	1.10	1.27	1.43	1.57	1.71	1.80	1.89	1.96	2.04	2.09	2.14	2.18	2.22

附表 10 混凝土弹性模量 （单位: $\times 10^4$ MPa）

强度等级	混凝土强度等级												
	C20	C25	C30	C35	C40	C45	C50	C55	C60	C65	C70	C75	C80
E_c	2.55	2.80	3.00	3.15	3.25	3.35	3.45	3.55	3.60	3.65	3.70	3.75	3.80

附表 11 混凝土保护层的最小厚度 c （单位:mm）

环境类别	板、墙、壳	梁、柱、杆
一	15	20
二 a	20	25
二 b	25	35
三 a	30	40
三 b	40	50

注:①混凝土强度等级不大于 C25 时,表中保护层厚度数值应增加 5 mm。

②钢筋混凝土基础宜设混凝土垫层,基础中钢筋的混凝土保护层厚度应从垫层顶面算起,且不应小于 40 mm。

附表 12 混凝土结构的环境类别

环境类别	条件
一	室内干燥环境; 无侵蚀性静水浸没环境
二 a	室内潮湿环境; 非严寒和非寒冷地区的露天环境; 非严寒和非寒冷地区与无侵蚀性的水或土壤直接接触的环境; 严寒和寒冷地区的冰冻线以下与无侵蚀性的水或土壤直接接触的环境

续表

环境类别	条　件
二 b	干湿交替环境； 水位频繁变动的环境； 严寒和寒冷地区的露天环境； 严寒和寒冷地区冰冻线以上与无侵蚀性的水或土壤直接接触的环境
三 a	严寒和寒冷地区冬季水位变动区环境； 受除冰盐影响环境； 海风环境
三 b	盐渍土环境； 受除冰盐作用环境； 海岸环境
四	海水环境
五	受人为或自然的侵蚀性物质影响的环境

注：①室内潮湿环境是指构件表面经常处于结露或湿润状态的环境。

②严寒和寒冷地区的划分应符合现行国家标准《民用建筑热工设计规范》(GB 50176—2016)的有关规定。

③海岸环境和海风环境宜根据当地情况，考虑主导风向及结构所处迎风、背风部位等因素的影响，由调查研究和工程经验确定。

④受除冰盐影响环境是指受到除冰盐盐雾影响的环境，受除冰盐作用环境是指被除冰盐溶液溅射的环境以及使用除冰盐地区的洗车房、停车楼等建筑。

⑤暴露的环境是指混凝土结构表面所处的环境。

附表 13　纵向受力普通钢筋的最小配筋率 ρ_{min} （单位：％）

受　力　类　型		最小配筋百分率
受压构件	全部纵向钢筋　强度等级 500 MPa	0.50
	强度等级 400 MPa	0.55
	强度等级 300 MPa	0.60
	一侧纵向钢筋	0.20
受弯构件、偏心受拉、轴心受拉构件一侧的受拉钢筋		0.20 和 $45f_t/f_y$ 中的较大值

注：①当采用 C60 以上强度等级的混凝土时，受压构件全部纵向普通钢筋最小配筋率应按表中规定增加 0.10％。

②除悬臂板、柱支撑板之外的板类受弯构件，当纵向受拉钢筋采用强度等级 500 MPa 的钢筋时，其最小配筋率应允许采用 0.15％和 $0.45f_t/f_y$ 中的较大值。

③对于卧置于地基上的钢筋混凝土板，板中受拉钢筋的最小配筋不应小于 0.15％。

附表 14　钢筋的计算截面积及理论重量

公称直径 /mm	不同根数钢筋的计算截面积/mm²									单根钢筋理论 重量/(kg/m)
	1	2	3	4	5	6	7	8	9	
6	28.3	57	85	113	142	170	198	226	225	0.22
6.5	33.2	66	100	133	166	199	232	265	299	0.260
8	50.3	101	151	201	252	302	352	402	453	0.395
8.2	52.8	106	158	211	264	317	370	423	475	0.432
10	78.5	157	236	314	393	471	550	628	707	0.617
12	113.1	226	339	452	565	678	791	904	1017	0.888
14	153.9	308	461	615	769	923	1077	1231	1385	1.21
16	201.1	402	603	804	1005	1206	1407	1608	1809	1.58
18	254.5	509	763	1017	1272	1527	1781	2036	2290	2.00
20	314.2	628	942	1256	1570	1884	2199	2513	2827	2.47
22	380.1	760	1140	1520	1900	2281	2661	3041	3421	2.98
25	490.9	982	1473	1964	2454	2945	3436	3927	4418	3.85
28	615.8	1232	1847	2463	3079	3695	4310	4926	5542	4.83
32	804.2	1609	2413	3217	4021	4826	5630	6434	7238	6.31
36	1017.9	2036	3054	4072	5089	6107	7125	8143	9161	7.99
40	1256.6	2513	3770	5027	6283	7540	8796	10053	11310	9.87

注：表中直径 $d=8.2$ mm 的计算截面面积及理论重量仅适用于有纵肋的热处理钢筋。

附表 15　每米板宽各种钢筋间距的钢筋截面积　　　　　　　（单位：mm²）

钢筋 间距 /mm	钢筋直径/mm													
	3	4	5	6	6/8	8	8/10	10	10/12	12	12/14	14	14/16	16
70	101	180	280	404	561	719	920	1121	1369	1616	1907	2199	2536	2872
75	94.2	168	262	377	524	671	859	1047	1277	1508	1780	2052	2367	2681
80	88.4	157	245	354	491	629	805	981	1198	1414	1669	1924	2218	2513
85	83.2	148	231	333	462	592	758	924	1127	1331	1571	1811	2088	2365
90	78.5	140	218	314	437	559	716	872	1064	1257	1483	1710	1972	2234
95	74.5	132	207	298	414	529	678	826	1008	1190	1405	1620	1868	2116
100	70.6	126	196	283	393	503	644	785	958	1131	1335	1539	1775	2011
110	64.2	114	178	257	357	457	585	714	871	1028	1214	1399	1614	1828
120	58.9	105	163	236	327	419	537	654	798	942	1113	1283	1480	1676

钢筋间距/mm	钢筋直径/mm													
	3	4	5	6	6/8	8	8/10	10	10/12	12	12/14	14	14/16	16
125	56.5	101	157	226	314	402	515	628	766	905	1068	1231	1420	1608
130	54.4	96.6	151	218	302	387	495	604	737	870	1027	1184	1366	1547
140	50.5	89.8	140	202	281	359	460	561	684	808	954	1099	1268	1436
150	47.1	83.8	131	189	262	335	429	523	639	754	890	1026	1183	1340
160	44.1	78.5	123	177	246	314	403	491	599	707	834	962	1110	1257
170	41.5	73.9	115	166	231	296	379	462	564	665	785	905	1044	1183
180	39.2	69.8	109	157	218	279	358	436	532	628	742	855	985	1117
190	37.2	66.1	103	149	207	265	339	413	504	595	703	810	934	1058
200	35.3	62.8	98.2	141	196	251	322	393	479	565	668	770	888	1005
220	32.1	57.1	89.2	129	179	229	293	357	436	514	607	700	807	914
240	29.4	52.4	81.8	118	164	210	268	327	399	471	556	641	740	838
250	28.3	50.3	78.5	113	157	201	258	314	383	452	534	616	710	804
260	27.2	48.3	75.5	109	151	193	248	302	369	435	513	592	682	773
280	25.2	44.9	70.1	101	140	180	230	280	342	404	477	550	634	718
300	23.6	41.9	65.5	94.2	131	168	215	262	319	377	445	513	592	670
320	22.1	39.3	61.4	88.4	123	157	201	245	299	353	417	481	554	628

注:表中 6/8,8/10,…,是指这两种直径的钢筋交替放置。

附表 16　受弯构件的挠度限值

构 件 类 型	挠度限值(以计算跨度 l_0 计算)
吊车梁:手动吊车 　　　电动吊车	$l_0/500$ $l_0/600$
屋盖、楼盖及楼梯构件: 　当 $l_0 < 7$ m 时 　当 7 m$\leqslant l_0 \leqslant 9$ m 时 　当 $l_0 > 9$ m 时	 $l_0/200(l_0/250)$ $l_0/250(l_0/300)$ $l_0/300(l_0/400)$

注:①表中 l_0 为构件的计算跨度,计算悬臂构件的挠度限值时,其计算跨度按 l_0 实际悬臂长度的 2 倍取用。
　②表中括号内的数值适用于使用上对挠度有较高要求的构件。
　③如果构件制作时预先起拱,且使用上也允许,则在验算挠度时,可将计算所得的挠度值减去起拱值,对预应力混凝土构件,可减去预加力所产生的反拱值。
　④构件制作时的起拱值和预加力所产生的反拱值,不宜超过构件在相应荷载组合作用下的计算挠度值。

附表 17　结构构件的裂缝控制等级及最大裂缝宽度的限值　　　　（单位:mm)

环境类别	钢筋混凝土结构		预应力混凝土结构	
	裂缝控制等级	w_{lim}	裂缝控制等级	w_{lim}
一	三级	0.30(0.40)	三级	0.20
二 a				0.10
二 b		0.20	二级	—
三 a、三 b			一级	—

附表 18　钢材的设计用强度指标　　　　　　　　　　（单位:MPa)

钢材牌号		钢材厚度或直径/mm	强度设计值			屈服强度 f_y	抗拉强度 f_u
			抗拉、抗压、抗弯 f	抗剪 f_v	端面承压(刨平顶紧) f_{ce}		
碳素结构钢	Q235	≤16	215	125	320	235	370
		>16,≤40	205	120		225	
		>40,≤100	200	115		215	
低合金高强度结构钢	Q345 (Q355)	≤16	305	175	400	345(355)	470
		>16,≤40	295	170		335(345)	
		>40,≤63	290	165		325(335)	
		>63,≤80	280	160		315(325)	
		>80,≤100	270	155		305(315)	
	Q390	≤16	345	200	415	390	490
		>16,≤40	330	190		370	
		>40,≤63	310	180		350	
		>63,≤100	295	170		330	
	Q420	≤16	375	215	440	420	520
		>16,≤40	355	205		400	
		>40,≤63	320	185		380	
		>63,≤100	305	175		360	
	Q460	≤16	410	235	470	460	550
		>16,≤40	390	225		440	
		>40,≤63	355	205		420	
		>63,≤100	340	195		400	

附表 19　长细比容许值

(a) 轴心受拉构件的长细比容许值

构 件 名 称	承受静力荷载或间接承受动力荷载的结构			直接承受动力荷载的结构
	一般建筑结构	对腹杆提供平面外支点的弦杆	有重级工作制吊车的厂房	
桁架的杆件	350	250	250	250
吊车梁或吊车桁架以下的柱间支撑	300	—	200	—
除张紧圆钢外的其他拉杆、支撑、系杆等	400	—	350	—

(b) 轴心受压构件的长细比容许值

构 件 名 称	长细比容许值
轴心受压柱、桁架和天窗架中的压杆	150
柱的缀条、吊车梁或吊车桁架以下的柱间支撑	
支撑	200
用以减小受压构件计算长度的杆件	

附表 20　型钢表

(a) 普通工字钢(部分)

符号　h—高度　　　　　　　　　　　　　i—回转半径
　　　b—翼缘宽度　　　　　　　　　　　S—二分之一截面面积矩
　　　t_w—腹板厚度　　　　　　　　　　长度:型号 10~18,
　　　t—翼缘平均厚度　　　　　　　　　　　　 长 5~19 m;
　　　I—截面惯性矩　　　　　　　　　　　型号 20~63,
　　　W—截面模量　　　　　　　　　　　　　　长 6~19 m。

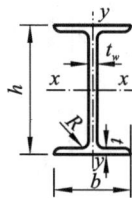

型号	尺寸					截面积	质量	x—x 轴				y—y 轴		
	h	b	t_w	t	R	A	q	I_x	W_x	i_x	I_x/S_x	I_y	W_y	i_y
	mm					cm²	kg/m	cm⁴	cm³	cm		cm⁴	cm³	cm
10	100	68	4.5	7.6	6.5	14.3	11.2	245	49	4.14	8.69	33	9.6	1.51
12.6	126	74	5.0	8.4	7.0	18.1	14.2	488	77	5.19	11.0	47	12.7	1.61

型号		h	b	t_w	t	R	截面积 A	质量 q	I_x	W_x	i_x	I_x/S_x	I_y	W_y	i_y
		尺寸							x—x 轴				y—y 轴		
		mm					cm²	kg/m	cm⁴	cm³	cm		cm⁴	cm³	cm
14		140	80	5.5	9.1	7.5	21.5	16.9	712	102	5.75	12.2	64	16.1	1.73
16		160	88	6.0	9.9	8.0	26.1	20.5	1127	141	6.57	13.9	93	21.1	1.89
18		180	94	6.5	10.7	8.5	30.7	24.1	1699	185	7.37	15.4	123	26.2	2.00
20	a	200	100	7.0	11.4	9.0	35.5	27.9	2369	237	8.16	17.4	158	31.6	2.11
	b		102	9.0			39.5	31.1	2502	250	7.95	17.1	169	33.1	2.07
22	a	220	110	7.5	12.3	9.5	42.1	33.0	3406	310	8.99	19.2	226	41.1	2.32
	b		112	9.5			46.5	36.5	3583	326	8.78	18.9	240	42.9	2.27
25	a	250	116	8.0	13.0	10.0	48.5	38.1	5017	401	10.2	21.7	280	48.4	2.40
	b		118	10.0			53.5	42.0	5278	422	9.93	21.4	297	50.4	2.36
28	a	280	122	8.5	13.7	10.5	55.4	43.5	7115	508	11.3	24.3	344	56.4	2.49
	b		124	10.5			61.0	47.9	7481	534	11.1	24.0	364	58.7	2.44
32	a	320	130	9.5	15.0	11.5	67.1	52.7	11080	692	12.8	27.7	459	70.6	2.62
	b		132	11.5			73.5	57.7	11626	727	12.6	27.3	484	73.3	2.57
	c		134	13.5			79.9	62.7	12173	761	12.3	26.9	510	76.1	2.53
36	a	360	136	10.0	15.8	12.0	76.4	60.0	15796	878	14.4	31.0	555	81.6	2.69
	b		138	12.0			83.6	65.6	16574	921	14.1	30.6	584	84.6	2.64
	c		140	14.0			90.8	71.3	17351	964	13.8	30.2	614	87.7	2.60
40	a	400	142	10.5	16.5	12.5	86.1	67.6	21714	1086	15.9	34.4	660	92.9	2.77
	b		144	12.5			94.1	73.8	22781	1139	15.6	33.9	693	96.2	2.71
	c		146	14.5			102	80.1	23847	1192	15.3	33.5	727	99.7	2.67

(b) H 型钢和 T 型钢(部分)

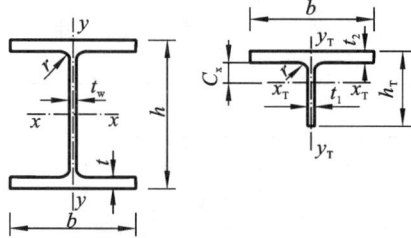

符号

H 型钢:h—截面高度;b—翼缘宽度;t_w—腹板厚度;t—翼缘厚度;I—截面惯性矩;W—截面模量;i—回转半径。

T 型钢:h_T—截面高度;A_T—截面积;q_T—质量;I_{xT}—截面惯性矩,等于相应 H 型钢的 1/2;

HW、HM、HN—宽翼缘、中翼缘、窄翼缘 H 型钢;

TW、TM、TN—各自 H 型钢剖分的 T 型钢

类别	H 型钢									H 和 T	T 型钢			类别
	H 型钢规格	截面积	质量	$x-x$ 轴			$y-y$ 轴			重心	x_T-x_T 轴		T 型钢规格	
	$h \times b \times t_w \times t$	A	q	I_x	W_x	i_x	I_y	W_y	i_y, i_{xT}	C_x	I_{xT}	i_{xT}	$h_T \times b \times t_w \times t$	
	mm	cm²	kg/m	cm⁴	cm³	cm	cm⁴	cm³	cm	cm	cm⁴	cm	mm	
HW	100×100×6×8	21.90	17.2	383	76.5	4.18	134	26.7	2.47	1.00	16.1	1.21	50×100×6×8	TW
	125×125×6.5×9	30.31	23.8	847	136	5.29	294	47.0	3.11	1.19	35.0	1.52	62.5×125×6.5×9	
	150×150×7×10	40.55	31.9	1660	221	6.39	564	75.1	3.73	1.37	66.4	1.81	75×150×7×10	
	175×175×7.5×11	51.43	40.3	2900	331	7.50	984	112	4.37	1.55	115	2.11	87.5×175×7.5×11	
	200×200×8×12	64.28	50.5	4770	477	8.61	1600	160	4.99	1.73	185	2.40	100×200×8×12	
	*200×204×12×12	72.28	56.7	5030	503	8.35	1700	167	4.85	2.09	256	2.66	*100×204×12×12	
	250×250×9×14	92.18	72.4	10800	867	10.8	3650	292	6.29	2.08	412	2.99	125×250×9×14	
	*250×255×14×14	104.7	82.2	11500	919	10.5	3880	304	6.09	2.58	589	3.36	*125×255×14×14	
	*294×302×12×12	108.3	85.0	17000	1160	12.5	5520	365	7.14	2.83	858	3.98	*147×302×12×12	
	300×300×10×15	120.4	94.5	20500	1370	13.1	6760	450	7.49	2.47	798	3.64	150×300×10×15	
	300×305×15×15	135.4	106	21600	1440	12.6	7100	466	7.24	3.02	1110	4.05	150×305×15×15	
	*344×348×10×16	146.0	115	33300	1940	15.1	11200	646	8.78	2.67	1230	4.11	*172×348×10×16	
	350×350×12×19	173.9	137	40300	2300	15.2	13600	776	8.84	2.86	1520	4.18	175×350×12×19	

（c）等边角钢（部分）

								单角钢				双角钢			

角钢型号		圆角	重心	截面积	质量	惯性矩	截面模量		回转半径			i_y，当 a 为下列数值				
		R	z_0	A	q	I_x	W_x^{max}	W_x^{min}	i_x	i_{x0}	i_{y0}	6 mm	8 mm	10 mm	12 mm	14 mm
		mm		cm²	kg/m	cm⁴	cm³		cm			cm				
∟20×	3	3.5	6.0	1.13	0.89	0.40	0.66	0.29	0.59	0.75	0.39	1.08	1.17	1.25	1.34	1.43
	4		6.4	1.46	1.15	0.50	0.78	0.36	0.58	0.73	0.38	1.11	1.19	1.28	1.37	1.46
∟25×	3	3.5	7.3	1.43	1.12	0.82	1.12	0.46	0.76	0.95	0.49	1.27	1.36	1.44	1.53	1.61
	4		7.6	1.86	1.46	1.03	1.34	0.59	0.74	0.93	0.48	1.30	1.38	1.47	1.55	1.64
∟30×	3	4.5	8.5	1.75	1.37	1.46	1.72	0.68	0.91	1.15	0.59	1.47	1.55	1.63	1.71	1.80
	4		8.9	2.28	1.79	1.84	2.08	0.87	0.90	1.13	0.58	1.49	1.57	1.65	1.74	1.82
∟36×	3	4.5	10.0	2.11	1.66	2.58	2.59	0.99	1.11	1.39	0.71	1.70	1.78	1.86	1.94	2.03
	4		10.4	2.76	2.16	3.29	3.18	1.28	1.09	1.38	0.70	1.73	1.80	1.89	1.97	2.05
	5		10.7	3.38	2.65	3.95	3.68	1.56	1.08	1.36	0.70	1.75	1.83	1.91	1.99	2.08
∟40×	3	5	10.9	2.36	1.85	3.59	3.28	1.23	1.23	1.55	0.79	1.86	1.94	2.01	2.09	2.18
	4		11.3	3.09	2.42	4.60	4.05	1.60	1.22	1.54	0.79	1.88	1.96	2.04	2.12	2.20
	5		11.7	3.79	2.98	5.53	4.72	1.96	1.21	1.52	0.78	1.90	1.98	2.06	2.14	2.23
∟45×	3	5	12.2	2.66	2.09	5.17	4.25	1.58	1.39	1.76	0.90	2.06	2.14	2.21	2.29	2.37
	4		12.6	3.49	2.74	6.65	5.29	2.05	1.38	1.74	0.89	2.08	2.16	2.24	2.32	2.40
	5		13.0	4.29	3.37	8.04	6.20	2.51	1.37	1.72	0.88	2.10	2.18	2.26	2.34	2.42
	6		13.3	5.08	3.99	9.33	6.99	2.95	1.36	1.71	0.88	2.12	2.20	2.28	2.36	2.44

(d) 不等边角钢(部分)

单角钢　双角钢

角钢型号 B×b×t		圆角	重心矩		截面积	质量	回转半径			i_{y1},当 a 为下列数值				i_{y2},当 a 为下列数值			
		R	z_z	z_y	A	q	i_x	i_y	i_{y0}	6 mm	8 mm	10 mm	12 mm	6 mm	8 mm	10 mm	12 mm
		mm			cm²	kg/m	cm			cm				cm			
∟40×25×	3	4	5.9	13.2	1.89	1.48	0.70	1.28	0.54	1.13	1.21	1.30	1.38	2.07	2.14	2.23	2.31
	4		6.3	13.7	2.47	1.94	0.69	1.26	0.54	1.16	1.24	1.32	1.41	2.09	2.17	2.25	2.34
∟45×28×	3	5	6.4	14.7	2.15	1.69	0.79	1.44	0.61	1.23	1.31	1.39	1.47	2.28	2.36	2.44	2.52
	4		6.8	15.1	2.81	2.20	0.78	1.43	0.60	1.25	1.33	1.41	1.50	2.31	2.39	2.47	2.55
∟50×32×	3	5.5	7.3	16.0	2.43	1.91	0.91	1.60	0.70	1.38	1.45	1.53	1.61	2.49	2.56	2.64	2.75
	4		7.7	16.5	3.18	2.49	0.90	1.59	0.69	1.40	1.47	1.55	1.64	2.51	2.59	2.67	2.75
∟56×36×	3	6	8.0	17.8	2.74	2.15	1.03	1.80	0.79	1.51	1.59	1.66	1.74	2.75	2.82	2.90	2.98
	4		8.5	18.2	3.59	2.82	1.02	1.79	0.78	1.53	1.61	1.69	1.77	2.77	2.85	2.93	3.01
	5		8.8	18.7	4.42	3.47	1.01	1.77	0.78	1.56	1.63	1.71	1.79	2.80	2.88	2.96	3.04
∟63×40×	4	7	9.2	20.4	4.06	3.19	1.14	2.02	0.88	1.66	1.74	1.81	1.89	3.09	3.16	3.24	3.32
	5		9.5	20.8	4.99	3.92	1.12	2.00	0.87	1.68	1.76	1.84	1.92	3.11	3.19	3.27	3.35
	6		9.9	21.2	5.91	4.64	1.11	1.99	0.86	1.71	1.78	1.86	1.94	3.13	3.21	3.29	3.37
	7		10.3	21.6	6.80	5.34	1.10	1.97	0.86	1.73	1.81	1.89	1.97	3.16	3.24	3.32	3.40

（e）热轧无缝钢管（部分）

符号　I—截面惯性矩
　　　W—截面模量
　　　i—回转半径

尺寸		截面积	质量	截面特性			尺寸		截面积	质量	截面特性		
D	t	A	q	I	W	i	D	t	A	q	I	W	i
mm		cm²	kg/m	cm⁴	cm³	cm	mm		cm²	kg/m	cm⁴	cm³	cm
32	2.5	2.32	1.82	2.54	1.59	1.05		3.0	5.70	4.48	26.15	8.24	2.14
	3.0	2.73	2.15	2.90	1.82	1.03		3.5	6.60	5.18	29.79	9.38	2.12
	3.5	3.13	2.46	3.23	2.02	1.02		4.0	7.48	5.87	33.24	10.47	2.11
	4.0	3.52	2.76	3.52	2.20	1.00	63.5	4.5	8.34	6.55	36.50	11.50	2.09
38	2.5	2.79	2.19	4.41	2.32	1.26		5.0	9.19	7.21	39.60	12.47	2.08
	3.0	3.30	2.59	5.09	2.68	1.24		5.5	10.02	7.87	42.52	13.39	2.06
	3.5	3.79	2.98	5.70	3.00	1.23		6.0	10.84	8.51	45.28	14.26	2.04
	4.0	4.27	3.35	6.26	3.29	1.21		3.0	6.13	4.81	32.42	9.54	2.30
42	2.5	3.10	2.44	6.07	2.89	1.40		3.5	7.09	5.57	36.99	10.88	2.28
	3.0	3.68	2.89	7.03	3.35	1.38		4.0	8.04	6.31	41.34	12.16	2.27
	3.5	4.23	3.32	7.91	3.77	1.37	68	4.5	8.98	7.05	45.47	13.37	2.25
	4.0	4.78	3.75	8.71	4.15	1.35		5.0	9.90	7.77	49.41	14.53	2.23
45	2.5	3.34	2.62	7.56	3.36	1.51		5.5	10.8	8.48	53.14	15.63	2.22
	3.0	3.96	3.11	8.77	3.90	1.49		6.0	11.69	9.17	56.68	16.67	2.20
	3.5	4.56	3.58	9.89	4.40	1.47		3.0	6.31	4.96	35.50	10.14	2.37
	4.0	5.15	4.04	10.93	4.86	1.46		3.5	7.31	5.74	40.53	11.58	2.35
50	2.5	3.73	2.93	10.55	4.22	1.68		4.0	8.29	6.51	45.33	12.95	2.34
	3.0	4.43	3.48	12.28	4.91	1.67	70	4.5	9.26	7.27	49.89	14.26	2.32
	3.5	5.11	4.01	13.90	5.56	1.65		5.0	10.21	8.01	54.24	15.50	2.33
	4.0	5.78	4.54	15.41	6.16	1.63		5.5	11.14	8.75	58.38	16.68	2.29
	4.5	643	5.05	16.81	6.72	1.62		6.0	12.06	9.47	62.31	17.80	2.27
	5.0	7.07	5.55	18.11	7.25	1.60							

附表 21　轴心受压构件截面分类(板厚＜40 mm)

截 面 形 式		对 x 轴	对 y 轴
轧制		a 类	a 类
轧制	$b/h \leqslant 0.8$	a 类	b 类
	$b/h > 0.8$	a* 类	b* 类
轧制等边角钢		a* 类	a* 类
焊接，翼缘为焰切边	焊接		
轧制			
轧制，焊接（板件宽厚比＞20）	轧制或焊接	b 类	b 类
焊接	轧制截面和翼缘为焰切边的焊接截面		
格构式	焊接，板件边缘焰切		

续表

截面形式		对 x 轴	对 y 轴
（三个焊接工字形截面图） 焊接，翼缘为轧制或剪切边		b 类	c 类
（十字形截面图） 焊接，板件边缘轧制或剪切	（箱形截面图） 轧制，焊接，板件宽厚比≤20	c 类 c 类	c 类 c 类

注：①a*类含义为 Q235 钢取 b 类，Q345、Q355、Q390、Q420 和 Q460 钢取 a 类；b*类含义为 Q235 钢取 c 类，Q345、Q355、Q390、Q420 和 Q460 钢取 b 类。

②无对称轴且剪心和形心不重合的截面，其截面分类可按对称轴的类似截面确定，如不等边角钢采用等边角钢的类别；当无类似截面时，可取 c 类。

附表 22　轴心受压构件整体稳定系数 φ

（a）a 类截面轴心受压构件整体稳定系数 φ

λ/ε_k	0	1	2	3	4	5	6	7	8	9
0	1.000	1.000	1.000	1.000	0.999	0.999	0.998	0.998	0.997	0.996
10	0.995	0.994	0.993	0.992	0.991	0.989	0.988	0.986	0.985	0.983
20	0.981	0.979	0.977	0.976	0.974	0.972	0.970	0.968	0.966	0.964
30	0.963	0.961	0.959	0.957	0.955	0.952	0.950	0.948	0.946	0.944
40	0.941	0.939	0.937	0.934	0.932	0.929	0.927	0.924	0.921	0.919
50	0.916	0.913	0.910	0.907	0.904	0.900	0.897	0.894	0.890	0.886
60	0.883	0.879	0.875	0.871	0.867	0.863	0.858	0.854	0.849	0.844
70	0.839	0.834	0.829	0.824	0.818	0.813	0.807	0.801	0.795	0.789
80	0.783	0.776	0.770	0.763	0.757	0.750	0.743	0.736	0.728	0.721
90	0.714	0.706	0.699	0.691	0.684	0.676	0.668	0.661	0.653	0.645
100	0.638	0.630	0.622	0.615	0.607	0.600	0.592	0.585	0.577	0.570
110	0.563	0.555	0.548	0.541	0.534	0.527	0.520	0.514	0.507	0.500
120	0.494	0.488	0.481	0.475	0.469	0.463	0.457	0.451	0.445	0.440
130	0.434	0.429	0.423	0.418	0.412	0.407	0.402	0.397	0.392	0.387
140	0.383	0.378	0.373	0.369	0.364	0.360	0.356	0.351	0.347	0.343

λ/ε_k	0	1	2	3	4	5	6	7	8	9
150	0.339	0.335	0.331	0.327	0.323	0.320	0.316	0.312	0.309	0.305
160	0.302	0.298	0.295	0.292	0.289	0.285	0.282	0.279	0.276	0.273
170	0.270	0.267	0.264	0.262	0.259	0.256	0.253	0.251	0.248	0.246
180	0.243	0.241	0.238	0.236	0.233	0.231	0.229	0.226	0.224	0.222
190	0.220	0.218	0.215	0.213	0.211	0.209	0.207	0.205	0.203	0.201
200	0.199	0.198	0.196	0.194	0.192	0.190	0.189	0.187	0.185	0.183
210	0.182	0.180	0.179	0.177	0.175	0.174	0.172	0.171	0.169	0.168
220	0.166	0.165	0.164	0.162	0.161	0.159	0.158	0.157	0.155	0.154

（b）b 类截面轴心受压构件整体稳定系数 φ

λ/ε_k	0	1	2	3	4	5	6	7	8	9
0	1.000	1.000	1.000	0.999	0.999	0.998	0.99	0.996	0.995	0.994
10	0.992	0.991	0.989	0.987	0.985	0.983	0.981	0.978	0.976	0.973
20	0.970	0.967	0.963	0.960	0.957	0.953	0.950	0.946	0.943	0.939
30	0.936	0.932	0.929	0.925	0.922	0.918	0.914	0.910	0.906	0.903
40	0.899	0.895	0.891	0.887	0.882	0.878	0.874	0.870	0.865	0.861
50	0.856	0.852	0.847	0.842	0.838	0.832	0.828	0.823	0.818	0.813
60	0.807	0.802	0.797	0.791	0.786	0.780	0.774	0.769	0.763	0.757
70	0.751	0.745	0.739	0.732	0.726	0.720	0.714	0.707	0.701	0.694
80	0.688	0.681	0.675	0.668	0.661	0.655	0.648	0.641	0.635	0.628
90	0.621	0.614	0.608	0.601	0.594	0.588	0.581	0.575	0.568	0.561
100	0.555	0.549	0.542	0.536	0.529	0.525	0.517	0.511	0.505	0.499
110	0.493	0.487	0.481	0.475	0.470	0.464	0.458	0.453	0.447	0.442
120	0.437	0.432	0.426	0.421	0.416	0.411	0.406	0.402	0.397	0.392
130	0.387	0.383	0.378	0.374	0.370	0.365	0.361	0.357	0.353	0.349
140	0.345	0.341	0.337	0.333	0.329	0.326	0.322	0.318	0.315	0.311
150	0.308	0.304	0.301	0.298	0.295	0.291	0.288	0.285	0.282	0.279
160	0.276	0.273	0.270	0.267	0.265	0.262	0.259	0.256	0.254	0.251
170	0.249	0.246	0.244	0.241	0.239	0.226	0.234	0.232	0.229	0.227

λ/ε_k	0	1	2	3	4	5	6	7	8	9
180	0.225	0.223	0.220	0.218	0.216	0.214	0.212	0.210	0.208	0.206
190	0.204	0.202	0.200	0.198	0.197	0.195	0.193	0.191	0.190	0.188
200	0.186	0.184	0.183	0.181	0.180	0.178	0.176	0.175	0.173	0.172
210	0.170	0.169	0.167	0.166	0.165	0.163	0.162	0.160	0.159	0.158
220	0.156	0.155	0.154	0.153	0.151	0.150	0.149	0.148	0.146	0.145
230	0.144	0.143	0.142	0.141	0.140	0.138	0.137	0.136	0.135	0.134
240	0.133	0.132	0.131	0.130	0.129	0.128	0.12	0.126	0.125	0.124
250	0.123	—	—	—	—	—	—	—	—	—

（c）c类截面轴心受压构件整体稳定系数 φ

λ/ε_k	0	1	2	3	4	5	6	7	8	9
0	1.000	1.000	1.000	0.999	0.999	0.998	0.997	0.996	0.995	0.993
10	0.992	0.990	0.988	0.986	0.983	0.981	0.978	0.976	0.973	0.970
20	0.966	0.959	0.953	0.947	0.940	0.934	0.928	0.921	0.915	0.909
30	0.902	0.896	0.890	0.884	0.877	0.871	0.865	0.858	0.852	0.846
40	0.839	0.833	0.826	0.820	0.814	0.807	0.801	0.794	0.788	0.781
50	0.775	0.768	0.762	0.755	0.748	0.742	0.735	0.729	0.722	0.715
60	0.709	0.702	0.695	0.689	0.682	0.676	0.669	0.662	0.656	0.649
70	0.643	0.636	0.629	0.623	0.616	0.610	0.604	0.497	0.591	0.584
80	0.578	0.572	0.566	0.559	0.557	0.547	0.541	0.535	0.529	0.523
90	0.517	0.511	0.505	0.500	0.494	0.488	0.483	0.477	0.472	0.467
100	0.463	0.458	0.454	0.449	0.445	0.441	0.436	0.432	0.428	0.423
110	0.419	0.415	0.411	0.407	0.403	0.339	0.395	0.391	0.387	0.383
120	0.379	0.375	0.371	0.367	0.364	0.360	0.356	0.353	0.349	0.346
130	0.342	0.339	0.335	0.332	0.328	0.325	0.322	0.319	0.315	0.312
140	0.309	0.306	0.301	0.300	0.297	0.294	0.291	0.288	0.285	0.282
150	0.280	0.277	0.274	0.271	0.269	0.266	0.264	0.261	0.258	0.256
160	0.254	0.251	0.249	0.246	0.244	0.242	0.239	0.237	0.235	0.233
170	0.230	0.228	0.226	0.224	0.222	0.220	0.218	0.216	0.214	0.212

附表 23　截面塑性发展系数 γ_x、γ_y 值

截 面 形 式	γ_x	γ_y	截 面 形 式	γ_x	γ_y
		1.2		1.2	1.2
	1.05	1.05		1.15	1.15
	$\gamma_{x1}=$ 1.05	1.2		1.0	1.05
	$\gamma_{x2}=$ 1.2	1.05			1.0

附表 24　受弯构件挠度容许值

项次	构 件 类 别	挠度容许值	
		$[v_\mathrm{T}]$	$[v_\mathrm{Q}]$
1	吊车梁和吊车桁架(按自重和起重量最大的一台吊车计算挠度) (1) 手动起重机和单梁起重机(含悬挂起重机) (2) 轻级工作制桥式起重机 (3) 中级工作制桥式起重机 (4) 重级工作制桥式起重机	$l/500$ $l/750$ $l/900$ $l/1000$	—
2	手动或电动葫芦的轨道梁	$l/400$	—

续表

项次	构　件　类　别	挠度容许值	
		$[v_T]$	$[v_Q]$
3	有重轨（重量等于或大于 38 kg/m）轨道的工作平台梁 有轻轨（重量等于或小于 24 kg/m）轨道的工作平台梁	$l/600$ $l/400$	—
4	楼（屋）盖梁或桁架、工作平台梁（第 3 项除外）和平台板 （1）主梁或桁架（包括设有悬挂起重设备的梁和桁架） （2）仅支承压型金属板屋面和冷弯型钢檩条 （3）除支承压型金属板屋面和冷弯型钢檩条外，尚有吊顶 （4）抹灰顶棚的次梁 （5）除（1）～（4）款外的其他梁（包括楼梯梁） （6）屋盖檩条 　　支承压型金属板屋面者 　　支承其他屋面材料者 　　有吊顶 （7）平台板	 $l/400$ $l/180$ $l/240$ $l/250$ $l/250$ $l/150$ $l/200$ $l/240$ $l/150$	 $l/500$ $l/350$ $l/300$ — — — —
5	墙架构件（风荷载不考虑阵风系数） （1）支柱（水平方向） （2）抗风桁架（作为连续支柱的支承时，水平位移） （3）砌体墙的横梁（水平方向） （4）支承压型金属板的横梁（水平方向） （5）支承其他墙面材料的横梁（水平方向） （6）带有玻璃窗的横梁（竖直和水平方向）	 — — — — — $l/200$	 $l/400$ $l/1000$ $l/300$ $l/100$ $l/200$ $l/200$

注：$[v_T]$指恒荷载与活荷载共同作用下受弯构件的挠度容许值；$[v_Q]$指活荷载单独作用下受弯构件的挠度容许值。

附表 25　烧结普通砖和烧结多孔砖砌体的抗压强度　（单位：MPa）

砖强度等级	砂浆强度等级					砂浆强度
	M15	M10	M7.5	M5	M2.5	0
MU30	3.94	3.27	2.93	2.59	2.26	1.15

续表

砖强度等级	砂浆强度等级					砂浆强度
	M15	M10	M7.5	M5	M2.5	0
MU25	3.60	2.98	2.68	2.37	2.06	1.05
MU20	3.22	2.67	2.39	2.12	1.84	0.94
MU15	2.79	2.31	2.07	1.83	1.60	0.82
MU10	—	1.89	1.69	1.50	1.30	0.67

附表 26　蒸压灰砂砖和蒸压粉煤灰砖砌体的抗压强度设计值　（单位：MPa）

砖强度等级	砂浆强度等级				砂浆强度
	M15	M10	M7.5	M5	0
MU25	3.60	2.98	2.68	2.37	1.05
MU20	3.22	2.67	2.39	2.12	0.94
MU15	2.79	2.31	2.07	1.83	0.82
MU10	—	1.89	1.69	1.50	0.67

附表 27　单排孔混凝土和轻骨料混凝土砌块砌体的抗压强度设计值　（单位：MPa）

砖强度等级	砂浆强度等级				砂浆强度
	Mb15	Mb10	Mb7.5	Mb5	0
MU20	5.68	4.95	4.44	3.94	2.33
MU15	4.61	4.02	3.61	3.20	1.89
MU10	—	2.79	2.50	2.22	1.31
MU7.5	—	—	1.93	1.71	1.01
MU5	—	—	—	1.19	0.70

附表 28　中国地震烈度表（GB/T 17742—2020）

地震烈度	类型	人的感觉	房屋震害		器物反应/其他震害现象	合成地震动的最大值	
			震害程度	平均震害指数		加速度/(m/s²)	速度/(m/s)
I (1)	—	无感	—	—	—	1.80×10^{-2} （$<2.57\times10^{-2}$）	1.21×10^{-3} （$<1.77\times10^{-3}$）
II (2)	—	室内个别静止中的人有感觉，个别较高楼层中的人有感觉	—	—	—	3.69×10^{-2} （2.58×10^{-2}~5.28×10^{-2}）	2.59×10^{-3} （1.78×10^{-3}~3.81×10^{-3}）
III (3)	—	室内少数静止中的人有感觉，少数较高楼层中的人有明显感觉	门、窗轻微作响	—	悬挂物微动	7.57×10^{-2} （5.29×10^{-2}~1.08×10^{-1}）	5.58×10^{-3} （3.82×10^{-3}~8.19×10^{-3}）
IV (4)	—	室内多数人、室外少数人有感觉，少数人睡梦中惊醒	门、窗作响	—	悬挂物明显摆动，器皿作响	1.55×10^{-1} （1.09×10^{-1}~2.22×10^{-1}）	1.20×10^{-2} （8.20×10^{-3}~1.76×10^{-2}）
V (5)	—	室内绝大多数、室外多数人有感觉，多数人睡梦中惊醒，少数人惊逃户外	门窗、屋顶、屋架颤动作响，灰土掉落，个别房屋墙体抹灰出现细微裂缝，个别老旧 A1 类或 A2 类房屋墙体出现轻微裂缝或原有裂缝扩展，个别屋顶烟囱掉砖，个别檐瓦掉落	—	悬挂物大幅度晃动，少数架上小物品、个别顶部沉重或放置不稳定器物摇动或翻倒，水晃动并从盛满的容器中溢出	3.19×10^{-1} （2.23×10^{-1}~4.56×10^{-1}）	2.59×10^{-2} （1.77×10^{-2}~3.80×10^{-2}）

续表

地震烈度	类型	人的感觉	房屋震害		其他震害现象（器物反应）	合成地震动的最大值	
			震害程度	平均震害指数		加速度/(m/s²)	速度/(m/s)
Ⅵ(6)	A1	多数人站立不稳,多数人惊逃户外	少数轻微破坏和中等破坏,多数基本完好	0.02~0.17	河岸和松软土地出现裂缝,饱和砂层出现喷砂冒水,个别独立砖烟囱轻度裂缝	6.53×10^{-1} $(4.57\times10^{-1}\sim$ $9.36\times10^{-1})$	5.57×10^{-2} $(3.81\times10^{-2}\sim$ $8.17\times10^{-2})$
	A2		少数轻微破坏和中等破坏,大多数基本完好	0.01~0.13			
	B		少数轻微破坏和中等破坏,大多数基本完好	≤0.11			
	C		少数或个别轻微破坏,绝大多数基本完好	≤0.06			
	D		少数或个别轻微破坏,绝大多数基本完好	≤0.04			
Ⅶ(7)	A1	大多数人惊逃户外,骑自行车的人有感觉,行驶中的汽车驾乘人员有感觉	少数严重破坏和毁坏,多数中等破坏和轻微破坏	0.15~0.44	河岸出现塌方,饱和砂层常见喷水冒砂,松软土地上地裂缝较多,大多数独立砖烟囱中等破坏	1.35 $(9.37\times10^{-1}\sim$ $1.94)$	1.20×10^{-1} $(8.18\times10^{-2}\sim$ $1.76\times10^{-1})$
	A2		少数中等破坏,多数轻微破坏和基本完好	0.11~0.31			
	B		少数中等破坏,多数轻微破坏和基本完好	0.09~0.27			
	C		少数轻微破坏和中等破坏,多数基本完好	0.05~0.18			
	D		少数轻微破坏和中等破坏,大多数基本完好	0.04~0.16			

续表

地震烈度	类型	人的感觉	房屋震害		器物反应/其他震害现象	合成地震动的最大值	
			震害程度	平均震害指数		加速度/(m/s²)	速度/(m/s)
Ⅷ (8)	A1	多数人摇晃颠簸，行走困难	少数毁坏，多数中等破坏和严重破坏	0.42~0.62	干硬土地上出现裂缝，饱和砂层绝大多数喷砂冒水，大多数独立砖烟囱严重破坏	2.79 (1.95~4.01)	2.58×10⁻¹ (1.77×10⁻¹~3.78×10⁻¹)
	A2		少数严重破坏，多数中等破坏和轻微破坏	0.29~0.46			
	B		少数严重破坏和毁坏，多数中等和轻微破坏	0.25~0.50			
	C		少数中等破坏，多数轻微破坏和基本完好	0.16~0.35			
	D		少数中等破坏，多数轻微破坏和基本完好	0.14~0.27			
Ⅸ (9)	A1	行动的人摔倒	大多数毁坏和严重破坏	0.60~0.90	干硬土地上多处出现裂缝，可见基岩裂缝、错动，滑坡、塌方常见，独立砖烟囱多数倒塌	5.77 (4.02~8.30)	5.55×10⁻¹ (3.79×10⁻¹~8.14×10⁻¹)
	A2		少数毁坏，多数严重破坏和中等破坏	0.44~0.62			
	B		少数毁坏，多数严重破坏和中等破坏	0.48~0.69			
	C		多数严重破坏和中等破坏，少数轻微破坏	0.33~0.54			
	D		少数严重破坏，多数中等破坏和轻微破坏	0.25~0.48			

续表

地震烈度	类型	人的感觉	房屋震害		器物反应 其他震害现象	合成地震动的最大值	
			震害程度	平均震害指数		加速度/(m/s²)	速度/(m/s)
X (10)	A1	骑自行车的人会摔倒，处不稳状态的人会摔离原地，有抛起感	绝大多数毁坏	0.88~1.00	山崩和地震断裂出现；大多数独立砖烟囱从根部破坏或倒毁	1.19×10¹ (8.31~ 1.72×10¹)	1.19 (8.15×10⁻¹~ 1.75)
	A2		大多数毁坏	0.60~0.88			
	B		大多数毁坏	0.67~0.91			
	C		大多数严重破坏和毁坏	0.52~0.84			
	D		大多数严重破坏和毁坏	0.46~0.84			
XI (11)	A1	—		1.00	地震断裂延续很大，大量山崩滑坡	2.47×10¹ (1.73×10¹~ 3.55×10¹)	2.57 (1.76~3.77)
	A2		绝大多数毁坏	0.86~1.00			
	B			0.90~1.00			
	C			0.84~1.00			
	D			0.84~1.00			
XII (12)	各类	—	几乎全部毁坏	1.00	地面剧烈变化，山河改观	>3.55×10¹	>3.77

注1："—"表示无内容。

注2：表中给出的合成地震动的最大值为所对应的仪器测定的地震烈度中值，加速度和速度数值分别对应《中国地震烈度表》(GB/T 17742—2020)附录 A 中公式(A.5)的 PGA 和公式(A.6)的 PGV；括号内为变化范围。